미래를 바꾼 아홉 가지 알고리즘

컴퓨터 세상을 만든 기발한 아이디어들

미래를 바꾼 아홉 가지 알고리즘

컴퓨터 세상을 만든 기발한 아이디어들

존 맥코믹 지음 | 민병교 옮김

에이콘

에이콘출판의 기틀을 마련하신 故 정완재 선생님 (1935-2004)

저렴하지만 훌륭한 신뢰성을 갖춘 복잡한 장치의 시대가 도래했다.

이에는 분명히 원인이 있다.

-바네바 부시, 〈우리가 생각하는 대로〉, 1945

추천의 글

컴퓨팅Computing은 컴퓨터가 등장하기 전 200년간 물리학과 화학이 일으킨 것만큼 우리 사회를 엄청나게 변화시켰다. 실제로 우리 삶에서 디지털 기술이 영향을 미치지 않거나 혁명을 일으키지 않은 측면은 거의 없다. 이처럼 컴퓨팅이 현대 사회에 끼친 중대한 영향에 비추어, 이런 변화를 가능케 한 근본 개념을 잘 모른다는 사실은 역설적이다. 컴퓨터과학은 이런 근본 개념에 대해 연구하는 학문이고, 맥코믹의 책은 이를 일반 대중에게 소개하는 거의 흔치 않은 책 중 하나다.

컴퓨터과학이 분과 학문으로서 상대적으로 주목받지 못하는 이유 중 하나는 이 과목을 고등학교를 비롯한 중등교육 과정에서 거의 가르치지 않기 때문이다. 물리학이나 화학 같은 과목은 통상적으로 필수 과목이라 생각하지만, 컴퓨터과학은 대학교 수준의 고등교육 과정에서야 개별 과목으로 공부하는 과목이라 간주된다. 게다가 '컴퓨팅' 또는 '정보통신기술ICT, Information and Communication Technology'이라는 과목명으로 학교에서 가르치는 내용은 대개 소프트웨어 패키지 사용법을 훈련하는 기술 정도에 불과하다. 그다지 놀라울 것도 없이, 학생들은 따분해 하고, 컴퓨터과학에는 지적 깊이가 결여됐다고 느끼게 되면서, 놀이와 소통에 컴퓨터 기술을 활용하려는 열정도 금세 사그라진다. 지난 십여 년간 컴퓨터과학을 전공하는 대학생 수가 50%나 감소한 현상의 핵심은 이와 같은 문제에서 기인한다. 현대 사회에서 디지털 기술의 중요성을 감안했을 때, 지금이야말로 대중을 컴퓨터과학의 매력에 다시금 빠져들게 할 가장 중요한 시기다.

2008년, 나는 1826년 마이클 패러데이가 첫 연사로 나선 왕립 연구소 크리스마스 강연Royal Institution Christmas Lectures의 180번째 연사로 선발되는 행운을 누렸다. 2008년 당시 나의 강연은 컴퓨터과학이란 주제로 진행된 최초의 강연이었다. 강연을 준비하며 컴퓨터과학을 일반 대중에게 설명할 방법을 고심하느라 많은 시간을 쏟았지만, 활용할 자료가 거의 없고 이런 필요를 다루는 대중 서적 또한 거의 전무하다는 사실을 깨달았다. 따라서 금번 맥코믹의 새 책 출간은 내겐 더욱 환영할 만한 일이다.

맥코믹은 컴퓨터과학의 복잡한 알고리즘들을 대중에게 매우 훌륭히 설명했다. 이런 알고리즘의 상당수는 비범한 아름다움과 우아함을 겸비하고 있어 이것만으로도 주목받을 만한 가치가 있다. 하나의 예를 들어 보겠다. 웹 기반 쇼핑은 신용카드번호 같은 기밀 정보를 비밀스럽고 안전하게 인터넷을 통해 전송할 수 있었기 때문에 폭발적으로 성장할 수 있었다. '열린' 채널에 보안 통신을 설정할 수 있다는 사실은 수십 년간 매우 풀기 어려운 문제로 간주됐다. 그러나 얼마 후, 정말 멋진 해법이 발견됐다. 맥코믹은 이 책에서 컴퓨터과학에 관한 사전 지식 없이도 자신이 선정한 아홉 가지 알고리즘들을 정확한 비유를 이용해 알기 쉽게 설명한다. 책 속에 담긴 이런 보석들의 존재만으로 이 책은 대중 과학 서가에 값진 기여를 한다. 꼭 읽어보길 바란다.

- 크리스 비숍 Chris Bishop
케임브리지 마이크로소프트 리서치 우수 과학자,
영국 왕립 연구소 부소장, 에딘버러대학교 컴퓨터과학과 교수

지은이 소개

존 맥코믹 John MacCormick

컴퓨터과학 분야를 선도하는 연구자이자 교육자이다. 옥스퍼드대학교에서 컴퓨터 비전computer vision을 연구 주제로 박사학위를 받았고 휴렛 패커드와 마이크로소프트 연구소에서 일했으며 현재는 디킨슨대학 컴퓨터과학과 교수다.

옮긴이 소개

민병교 bkyo11@gmail.com

서강대학교 영미어문학과를 졸업하고 동 대학원 사회학과에서 석사학위를 마치고 박사를 수료했으며 이론사회학 및 정보사회와 관련된 강의를 하고 있다. 이론사회학과 과학/지식사회학이라는 세부전공 중에서도 자연과학 및 사회과학에서 생산하는 지식과 사회의 관계 문제에 각별한 관심을 갖고 연구를 진행하고 있다. 번역서로 에이콘출판사에서 펴낸 『사회공학과 휴먼 해킹』(2012)이 있다.

옮긴이의 말

컴퓨터와 인터넷은 삶의 양식을 완전히 바꿨다. 오늘날 회사와 각종 기관에서는 컴퓨터를 활용해 일처리를 한다. 뿐만 아니라 우리는 은행 업무나 쇼핑, 신문 구독, 학습, 영화 감상, 독서, 게임 등 일상 생활의 모든 단면을 컴퓨터와 함께한다. 스마트폰과 태블릿의 보급 덕에 우리 몸에서 컴퓨터가 떨어져 있는 시간이 거의 없을 정도다. 심지어 아직 말문도 트이지 않은 유아조차 스마트기기를 능숙하게 이용한다. 내일 갑자기 컴퓨터가 모두 사라진다면 우리 사회가 혼란에 빠지리라는 점은 불 보듯 뻔하다.

이처럼 생활필수품이 된 컴퓨터와 인터넷은 과연 어떤 원리로 작동하는 걸까? 예컨대 인터넷 뱅킹을 이용해 자금을 이체할 때는 도대체 무슨 일이 일어나고 있을까? 과연 내 거래는 어떻게 안전하게 이뤄질까? 검색엔진은 어떻게 적합한 검색결과를 출력할 수 있을까? 어떻게 불안정한 통신망을 통해 데이터를 정확히 전송할 수 있을까? 스마트폰은 어떻게 내 얼굴을 인식할까? 이 책의 저자 맥코믹은 바로 이런 질문들에 관한 답을 찾는 여행으로 독자를 안내한다.

이 여행에서 독자는 다양한 알고리즘을 감상한다. 사실 컴퓨터는 스스로 판단이나 해석을 할 수 없으므로, 인간에게는 매우 간단해 보이는 문제도 인간이 이를 푸는 정확한 절차와 방법을 제공해야만 해결할 수 있다. 이를 알고리즘이라 하며 지금 여러분 눈 앞에 있는 컴퓨터는 누군가 만들어놓은 알고리즘 덕분에 다양한 일처리를 하고 있는 셈이다. 저자 맥코믹은 오늘날 컴퓨터 세상을 가능하게 한 수많은 알고리즘 중 우리가 늘 이용하고 있을 뿐 아니라 컴퓨터과학에서 가장 중요하고 아름다운 알고리즘 아홉 가지를 선정해 설명한다.

이 책의 가장 탁월한 점은 어렵고 복잡한 알고리즘을 쉽고 재미있게 설명한다는 데 있다. 실제 컴퓨터에서 이용하는 알고리즘을 정확히 이해하고 구현하려면 상당히 높은 수준의 수학 및 컴퓨터과학 지식을 갖춰야 한다. 그렇다면 어떻게 알고리즘을 이토록 쉽게 설명할 수 있었을까? 이 질문에 대한 답은 바로 저자가 이 책에서 설정한 목적에 있다.

이 책의 목적은 컴퓨터에서 실제로 사용하는 구체적인 알고리즘을 있는 그대로 알려주는 데 있지 않고, 알고리즘 이면에 놓인 기본적 아이디어의 이해를 지향한다. 이같은 목적 하에 맥코믹은 복잡한 수식 대신 흥미로운 예와 비유를 다양하게 활용해 오늘날 컴퓨터 작동의 근본 원리를 쉽고 재미있게 전달한다. 공개 키 암호화를 다루는 4장은 저자가 이런 목적을 성공적으로 달성했음을 잘 보여주는 예다. 예컨대 인터넷에서 각종 비밀번호와 신용카드번호 등 기밀 정보를 안전하게 전송하고 수신할 수 있게 해준 알고리즘이 바로 공개 키 암호화다. 저자가 언급하듯 이는 컴퓨터과학 분야에서도 난제였을 뿐 아니라 복잡한 수학을 토대로 한다. 하지만 저자는 모든 대화를 공개적으로 해야 하는 방에서 다른 사람 몰래 두 사람만 같은 색의 페인트 혼합을 만드는 비유를 들어 컴퓨터과학 및 수학 지식이 없는 사람도 이 알고리즘의 근본 개념을 쉽고 정확히 이해할 수 있도록 설명한다. 요컨대 어려운 이론에 관한 쉽고 정확한 설명이란 맥락에서 볼 때 이 책은 『파인만의 물리학 강의』에 감히 비견될 수 있다.

같은 수학 문제를 풀더라도 무작정 예제들을 통해 풀이법만 익힌 사람과 이런 풀이법 이면의 이론을 이해한 사람은 전혀 다르다. 후자만 이 같은 이론을 토대로 한 응용 문제를 풀 수 있고 새로운 문제를 제기할 수 있다. 이론적 아이디어란, 건물로 보자면 주춧돌인 셈이다. 이런 맥락에서 컴퓨터과학 및 공학 분야 입문자는 이 책을 반드시 읽어야 한다. 뿐만 아니라 이론적 기초가 약하다고 느끼거나 이를 다시 환기하고 싶은 개발자를 비롯한 컴퓨팅 분야 실무자에게도 이 책은 필독서라 할 수 있다.

저자가 언급하듯 이 책은 기본적으로 대중서이므로 당연히 컴퓨터과학 지식이 없는 대중에게도 매력적이다. 눈 앞에 있는 컴퓨터 안에서 일어나고 있는 일이 한 번이라도 궁금했다면 당장 이 책을 펼쳐 들길 바란다. 이 흥미진진한 여행의 끝에 컴퓨터와 관련된 일상을 새롭게 보는 눈을 얻게 되리라 장담한다.

민병교

기술 용어 감수 및 검토를 해준 병호에게 각별한 고마움을 표한다. 그리고 내 인생에서 가장 소중한 아들과 늘 격려의 마음으로 나를 지켜보시는 어머니께 고마움을 전하고 싶다. 마지막으로 흥미롭고 유용한 책의 편집과 출판에 애쓴 에이콘 가족에게 감사한다.

목차

1장

시작하며: 컴퓨터를 움직이는 위대한 아이디어들

제가 가진 …… 재주인 걸요. 갖가지 형태, 모양, 구상, 대상, 사고, 관념,
충동, 변혁 등으로 가득한 어리석고 엉뚱한 생각이죠.
- 윌리엄 셰익스피어, 《사랑의 헛수고》

컴퓨터과학에 관한 위대한 아이디어들은 어떻게 탄생했을까? 몇 가지 예를 보자.

- 1930년대 첫 디지털 컴퓨터가 탄생하기도 전에 컴퓨터과학 분야를 설립한 영국의 한 천재는, 미래에 만들어질 컴퓨터가 얼마나 빠르고 강력하며 영리하게 설계됐는지에 상관없이 결코 풀 수 없는 문제가 반드시 있을 것이라고 증명했다.
- 1948년 전화 회사에서 일하던 한 과학자는 정보 이론 분야를 확립하는 논문을 출판했다. 그의 작업 덕분에 컴퓨터는 간섭으로 인해 데이터 대부분이 오염될 경우에도 완벽하게 정확한 메시지를 전송할 수 있게 됐다.
- 1956년 한 교수 집단이 인공지능 분야를 확립하려는 명백하고 대담한 목표를 안고 컨퍼런스에 참석했다. 그간 수많은 극적 성공과 대실패를 겪은 현재 우리는 진정으로 지능적인 컴퓨터 프로그램의 출현을 여전히 기다리고 있다.

- 1969년 IBM의 한 연구자가 데이터베이스에 있는 정보를 구조화하는 새롭고 우아한 방법을 발견했다. 현재 대부분 온라인 거래에서 근본적인 정보를 저장하고 검색하는 데 이 기술을 사용하고 있다.
- 1974년 영국 정부의 비밀통신 연구소의 연구자들은 다른 컴퓨터가 중간에서 모든 정보를 관찰하더라도 두 대 이상의 컴퓨터가 안전하게 통신하는 방법을 발견했다. 연구자들은 기밀을 유지하도록 영국 정부의 지시를 받았지만, 다행히 세 명의 미국 교수가 인터넷에서의 모든 안전한 통신의 근본이 된 이 놀라운 발명을 자체적으로 발견하고 확장했다.
- 1996년 스탠퍼드대학교 박사과정 중인 두 학생이 웹 검색엔진을 개발하는 데 협업하기로 했다. 몇 년 후 이들은 인터넷 시대에서 최초의 디지털 거인이 된 구글Google을 만들었다.

우리는 21세기 첨단 기술의 놀라운 성장을 즐기고 있기에, 컴퓨터 과학의 근본적 아이디어가 반영되지 않은 컴퓨터 장치(가장 강력한 기계의 집합이든 가장 유행하는 최신 모바일 기기든 간에)를 사용하는 것은 불가능하다. 그리고 그 모든 아이디어는 20세기에 탄생했다. 오늘 인상적인 일을 경험했는지 곰곰이 생각해 보라. 이는 각자의 관점에 따라 다를 테다. 수십억 건의 문서를 검색해서 여러분의 필요에 가장 적합한 두세 문서를 고른 적 있는가? (모든 전자 장비에 영향을 주는 전자기 간섭이 있음에도) 수백만 개의 정보를 단 하나의 실수도 없이 저장하거나 전송한 경험이 있는가? 수천만 명의 고객이 동시에 동일한 서버를 이용하는 와중에 온라인 거래를 성공적으로 마쳤는가? 수십 대의 컴퓨터들이 염탐할 수 있는 회선을 거쳐 (신용카드번호 같은) 기밀 정보를 보냈는가? 수백만 바이트의 사진을 이메일에 첨부하기에 더 용이한 크기로 줄이는 압축의 마법을 이용했는가? 또는 작은 키보드를 이용해 입력한 오타를 자동 수정하는 모바일 기기의 인공지능 기능을 별다른 생각 없이 사용해오지 않았는가?

이런 인상적인 기능은 앞서 열거한 근본적 발상에서 기인한다. 그리하여 오늘날 컴퓨터 사용자들은 하루에도 몇 번씩이고 이와 같은 위대한 기능들을 사용한다. 그것이 어떤 기발한 아이디어에서 비롯됐는지 인식조차 못한 채 말이다. 이런 발상을(즉 우리가 매일 사용하는 컴퓨터 과학의 위대한 발명을) 가능한 한 많은 독자에게 설명하는 것이 이 책의 목표다. 따라서 나는 앞으로, 독자가 컴퓨터과학에 관해 아무런 지식도 없다고 가정하고 이 개념을 설명하겠다.

알고리즘: 우리 앞에 있는 천재의 구성 요소

지금까지 컴퓨터과학의 위대한 '아이디어'에 관해 이야기했는데, 컴퓨터과학자들은 자신들의 중요한 아이디어의 상당수를 '알고리즘algorithms' 이라고 표현한다. 그렇다면 아이디어와 알고리즘 사이엔 어떤 차이가 있을까? 알고리즘이란 정말로 무엇일까? 간단하게 답하자면, 알고리즘이란 문제를 푸는 데 필요한 단계의 순서를 명확히 명시하는 구체적인 계산법이다(그림 1-1 참조). 어린 시절 학교에서 배운 두 개의 큰 수를 더하는 알고리즘이 가장 대표적인 예다. 이 알고리즘은 다음과 같이 출발하는 단계의 연속이다. '우선 마지막 자리의 두 숫자를 더해 결과의 마지막 자릿수를 적고 다른 자릿수는 왼쪽으로 한 칸 올려라. 둘째, 다음 칸에 있는 자릿수를 더하고 이전 칸에서 옮긴 숫자를 더하라……'

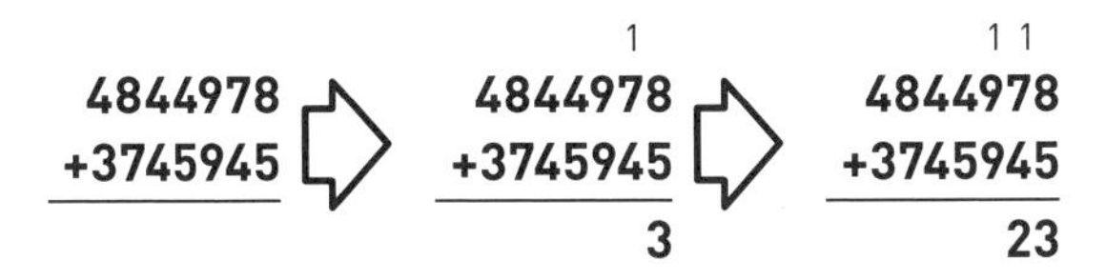

그림 1-1 두 수를 더하는 알고리즘의 첫 두 단계

거의 기계적으로 이뤄지는 알고리즘 단계에 주목하라. 사실 이는 알고리즘의 핵심 기능 중 하나다. 각 단계는 절대적으로 정확해야 하며 어떤 인간적 직관이나 추측도 요하지 않는다. 이처럼 매우 기계적인 각 단계는 컴퓨터 프로그램으로 만들어낼 수 있다. 알고리즘의 또 다른 중요한 기능은 입력 내용에 상관없이 늘 작동한다는 점이다. 우리가 학교에서 배운 덧셈 알고리즘은 실제로 이런 특성을 지닌다. 더할 두 숫자에 관계 없이 알고리즘은 결국 정확한 답을 생산한다. 예를 들어 좀 시간이 걸리더라도, 이 알고리즘을 이용해 천 자리 수도 더할 수 있다.

정확하고 기계적인 계산법이라는 알고리즘의 정의에 관해 약간 궁금할 수도 있다. 이 계산법은 얼마나 정확해야 하는가? 어떤 기본 계산법이 허용되는가? 예를 들어 위의 덧셈 알고리즘에서 '두 숫자를 더하라.'라고 말하면 되는가? 아니면 각 자리 숫자에 대한 전체 덧셈 표를 명시해야 하는가? 이런 세부 내용은 무익하거나 심지어 지나치게 규칙에 얽매이는 듯 보일 수도 있다. 그러나 이는 완전히 잘못된 생각이다. 이런 질문에 대한 진짜 답은 컴퓨터과학의 중심에 있을 뿐 아니라 철학, 물리학, 신경과학, 유전학과도 연관된다. 알고리즘의 진짜 정의에 관한 깊은 질문은 처치-튜링 명제Church-Turing thesis라고 알려진 명제로 압축된다. 계산의 이론적 한계와 처치-튜링 명제의 일부 측면을 논하는 10장에서 이 쟁점을 다시 다루겠다. 알단, 앞서 설명한 매우 구체적인 계산법과 같은 일상적인 언어로 표현된 알고리즘 또한 알고리즘의 기본 정의에 잘 들어맞는다.

지금까지 알고리즘이 무엇인지 살펴봤다. 그런데 알고리즘과 컴퓨터는 무슨 관련이 있는가? 핵심은 컴퓨터가 매우 정확한 지시에 따라 프로그램돼야 한다는 사실이다. 그러므로 컴퓨터를 시켜 특정 문제를 풀게 하기 전에 이 문제를 풀 수 있는 알고리즘부터 개발해야 한다. 수학과 물리학 같은 일반 과학 분야에서 중요한 결과는 대개 하나의 공식으로 포착된다(유명한 예로 피타고라스 정리인 $a^2+b^2 = c^2$이나 아인슈타인의 $E = mc^2$이 있다). 이와는 대조적으로 컴퓨터과학에서 위대한 아이디어는 일반적으로 (물론 알고리즘을 이용해) 문제를 푸는 방법을 기술한다. 그러므로 이 책의 주 목적은 컴퓨터를 여러분만의 똑똑한 비서로 만드는 요인, 즉 컴퓨터가 매일 사용하는 위대한 알고리즘을 설명하는 데 있다.

위대한 알고리즘의 조건은?

어떤 알고리즘이 진실로 위대한가를 말하기는 결코 쉬운 일이 아니다. 잠정 후보는 많지만 핵심 기준 몇 가지를 세워 이 책에 적합하게 목록을 줄였다. 가장 중요한 기준은 일반 컴퓨터 사용자가 날마다 사용하는 알고리즘이어야 한다는 점이다. 두 번째로 중요한 기준은 알고리즘이 (파일을 압축하거나, 잡음이 많은 회선을 통해 파일을 정확히 전송하는 등의) 구체적이고 실질적인 문제를 다뤄야 한다는 점이다. 이미 어느 정도 컴퓨터과학에 지식이 있는 독자에겐 다음 참고 1-1의 내용이 이 두 가지 기준의 결과에 대해 어느 정도의 설명이 될 것이다.

일반 컴퓨터 사용자가 매일 사용해야 한다는 첫 번째 기준에 의하면, 컴파일러(compiler)나 프로그램 검증 기법 같은 컴퓨터 전문가가 주로 사용하는 알고리즘은 제외해야 한다. 특정 문제에 대한 구체적 응용이라는 두 번째 기준에 의하면, 대학교 학부 컴퓨터과학 커리큘럼의 중심이 되는 위대한 다수의 알고리즘 또한 배제해야 한다. 여기에는 퀵소트(quicksort) 같은 정렬 알고리즘, 다익스트라 최단 경로 알고리즘(Dijkstra's shortest-path algorithm) 같은 그래프 알고리즘, 해시 테이블(hash tables) 같은 데이터 구조 등을 들 수 있다. 이와 같은 알고리즘은 논쟁의 여지 없이 위대하며, 일반 사용자가 구동하는 대부분 애플리케이션 프로그램에서 반복적으로 이용되므로 첫 번째 기준을 쉽게 충족시킨다. 그러나 이들 알고리즘은 포괄적이어서, 엄청나게 많은 다양한 문제에 적용될 수 있다. 따라서 이 책에서 나는, 일반 컴퓨터 사용자가 더 명확히 체감할 수 있는 특정 알고리즘들을 선택해 설명하기로 했다.

참고 1-1 위 내용은 이 책에서 소개할 알고리즘을 선별하는 추가적인 세부 기준이다. 이 책의 독자는 컴퓨터과학을 모르는 사람이라고 상정하고 있지만, 여러분이 컴퓨터과학에 어느 정도 배경지식이 있다면, 위 글을 통해 여러분이 가장 좋아하는 알고리즘들을 이 책에서 다루지 않는 이유를 알 수 있을 것이다.

세 번째 기준은 알고리즘이 CPU, 모니터, 네트워크 등 컴퓨터 하드웨어에 중점을 둔 기술이나 인터넷 같은 인프라스트럭처 설계가 아닌 컴퓨터과학 이론에 우선적으로 연관돼야 한다는 점이다. 컴퓨터과학 이론에 초점을 맞춰 생각하려는 이유는 컴퓨터과학에 대한 대중의 인식이 주로 소프트웨어 프로그래밍이나 하드웨어 설계에 국한되어 있기 때문이다. 사실 컴퓨터과학에서 가장 아름다운 아이디어들은 상당수가 매우 추상적이며, 소프트웨어나 하드웨어 분야 어느 쪽에도 속하지 않는다. 나는 이론적인 알고리즘에 집중함으로써, 더 많은 사람이 지적 훈련에 가까운 컴퓨터과학의 속성을 잘 이해해주기를 바란다.

지금까지, 내가 훨씬 더 어려운 문제인 '위대함'의 정의를 내리기보다는, 거꾸로 '위대한 알고리즘'의 잠정적 후보들을 하나씩 배제시키는 기준들을 열거하는 방법을 썼음을 눈치챘을 것이다. 이 기준들은 물론 나의 직관에 따라 작성했다. 이 책에서 설명하는 모든 알고리즘의 핵심엔 전체를 움직이게 만드는 기발한 트릭trick이 있다. 알고리즘을 풀어나가다 보면 이 트릭의 비밀이 드러나면서 이마를 탁 치게 되는 순간이 올 텐데, 이런 경험이 나에게, 그리고 바라건대 여러분에게 매우 신나는 경험이 될 것이라 믿는다. 나는 '트릭'이란 단어를 매우 많이 쓰는데 이는 (아이들이 동생에게 하는 장난같이) 짓궂다거나 속인다는 뜻이 아니다. 이 책에서는 장사의 비결 또는 마술에서의 트릭과 비슷한 의미, 즉 다른 방식으로는 어렵거나 불가능했을 목표를 달성하는 기발한 기법이다.

그래서 나는 직감을 이용해 내가 컴퓨터과학의 세계에서 가장 기발하고 마법적이라 믿는 트릭들을 뽑았다. 영국 수학자 하디는 수학자가 수학 연구를 하는 이유를 대중에게 설명한 책 《어느 수학자의 변명》에서 이렇게 썼다. "아름다움은 가장 중요한 시험대다. 추한 모습의 수학이 영원히 자리잡을 곳은 이 세상 어디에도 없다." 아름다움 시험대는 컴퓨터과학의 기저에 있는 이론적 발상에도 적용된다. 그러므로 이 책에서 제시하는 알고리즘을 선별한 마지막 기준은 우리가 하디의 아름다움 시험대라 부르는 잣대다. 내가 각 알고리즘에서 느낀 아름다움의 일부라도 여러분에게 성공적으로 전달할 수 있길 바란다.

앞으로 이 책에서 내가 설명할 알고리즘을 잠깐 훑어 보자. 검색엔진이 끼친 엄청난 영향력은 모든 컴퓨터 사용자와 관련된 알고리즘 기술의 가장 두드러진 예로 들 수 있다. 따라서 내가 여기서 웹 검색의 핵심 알고리즘을 선정한 것은 그리 놀라운 일이 아니다. 2장에서는 검색엔진이 인덱싱indexing을 이용해 쿼리query에 부합하는 문서를 찾는 방법을 기술하고, 3장에서는 (가장 적합한 문서가 검색결과 목록의 맨 위에 뜨도록 구글이 이용하는 알고리즘의 원래 버전인) 페이지랭크PageRank를 설명한다.

그리 자주 떠올리지는 않더라도, 검색엔진이 심오한 컴퓨터과학의 위대한 아이디어들을 활용해 대단히 강력한 결과를 만들어낸다는 사실을 우리 모두 이미 잘 알고 있다. 반면, 컴퓨터 사용자가 인식조차 못한 사이 널리 사용되는 위대한 컴퓨터 알고리즘도 있다. 4장에서 기술할 공개 키 암호화public key cryptography는 이런 알고리즘의 하나다. 여러분은 (주소가 http 대신 https로 시작하는) 보안이 된 웹사이트를 방문할 때마다 암호화 세션을 설정하는 키 교환key exchange이라고 알려진 공개 키 암호화의 기능을 이용한다.

5장의 주제인 오류 정정 코드error correcting codes는 우리가 인식하지 못한 채 항상 이용하는 또 다른 알고리즘이다. 오류 정정 코드는 가장 많이 이용되는 위대한 알고리즘일지도 모른다. 이 덕분에 컴퓨터는 백업 사본이나 재전송에 의존할 필요 없이 저장 또는 전송 데이터에 있는 오류를 인식해 정정할 수 있다. 오류 정정 코드는 어디에나 있다. 모든 하드 디스크 드라이브, 네트워크 전송, CD와 DVD, 일부 컴퓨터 메모리에서 오류 정정 코드가 쓰이는데도, 워낙 맡은 바 임무를 잘 수행하기 때문에 사용자는 의식조차 하지 못한다.

6장은 약간 예외적이다. 여기서는 패턴 인식pattern recognition과 인공지능 알고리즘을 다룬다. 패턴 인식은 일반적인 컴퓨터 사용자가 매일 이용해야 한다는 첫 번째 기준에 위배되지만, 위대한 컴퓨터 알고리즘 목록에 포함됐다. 패턴 인식은 컴퓨터가 손글씨, 말, 얼굴처럼 매우 변동이 심한 정보를 인식하는 기법이다. 사실 21세기의 첫 10년 동안 대부분의 일상적인 컴퓨터 작업에서는 패턴 인식 기법이 이용되지 않았다. 그러나 내가 이 글을 쓰고 있는 2011년 현재 패턴 인식의 중요성이 급격히 커지고 있다. 가상 키보드가 구현되는 모바일 기기는 자동 수정을 필요로 하고, 태블릿 기기는 손으로 쓴 입력을 인식해야만 하며, 모든 모바일 기기(특히 스마트폰)에서 음성 인식이 점차 가능해지고 있다. 일부 웹사이트는 패턴 인식을 이용해 사용자에게 보여줄 광고의 종류를 결정하기도 한다. 게다가 패턴 인식은 내 전문 연구 영역이기 때문에 각별한 관심과 명확한 입장을 갖고 있다. 따라서 6장에선 인접이웃 분류자nearest-neighbor classifier, 의사결정나무decision tree, 인공 신경망neural network 등 가장 흥미롭고 성공적인 패턴 인식 기법 세 가지를 기술하겠다.

7장에서 논의할 압축 알고리즘은 컴퓨터를 우리 앞의 천재로 탈바꿈시키는 데 도움을 준 또 다른 위대한 아이디어의 집합이다. 컴퓨터 사용자는 디스크 공간을 절약하거나 사진을 이메일로 보내기 전에 파일을 압축해 크기를 줄인다. 하지만 부지불식간에 압축 기술은 훨씬 더 자주 이용된다. 사용자가 의식조차 못하지만 다운로드 또는 업로드되는 파일은 대역폭을 절약하기 위해 압축되고, 데이터 센터에서는 대개 고객의 데이터를 압축해 비용을 줄인다. 이메일 제공 업체가 고객에게 제공하는 5GB공간보다 제공 업체가 보유한 저장 장치의 5GB에는 훨씬 많은 데이터가 저장된다.

8장에선 데이터베이스의 기저에 있는 근본적 알고리즘 일부를 다룬다. 이 장에서는 (데이터베이스에서 관계는 절대 서로 모순되지 않는다는 의미) '일관성'을 달성하는 데 이용하는 기발한 기법을 강조한다. 이 천재적인 기법이 없다면 (온라인 쇼핑과 페이스북 같은 소셜 네트워크를 이용한 상호작용 등) 대부분 온라인 생활은 컴퓨터 오류라는 난장판 속에서 붕

괴되고 말 것이다. 8장에서는 일관성을 유지하는 것이 과연 무엇을 뜻하며, 온라인 시스템에서 요구되는 효율성을 무시하지 않고도 일관성을 달성하는 방법을 설명한다.

9장에서는 논쟁의 여지가 없는 이론 컴퓨터과학의 보석 중 하나인 디지털 서명에 대해 배운다. 애시당초 전자 문서에 디지털 방식으로 '서명하는' 것은 불가능해 보였다. 당연히 여러분은 디지털 서명이 마음만 먹으면 충분히 위조하기 쉬운 전자 정보로 구성되어 있다고 생각할 수도 있을 텐데, 이 역설의 해결책은 컴퓨터과학에서 가장 괄목할 만한 업적의 하나다.

10장은 이전 장들과는 완전히 다른 방향을 취한다. 이미 존재하는 위대한 알고리즘을 기술하는 대신, 존재했다면 위대했을 알고리즘을 살펴본다. 놀랍게도 이 위대한 알고리즘은 존재할 수 없다는 사실이 밝혀지고, 이는 컴퓨터의 문제 해결 능력에 절대적 한계가 있다는 사실을 입증한다. 또한 이 결과가 철학과 생물학에 미친 영향을 간략히 설명하겠다.

결론부에서는 위대한 알고리즘들이 갖는 공통점을 끌어내고 미래에는 어떠한 알고리즘이 생겨날지 추측해 본다. 미처 찾지 못한 위대한 알고리즘이 아직 더 남아 있을까, 혹은 위대한 알고리즘이 이미 모두 발견된 걸까?

책의 전개 방식에 관해 공지할 시점이다. 모든 과학적 글에서는 출처를 명확히 밝혀야 하지만 인용이 많으면 글의 흐름이 끊어지고 마치 논문 같은 느낌을 준다. 이 책은 독자가 읽기 편하고 이해하기 쉽게 하는 것이 최우선 과제이므로 본문에는 인용을 하지 않았다. 모든 출처는 책 마지막에 있는 '참고 문헌' 절에 (약간의 설명을 덧붙여) 낱낱이 밝혔다. 이 절에서는 흥미를 느낀 독자가 컴퓨터과학의 위대한 알고리즘에 관해 더 알고 싶은 경우 이용할 수 있는 추가 자료도 찾을 수 있다.

여기서 이 책의 제목과 관련된 약간의 시적 허용도 언급하려 한다. 《미래를 바꾼 아홉 가지 알고리즘》은 (의심의 여지 없이) 획기적이기는 하지만, 정확히 아홉 가지인가에 대해서는 논란의 여지가 있을 수 있고, 정확히 어떤 것을 별개의 알고리즘으로 세는지에 따라 다를 수 있다. 그러므로 '9'라는 숫자가 어디서 왔는지 보자. 시작하며(1장)와 마치면서(11장)를 제외하면 이 책엔 아홉 개 장이 있다. 각 장은 암호화, 압축, 패턴 인식 등 각 컴퓨터 작업 유형에 혁명을 가져온 알고리즘을 다룬다. 그러므로 책 제목인 '아홉 가지 알고리즘'은 실제론 이 아홉 가지 컴퓨터 작업과 씨름하는 아홉 부류의 알고리즘을 지칭한다.

위대한 알고리즘에 왜 주목해야 하는가?

앞으로 설명할 아홉 가지 매력적인 발상에 관한 이 짧은 글을 통해 알고리즘이 실제로 어떻게 작동하는지에 대한 호기심이 생겼길 바란다. 그러나 여전히 이 책의 진정한 목적에 대한 질문도 생길 수 있다. 이 책은 방법에 관한 매뉴얼이 절대 아니다. 이 책을 읽는다고 해서 컴퓨터 보안이나 인공지능 등에 관한 전문가가 될 수도 없다. 물론 '안전한' 웹사이트와 '서명된' 소프트웨어 패키지의 크리덴셜credentials을 확인하는 방법을 인식하는 등 유용한 기술을 터득할 수도 있다. 각 목적에 맞게 손실과 비손실 압축 사이에서 현명한 선택을 할 수도 있다. 또한 검색엔진의 인덱싱과 랭킹 기법의 일부 측면을 이해함으로써 더 효율적으로 검색엔진을 이용할 수도 있다.

그러나 이런 것들은 이 책의 진정한 목표에 비교하면 상대적으로 사소한 보너스일 뿐이다. 이 책을 읽었다고 해서 매우 숙련된 컴퓨터 사용자가 될 수는 없겠지만, 컴퓨터 장치에서 여러분이 매일 끊임없이 이용하는 알고리즘의 아름다움을 훨씬 깊이 느낄 수 있게 될 것이다.

그게 왜 좋을까? 비유를 들어 보겠다. 나는 천문학 전문가가 아니다. 사실 천문학에 대해 상당히 무지하고 더 많이 알고 싶어 한다. 그러나 내가 가진 매우 짧은 천문학 지식 덕분에 밤 하늘을 볼 때마다 즐거움이 배가된다. 내가 바라보는 대상에 관한 이해가 만족감과 경탄을 낳기 마련이다. 책을 읽은 뒤 컴퓨터를 사용하면서 이런 기쁨을 가끔은 느끼게 되길 진심으로 바란다. 우리 시대에서 가장 편재하고 불가해한 블랙박스인 컴퓨터, 즉 여러분 앞에 놓인 천재의 진가를 알아보게 될 것이다.

2장

검색엔진 인덱싱: 세상에서 가장 큰 건초 더미에서 바늘 찾기

허크, 이제 여기서부터 내가 빠져나온 구멍은
낚싯대 하나만한 거리에 있어. 한번 찾아 봐.
- 마크 트웨인, 《톰 소여의 모험》

검색엔진은 우리 삶에 엄청난 영향을 미쳤다. 우리 대부분은 하루에도 몇 번씩 검색 쿼리query를 던지지만 이 탁월한 툴의 작동 원리를 그다지 궁금해하지 않는다. 막대한 정보의 양도, 빠른 속도로 나오는 훌륭한 결과도 이제는 늘 있는 일이라, 몇 초 안에 질문에 대한 답을 얻지 못하면 짜증이 밀려온다. 우리는 모든 성공적인 웹 검색이 월드와이드웹World Wide Web이라는 세상에서 가장 큰 건초 더미에서 바늘을 찾는 작업이라는 점을 자주 잊는다.

사실 검색엔진이 제공하는 훌륭한 서비스는 단지 문제 해결을 위해 복잡한 기술을 많이 던져 넣은 결과물이 결코 아니다. 물론 각 주요 검색엔진 회사는 수천 개의 서버 컴퓨터와 고급 네트워크 장비를 구비한 엄청난 규모의 데이터 센터를 국제 네트워크로 구동한다. 그러나 이 모든 하드웨어는 우리가 요청한 정보를 조직하고 검색하는 데 필요한 기발한 알고리즘이 없으면 무용지물이다. 그래서 2장과 3장에서는 우리가 웹 검색을 할 때마다 작동하는 알고리즘 '보석'의 일부를 살펴보겠다. 앞으로 보게 되겠지만 검색엔진의 두 가지 주요 과제는 매칭matching과 랭킹ranking인데, 2장에서는 명민한 매칭 기법인 메타워드metaword 트릭을 다루고, 3장에서는 랭킹 알고리즘과 구글의 페이지랭크 알고리즘을 검토한다.

매칭과 랭킹

웹 검색 쿼리를 발행할 때 일어나는 일을 아래 그림으로 시작하면 도움이 된다. 이미 언급했듯 두 가지 주요 단계가 있는데 실제로는 검색엔진이 효율성을 목적으로 매칭과 랭킹을 하나의 과정으로 조합한다. 그러나 두 단계는 개념적으로 분리되므로 우리는 매칭이 완료된 후 랭킹이 시작된다고 상정하겠다. 그림 2-1은 '런던 버스 시간표'라는 쿼리로 검색하는 예를 보여 준다. 매칭 단계는 '어떤 웹사이트가 내 쿼리에 부합하는가?'라는 질문에 답한다. 이 경우에 이는 런던 버스 시간표를 언급한 모든 페이지다.

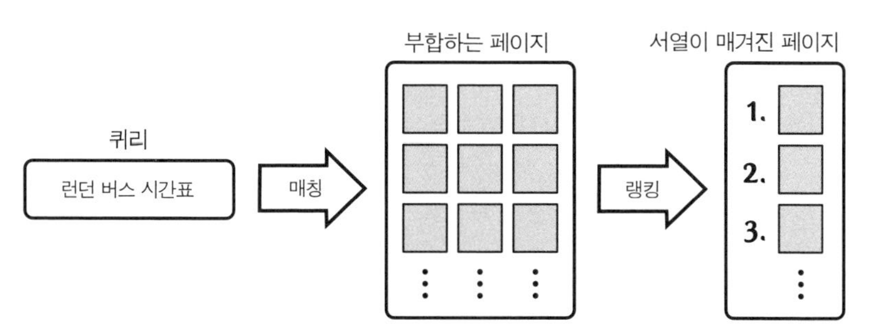

그림 2-1 웹 검색의 두 단계: 매칭과 랭킹. 첫 번째 (매칭) 단계가 끝나면 수천 또는 수백만 개의 부합하는 결과가 있을 수 있다. 그리고 두 번째 (랭킹) 단계에서 적합성에 따라 이를 분류해야 한다.

그러나 실제 검색엔진에서 많은 쿼리는 수백, 수천, 심지어 수백만 개의 부합하는 검색결과를 가진다. 그리고 사용자는 일반적으로 다섯 내지 열 개가량의 결과만을 검토하고 싶어 할 것이다. 그러므로 검색엔진은 엄청나게 많은 결과값에서 몇 가지 최선의 것을 추출해 낼 수 있어야 한다. 좋은 검색엔진은 최선의 검색결과를 선별할 뿐 아니라 (가장 적합한 페이지를 우선 보여 주고, 그 다음으로 적합한 페이지를 보여 주는 식으로) 가장 유용한 순서에 따라 결과를 보여 준다.

가장 좋은 소수의 검색결과를 적절한 순서로 선별하는 작업을 '랭킹'이라 부른다. 랭킹은 매칭이라는 첫 단계를 뒤따르는 중요한 두 번째 단계다. 검색 산업이라는 치열한 경쟁 세계에서 검색엔진은 랭킹 시스템의 질에 따라 살거나 죽는다. 2002년 미국 최고 검색엔진 시장은 구글, 야후, MSN이 각각 미국 검색의 30%가량을 점유했다(이후 MSN은 이름을 라이브 서치Live Search로 바꿨고 다시 빙Bing으로 바꿨다). 이후 몇 년간 구글이 시장 점유율에서 극적으로 성장하며 야후와 MSN을 각각 20% 이하로 떨어뜨렸다. 구글이 검색 산업의 강자로 부상하게 된 것은 랭킹 알고리즘 덕분이라 여겨진다. 그러므로 검색엔진은 랭킹 알고리즘의 질에 따라 살거나 죽는다는 말은 절대 과장이 아니다. 잠시 후 3장에서 랭킹 알고리즘을 논할 것이므로 지금은 매칭 단계에 집중하자.

알타비스타: 최초의 웹 규모 매칭 알고리즘

검색엔진 매칭 알고리즘에 관한 이야기는 어디서 시작할까? 많은 사람들이 21세기 초에 일어난 위대한 기술 성공 신화인 구글이 태초라고 생각할 것이다. 실제로 스탠퍼드대학교의 두 대학원생이 박사과정 프로젝트에서 시작하는 구글의 이야기는 가슴 뭉클하고 감동적이다. 래리 페이지와 세르게이 브린이 아무렇게나 놓인 컴퓨터 하드웨어 여러 대를 새로운 형태의 검색엔진으로 조립한 때는 1998년이었다. 이로부터 10년이 채 지나지 않아 이들이 만든 회사는 인터넷 시대에서 가장 큰 디지털 거인이 됐다.

그러나 웹 검색이라는 발상은 수년 전부터 이미 존재했다. 웹 검색 기법을 최초로 상용 도입한 기업은 (1994년 출범한) 인포시크Infoseek와 라이코스Lycos, 1995년에 검색엔진을 출범시킨 알타비스타AltaVista였다. 1990년대 중반 몇 년 동안 알타비스타는 검색엔진의 왕이었다. 당시 컴퓨터 과학을 전공하는 대학원생이던 내가 알타비스타 검색결과의 포괄성에 감동했던 기억이 생생하다. 최초로 검색엔진은 웹의 모든 페이지에 있는 모든 텍스트를 완전히 인덱싱했다(더 좋은 점은 결과가 눈 깜빡할 사이에 떴다는 사실이었다). 이 획기적 기술 발전을 이해하려면 (문자 그대로) 아주 오래된 개념인 인덱싱부터 살펴봐야 한다.

오래된 평범한 인덱싱

인덱스index*란 개념은 모든 검색엔진 이면에 있는 가장 근본적 발상이다. 그러나 검색엔진이 인덱스를 고안해 낸 것은 아니다. 인덱싱이란 발상은 글쓰기만큼이나 오래됐다. 5,000년 전에 지어진 바빌론 신전 도서관에서도 주제에 따라 설형 문자판을 분류해 놓았던 것을 볼 수 있다. 그러므로 인덱싱은 컴퓨터과학에서 가장 오래된 유용한 아이디어라 해

* 검색엔진이나 데이터베이스 관련 용어로 index는 색인이나 찾아보기 대신 인덱스라 칭한다. 책이나 도서관의 비유로 설명할 땐 인덱스 대신 색인이란 번역이 더 익숙하지만 책의 주목적에선 인덱스란 번역이 더 적절하므로 일관성을 위해 이 경우에도 인덱스라 번역했다. – 옮긴이

도 과언이 아니다.

오늘날 '인덱스'란 단어는 주로 책 끝에 있는 찾아보기 페이지를 뜻한다. 여러분이 찾아볼 만한 모든 개념이 고정된 순서(주로 가나다, 알파벳 순)로 열거돼 있고 바로 옆엔 그 개념이 수록된 위치(주로 쪽 번호)가 있다. 동물에 관한 책엔 '치타 124, 156' 같은 인덱스 항목이 있을 수 있고 이는 '치타'란 단어가 124쪽과 156쪽에 나온다는 뜻이다. (가볍고 재미 있는 연습으로 이 책의 '찾아보기index'에 있는 '인덱스'란 단어를 찾아볼 수 있다. 여러분은 바로 이 페이지로 돌아와야 한다.)

웹 검색엔진용 인덱스는 책의 인덱스와 같은 방식으로 작동한다. 이 책의 '페이지'는 이제 월드와이드웹상의 웹페이지고 검색엔진은 웹에 있는 모든 개별 웹페이지에 저마다 다른 페이지 번호를 할당한다(물론 최종 집계에서 수억 개에 달하는 많은 페이지가 있지만 컴퓨터는 큰 수를 다루는 데 탁월하다). 그림 2-2는 이를 더 구체적으로 보여 주는 예다. 월드와이드웹이 이 그림에 있는 3개의 짧은 웹페이지로만 구성됐고 이 페이지는 각각 1, 2, 3이라는 페이지 번호를 할당받았다고 상상해 보라.

1 the cat sat on the mat

2 the dog stood on the mat

3 the cat stood while a dog sat *

a	3	sat	1 3
cat	1 3	stood	2 3
dog	2 3	the	1 2 3
mat	1 2	while	3
on	1 2		

그림 2-2 위: 1, 2, 3이라는 번호가 매겨진 세 개의 페이지로만 구성된 가상의 월드와이드웹
아래: 페이지 번호가 있는 간단한 인덱스

* 앞으로 설명할 인덱싱의 개념을 설명하기 위해 영문으로 표기했다. – 옮긴이

컴퓨터는 우선 모든 페이지에 등장하는 모든 단어의 목록을 만들고 이 목록을 알파벳 순으로 정리해 세 개 웹페이지의 인덱스를 구축할 수 있다. 결과를 단어 목록이라고 부르자(이 예에서 단어 목록은 'a, cat, dog, mat, on, sat, stood, the, while'이다). 그 다음에 컴퓨터는 단어별로 페이지들을 빠르게 살펴본다. 각 단어에 대해 컴퓨터는 단어 목록에서 대응하는 단어 옆에 현재 페이지 번호를 적는다. 최종 결과는 그림 2-2의 아래 그림에서 볼 수 있다. 예를 들어 여러분은 'cat'이란 단어가 1페이지와 3페이지에 등장하지만 2페이지엔 없다는 사실을 즉시 알 수 있다. 'while'은 3페이지에서만 등장한다.

이렇게 매우 단순한 방법으로 검색엔진은 이미 수많은 단순한 쿼리에 답을 제공할 수 있다. 예를 들어 cat이란 쿼리를 입력한다고 하자. 검색엔진은 재빨리 단어 목록에 있는 cat에 해당하는 항목으로 갈 수 있다(단어 목록은 알파벳 순이기에 사람이 사전에서 단어를 빨리 찾듯 검색엔진도 어떤 항목이든 빠르게 찾을 수 있다). 검색엔진은 일단 cat에 해당하는 항목을 찾으면 그에 대한 페이지 목록을 제공할 수 있다(이 예에선 1과 3이다). 요즘은 각 페이지에서 추출한 정보 한 토막을 멋지게 정리해서 요약해 보여준다. 그러나 이같은 세부 사항은 무시하고 여러분이 입력한 쿼리의 검색결과를 어떻게 검색엔진이 알아내는지에 집중하겠다.

또 다른 매우 단순한 예로 dog이란 쿼리에 대한 절차를 검토해 보자. 이 경우 검색엔진은 dog에 해당하는 항목을 빨리 찾아 2와 3이라는 결과를 표시한다. 그러나 cat dog 같은 복수 단어는 어떻게 할까? 이는 여러분이 'cat'과 'dog'이란 단어를 모두 담고 있는 페이지를 찾고 있다는 뜻이다. 정리해둔 인덱스로 작업하면 꽤 쉽다. 우선, 두 단어를 개별적으로 검색해 두 단어가 개별적으로 등장하는 페이지를 찾는다.

여기서 'cat'에는 1과 3, 'dog'에는 2와 3이라는 답을 제시한다. 그 다음에 컴퓨터는 두 검색결과 목록을 모두 빠르게 훑어 보고 두 목록에서 모두 등장하는 페이지 번호를 검색한다. 이 경우 1과 2는 기각되고 3페이지는 두 목록에 모두 있다. 그러므로 최종 답은 3페이지에 있는 하나의 검색결과다. 두 개 이상의 단어를 가진 쿼리에도 이와 매우 유사한 전략을 적용한다. 예를 들어 cat the sat이란 쿼리는 1페이지와 3페이지를 결과로 보여 준다. 1과 3이 'cat'(1, 3), 'the'(1, 2, 3), 'sat'(1, 3)에 해당하는 목록의 공통 요소이기 때문이다.

가장 단순한 형태의 인덱싱 기술이 복수 단어 쿼리에도 잘 작동하는 것을 보면 지금까지는 검색엔진을 개발하는 것이 꽤 간단해 보인다. 그러나 유감스럽게도 이 단순한 접근은 오늘날 검색엔진에 전혀 적합하지 않다(몇 가지 이유가 있지만 지금은 하나의 문제에만 집중하겠다). 이는 구문 쿼리phrase query 처리 문제다. 구문 쿼리는 페이지 어딘가에 있는 어떤 단어를 막 찾는 것이 아닌 정확한 구문을 검색하는 쿼리이며, 대부분 검색엔진에서 인용 부호를 이용해 입력한다. 예컨대 "cat sat"이라는 쿼리는 cat sat이라는 쿼리와는 전혀 의미가 다르다. cat sat이라는 쿼리는 'cat'과 'sat'이란 두 단어를 위치와 순서에 상관없이 포함한 페이지를 찾는다. 반면 "cat sat"이란 구문은 'cat' 바로 다음에 'sat'이 뒤따르는 경우를 포함하는 페이지를 찾는다. 우리의 세 페이지짜리 단순한 예에서 cat sat은 1페이지와 3페이지에 있는 결과를 보여 주지만 "cat sat"은 1페이지에 있는 결과만 보여 준다.

검색엔진은 구문 쿼리를 어떻게 효율적으로 수행할 수 있을까? "cat sat" 예를 계속 이용하자. 첫 단계에서는 일반적 복수 단어 쿼리인 cat sat에서와 같은 작업을 해야 할 듯하다. 즉 단어 목록에서 각 단어가 출현하는 페이지의 목록을 찾아 온다. 이 경우 'cat'과 'sat' 모두 1과 3에 나온다. 그러나 여기서 검색엔진이 작동을 멈춘다. 이는 두 단어가 1과 3페이지에 모두 출현한다는 사실을 확실히 알지만 두 단어가 적절한 순서로 붙어 있는지는 알 길이 없다. 여러분은 이 지점에서 검색엔진이 원래 웹페이지로 돌아가 정확한 구문이 거기 있는지 확인하리라 생각할 수도 있다. 이는 실제로 가능하긴 하지만 매우 비효율적이나. 이는 이 구문을 포함할 수도 있는 모든 웹페이지의 전체 내용을 완전히 읽는 작업을 요하며 이런 페이지는 엄청나게 많을 수 있다. 여기서 우리는 세 페이지로만 이뤄진 극히 작은 예를 다루지만 실제 검색엔진은 수천억 개의 웹페이지에서 정확한 결과를 제시해야 한다는 사실을 기억하라.

단어 위치 트릭

이와 같은 구문 쿼리 문제의 해결책이 오늘날 검색엔진을 잘 작동하게 만든 첫 번째 기발한 발상이다. 이는 인덱스가 페이지 번호뿐 아니라 페이지 안의 위치도 저장해야 한다는 아이디어에서 출발한다. 여기서 언급하는 위치가 특별한 의미를 뜻하진 않는다. 페이지 내에서 단어의 위치를 지칭할 뿐이다. 즉, 세 번째 단어는 위치 3, 29번째 단어는 위치 29 등으로 표시한다. 세 페이지짜리 데이터 세트에 단어 위치를 추가한 그림을 그림 2-3에서 볼 수 있다. 그 아래는 페이지 번호와 단어 위치를 모두 저장한 데서 나온 인덱스다. 우리는 이 인덱스의 개발 방법을 '단어 위치 트릭'이라고 부르겠다. 우리가 단어 위치 트릭을 이해할 수 있는 두 개의 예를 살펴보자. 인덱스의 첫 줄은 '3-5'다. 이는 3페이지에서 'a'란 단어가 데이터 세트에서 정확히 한 번 등장하고 이 페이지의 다섯 번째 단어란 뜻이다. 가장 긴 인덱스 항목은 'the 1-1 1-5 2-1 2-5 3-1'이다. 이 줄 덕에 여러분은 데이터 세트에서 'the'가 등장하는 정확한 위치를 알 수 있는데, 1페이지에서 (위치 1과 5에) 두 번, 2페이지에서 (위치 1과 5에) 두 번, 3페이지에서 (위치 1에) 한 번 발견할 수 있다.

1
the cat sat on
1 2 3 4
the mat
5 6

2
the dog stood
1 2 3
on the mat
4 5 6

3
the cat stood
1 2 3
while a dog sat
4 5 6 7

a	3-5
cat	1 2 3-2
dog	2-2 3-6
mat	1-6 2-6
on	1-4 2-4
sat	1-3 3-7
stood	2-3 3-3
the	1-1 1-5 2-1 2-5 3-1
while	3-4

그림 2-3 위: 페이지 내 단어 위치를 추가한 세 웹페이지
아래: 페이지 번호와 페이지 내 단어 위치를 포함한 새로운 인덱스

이제 이 페이지 안의 단어 위치를 설명한 이유를 기억해 보자. 이는 구문 쿼리를 효율적으로 처리하는 방법에 관한 문제를 풀려는 것이었다. 그러므로 이 새로운 인덱스를 이용해 구문 쿼리를 처리하는 방법을 알아 보자. 아까 사용했던 쿼리인 `"cat sat"`으로 작업하겠다. 첫 단계는 이전 인덱스를 이용한 방법과 같다. 즉, 개별 단어의 위치를 인덱

스에서 추출한다. 그럼 우리는 'cat'에 대해선 1-2와 3-2를, 'sat'에 대해선 1-3과 3-7을 얻는다. 지금까지 좋다. 우리는 "cat sat"이란 구문으로 쿼리를 던지면 1페이지와 3페이지에서 결과를 찾는다는 사실을 알고 있다. 그러나 이전 예에서처럼 우리는 정확한 구문이 이 페이지들에 있는지 아직 확신하지 못한다. 두 단어가 등장하지만 두 단어가 정확한 순서로 붙어 있지 않을 수 있다. 다행히도 위치 정보로부터 이를 확인하기 쉽다. 우선 1페이지에 집중하자. 인덱스 정보에서 우리는 'cat'이 페이지 1의 위치 2에 등장한다는 사실을 알고 있다(이것이 1-2가 뜻하는 바다). 그리고 우리는 'sat'이 페이지 1의 위치 3에 등장한다는 점도 알고 있다(이것이 1-3이 뜻하는 바다). 그러나 'cat'이 위치 2에 있고 'sat'이 위치 3에 있다면 (3은 2 바로 다음이기 때문에) 우리는 'sat'이 'cat' 바로 다음에 있다는 사실을 안다. 그래서 우리가 찾고 있는 전체 구문인 'cat sat'은 이 페이지의 위치 2에서 시작함에 틀림없다.

내가 다소 장황하게 설명하고 있다는 사실을 잘 안다. 그러나 이 예를 극도로 상세히 다루는 이유는 이 답에 도달하는 데 이용되는 정보를 정확히 이해하려는 데 있다. 우리가 "cat sat"이란 구문에 대한 검색결과를 원래 웹페이지가 아닌 인덱스 정보('cat'에 대해선 1-2, 3-2, 'sat'에 대해선 1-3, 3-7)만 보고 찾았다는 사실에 주목하라. 우리는 결과가 있을 수도 있는 모든 페이지를 읽는 대신 인덱스에서 두 항목을 보기만 했기에 이는 중요하다. 실제 구문 쿼리를 수행하는 실제 검색엔진에서 결과가 있을 수도 있는 페이지는 수백만 개에 달할지도 모른다. 요컨대 인덱스에 페이지 내 단어 위치를 포함하면 우리는 수많은 웹페이지를 읽는 대신 인덱스에 있는 두 줄만 보고 구문 쿼리 결과를 찾을 수 있다. 이렇게 간단한 단어 위치 트릭이 검색엔진을 작동하는 열쇠가 된다!

실제로 우린 "cat sat" 예를 아직 다 끝내지 못했다. 우리는 페이지 1에 해당하는 정보 처리를 마쳤지만 페이지 3이 남아 있다. 그러나 페이지 3에 대한 논증은 위와 유사하다. 우리는 'cat'이 위치 2에, 'sat'은 위치 7에 등장한다는 점을 알 수 있다. 그래서 (7은 2 다음에 바로 오지 않기에) 이들은 서로 붙어 있을 수 없다. 그러므로 우리는 페이지 3이 cat sat이라는 복수 단어 쿼리의 결과는 될 수 있지만 "cat sat"이라는 구문 쿼리의 결과가 아니라는 사실을 알 수 있다.

어쨌든 단어 위치 트릭은 구문 쿼리 이상으로 중요하다. 서로 근접한 단어를 찾는 문제를 생각해 보자. 일부 검색엔진에서 여러분은 쿼리에서 NEAR라는 키워드를 사용할 수 있다(알타비스타는 초기부터 이 기능을 제공해왔다). 예를 들어, 어떤 검색엔진에서 cat NEAR dog이라는 쿼리로 'cat'이란 단어가 'dog'이란 단어로부터 다섯 단어 안에 있는 페이지를 찾는다고 하자. 우리가 가진 데이터 세트에서 이 쿼리를 어떻게 효율적으로 수행할 수 있을까? 단어 위치 트릭을 이용하면 쉽다. 'cat'에 대한 인덱스 항목은 1-2, 3-2고 'dog'에 대한 인덱스 항목은 2-2, 3-6이다. 그래서 우리는 페이지 3만이 검색결과가 될 수 있다는 사실을 즉시 알 수 있다. 그리고 페이지 3엔 'cat'이 위치 2에 나타나고 'dog'은 위치 6에 등장한다. 그래서 두 단어 사이의 거리는 6에서 2를 빼면 4가 된다. 그러므로 'cat'은 'dog'에서 다섯 단어 안에 있고 페이지 3이 cat NEAR dog이란 쿼리의 결과가 된다. 이번에도 이 쿼리를 얼마나 효율적으로 수행할 수 있었는지 주목하라. 어떤 웹페이지의 실제 내용도 읽을 필요가 없었다. 대신 인덱스에서 두 항목만 참고했을 뿐이다.

NEAR 쿼리가 검색엔진 이용자에게는 별로 중요하지 않다는 점이 밝혀졌다. 거의 아무도 NEAR 쿼리를 이용하지 않고 대부분 검색엔진은 이를 지원조차 하지 않는다. 그럼에도 NEAR 쿼리를 수행하는 능력은 실제 검색엔진에는 중요하다. 이는 검색엔진 자체가 이면에서 NEAR 쿼리를 끊임없이 수행하기 때문이다. 그 이유를 이해하려면 우리는 우선 오늘날 검색엔진이 당면한 여타 주요 문제의 하나를 봐야 한다. 이는 랭킹이라는 문제다.

랭킹과 근접성

지금까지 우리는 매칭 단계에 집중했다. 여기선 주어진 쿼리에 대한 모든 검색결과를 효율적으로 찾는 문제를 다뤘다. 그러나 앞서 강조했듯 두 번째 단계인 '랭킹'은 고품질의 검색엔진에 절대적으로 필수다. 이는 사용자에 보여 줄 소수의 상위 검색결과를 선별하는 단계다.

랭킹이란 개념을 조금 더 주의 깊게 검토해 보자. 페이지의 '순위rank'는 실제로 무엇에 달려 있는가? 진짜 질문은 '이 페이지가 쿼리에 부합하는가?'가 아니라 '이 페이지가 쿼리에 적합한가?'이다. 컴퓨터과학자는 '적합성'이란 용어를 주어진 페이지가 특정 쿼리에 적합하거나 유용한 정도를 기술하는 데 쓴다.

구체적 예로 여러분이 말라리아의 원인에 관심이 있어서 malaria cause말라리아 원인라는 쿼리를 검색엔진에 입력했다고 하자. 간단히 설명하기 위해, 검색엔진에 이 쿼리에 해당하는 검색결과가 두 개뿐이라고 가정하자. 두 페이지는 그림 2-4에서 볼 수 있다. 글을 읽을 줄 아는 사람이라면 페이지 2는 우연히 'cause'와 'malaria'라는 단어가 사용된 군사 행동의 설명처럼 보이는 반면, 페이지 1이 실제로 말라리아의 원인을 다루고 있음을 즉시 알 수 있다. 그러므로 페이지 1이 의심의 여지

없이 페이지 2보다 malaria cause라는 쿼리에 더 '적합'하다. 그러나 컴퓨터는 사람이 아니며, 페이지의 내용을 이해할 수 없기 때문에 검색엔진이 두 검색결과의 순위를 정확히 매기기란 불가능해 보일 수도 있다.

1

By far the most common cause of malaria is being bitten by an infected mosquito, but there are also other ways to contract the disease.

2

Our cause was not helped by the poor health of the troops, many of whom were suffering from malaria and other tropical diseases.*

also 1-19

...

cause 1-6 2-2

...

malaria 1-8 2-19

...

whom 2-15

그림 2-4 위: 말라리아를 언급한 두 예시 웹페이지
아래: 상기 두 웹페이지에서 구축한 인덱스의 일부

그러나 이런 경우 순위를 바르게 매기는 간단한 방법이 있다. 쿼리 단어가 서로 가까이 있는 페이지가 그렇지 않은 페이지보다 더 적합할 가능성이 높다. 말라리아 예에서 우리는 'malaria'와 'cause'란 단어 사이 간격이 페이지 1에서는 두 단어 안이지만 페이지 2에서는 17단어란 사실을 알 수 있다(검색엔진은 웹페이지로 돌아가서 이를 다 보는 대신 인덱스

* 'malaria cause'라는 영문 단어에 대한 NEAR 쿼리의 효율에 대해 다루고 있으므로 찾기 쉽게 영문으로 표기했다.
1. "지금까지 말라리아에 걸리는 가장 일반적인 원인은 감염된 모기에 물리는 것이었지만, 다른 이유도 있다."
2. "우리 조직에게 그 부대의 좋지 못한 건강 상태는 악재로 작용했는데, 그 부대원 상당수가 말라리아 및 기타 열대병으로 고통 받고 있었다." – 옮긴이

항목만 보고 효율적으로 이를 찾을 수 있다는 점을 기억하라). 그러므로 컴퓨터는 이 쿼리의 주제를 실제로 '이해하지' 못하지만 페이지 2보다 페이지 1에서 쿼리 단어들이 훨씬 더 근접해 있다는 점을 근거로 페이지 1이 페이지 2보다 더 적합한 결과라고 추측할 수 있다.

요컨대 인간은 NEAR 쿼리를 많이 쓰지 않지만 검색엔진은 랭킹을 향상시키고자 근접성에 관한 정보를 계속 이용한다. 그리고 컴퓨터가 이를 효율적으로 할 수 있는 이유는 단어 위치 트릭을 이용하기 때문이다.

우리는 검색엔진이 존재하기 5,000년 전에 이미 바빌론인들이 인덱싱을 이용하고 있었음을 알고 있다. 단어 위치 트릭도 검색엔진 회사에서 개발한 것이 아니라 인터넷이 출현하기 전 여러 유형의 정보 검색에서 이용해 왔던 기법이다. 그러나 다음 절에서 배울 메타워드 트릭 metaword trick은 검색엔진 설계자가 고안한 것으로 알려진 새로운 트릭이다. 메타워드 트릭 및 이와 연관된 다양한 아이디어를 정교하게 이용한 덕분에 알타비스타는 1990년대 말 검색 산업의 정상에 오를 수 있었다.

메타워드 트릭

지금까지는 지극히 단순한 웹페이지를 예로 들었다. 웹페이지를 일반적 단어 목록처럼 다루기는 했지만, 실제로 대부분 웹페이지는 제목 title, 표제 heading, 링크 link, 이미지 등 구조가 꽤 복잡하다. 이제 검색엔진이 웹페이지 구조를 고려하는 방법을 알아 보자. 그러나 예를 최대한 단순하게 하기 위해 페이지 최상단에 제목을, 그 다음 본문 body이 나오는 구조의 한 가지 측면만을 상정한다. 그림 2-5는 제목을 추가한 세 페이지짜리 예를 보여 준다.

그림 2-5 제목과 본문이 있는 웹페이지 집합의 예

실제로 웹페이지 구조를 검색엔진이 하는 방식대로 분석하려면 웹페이지 작성 방식에 관해 조금 더 알아야 한다. 웹페이지는 웹브라우저가 이를 잘 짜인 형태로 보여 주는 (흔히 HTML과 같은) 특별한 언어로 작성되며, 표제, 제목, 링크, 이미지 등에 대한 서식 작성 명령은 메타워드라는 특수한 언어를 이용해 작성한다. 예를 들어, 웹페이지의 제목을 시작하는 데 이용하는 메타워드는 <titleStart>이고 제목을 끝내는 메타워드는 <titleEnd>이다. 이와 유사하게 웹페이지의 본문은 <bodyStart>로 시작하고 <bodyEnd>로 끝난다. '<' 와 '>' 기호를 혼동하지 말라. 이 기호는 대부분 컴퓨터 키보드에 있고 대개 수학적 의미로 '미만'과 '초과'를 뜻하지만, 여기서는 수학과 아무 관계가 없으며, 웹페이지에 있는 보통 단어와는 다른 메타워드를 표시하는 편리한 기호로 이용될 뿐이다.

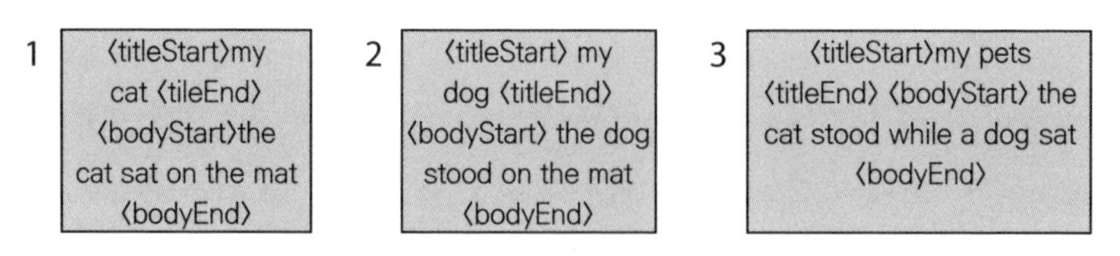

그림 2-6 웹브라우저에 표시되는 방식이 아닌 메타워드로 작성된 그림 2-5의 내용

그림 2-6은 그림 2-5와 같은 내용이지만 웹브라우저에서 보이는 방식이 아닌 실제로 작성된 방식을 보여 준다. 대부분 웹브라우저에서

'소스 보기view source'라는 메뉴 옵션을 선택하면 웹페이지의 원래 내용을 검토할 수 있다. 여러분이 다음에 기회가 되면 이를 시험해보길 권한다. (<titleStart>와 <titleEnd> 등 여기서 사용한 메타워드는 이해를 돕고자 쉽게 만든 가상의 예임을 주의하라. 실제 HTML에선 메타워드를 태그tag라 부르며, HTML에서 제목의 시작과 끝에 해당하는 태그는 <title>과 </title>이다. '소스 보기' 메뉴 옵션을 이용해 이런 태그를 찾아보라.)

인덱스를 구축할 때 메타워드를 넣는 것은 어렵지 않다. 새로운 트릭을 쓸 필요 없이 보통 단어와 같은 방식으로 메타워드의 위치를 저장하기만 하면 된다. 그림 2-7은 메타워드를 포함한 세 개의 웹페이지에서 구축한 인덱스를 보여 준다(그림을 보라. 당신이 다 아는 이야기다). 예를 들어 'mat'에 대한 항목은 1-11, 2-11이고 이는 'mat'가 페이지 1의 11번째 단어이고 페이지 2의 11번째 단어란 뜻이다. 메타워드도 같은 방식으로 작동한다. 그러므로 <titleEnd>에 해당하는 항목인 1-4, 2-4, 3-4는 <titleEnd>가 페이지 1, 2, 3에서 네 번째 단어라는 뜻이다.

a	3-10	stood	2-8 3-8
cat	1-3 1-7 3-7	the	1-6 1-10 2-6 2-10 3-6
dog	2-3 2-7 3-11	while	3-9
mat	1-11 2-11	〈bodyEnd〉	1-12 2-12 3-13
my	1-2 2-2 3-2	〈bodyStart〉	1-5 2-5 3-5
on	1-9 2-9	〈titleEnd〉	1-4 2-4 3-4
pets	3-3	〈titleStart〉	1-1 2-1 3-1
sat	1-8 3-12		

그림 2-7 그림 2-6에서 보여준 웹페이지 인덱스에 메타워드를 추가한 그림

보통 단어와 같은 방식으로 메타워드를 인덱싱하는 이 간단한 트릭을 '메타워드 트릭'이라 부르겠다. 터무니없이 간단해 보일 수도 있지만 메타워드 트릭은 검색엔진이 정확한 결과와 고품질의 랭킹을 내는 데 결정적인 역할을 한다. 잠시 검색엔진이 IN이란 핵심어를 이용한 특수 유형의 쿼리를 지원한다고 가정해 보자. 그래서 boat IN TITLE 같은 쿼리는 웹페이지의 제목에 'boat[배]'란 단어가 있는 페이지에 해당하는 검색결과만 출력하고 giraffe IN BODY는 'giraffe[기린]'가 본문에 있는 페이지만 찾는다. 대부분 실제 검색엔진은 IN 쿼리를 정확히 이런 방식으로 제공하지는 않지만 일부 검색엔진은 여러분이 쿼리 단어가 제목이나 문서의 어느 특정 부분에 있어야만 한다고 명시할 수 있는 '상세 검색[advanced search]'이란 검색 옵션을 클릭하면 같은 효과를 달성할 수 있다는 점을 주목하라. 'IN'은 단지 지금 이 책에서 설명하기 쉽게 만든 핵심어라고 가정했지만 사실 구글에서 intitle:이란 키워드를 이용해 제목 검색을 할 수 있다. 구글 쿼리 intitle:boat는 제목에 'boat'를 포함한 페이지를 찾는다. 한번 해보길 바란다!

검색엔진이 그림 2-5와 그림 2-6, 그림 2-7에서 본 세 그림의 예에서 dog IN TITLE이라는 쿼리를 효율적으로 수행하는 방식을 살펴보자. 우선 'dog'에 해당하는 항목인 2-3, 2-7, 3-11을 추출한 후 <titleStart>와 <titleEnd> 모두에 해당하는 인덱스 항목을 추출한다(예상 밖일 수도 있지만 잠시만 기다려주길 바란다). <titleStart>에는 1-1, 2-1, 3-1이란 결과가, <titleEnd>에는 1-4, 2-4, 3-4란 결과가 나온다. 지금까지 추출한 정보를 그림 2-8에 요약했다. 지금은 원과 네모는 무시해도 된다.

dog : (2-3) 2-7 [3-11]

〈titleStart〉 : 1-1 (2-1) [3-1]

〈titleEnd〉 : 1-4 (2-4) [3-4]

그림 2-8 검색엔진이 dog IN TITLE을 수행하는 방식

그 다음, 검색엔진은 'dog'에 해당하는 인덱스 항목을 훑어보기 시작한다. 여기서 'dog'에 해당하는 각 검색결과를 검토하고 이 단어가 제목 안에 있는지 확인한다. 'dog'에 대한 첫 번째 검색결과는 원 표시를 한 항목인 2-3이고 이는 페이지 2의 세 번째 단어란 뜻이다. 검색엔진은 <titleStart>에 해당하는 항목을 검색해 페이지 2에서 제목이 시작하는 지점을 알아낼 수 있다. 이는 '2-'로 시작하는 항목의 첫 번호여야 한다. 이 예에선 원 표시를 한 항목인 2-1이며 이는 페이지 2의 제목이 단어 번호 1에서 시작한다는 뜻이다. 같은 방식으로 검색엔진은 페이지 2의 제목이 끝나는 지점을 찾을 수 있다. 이는 '2-'로 시작하는 번호를 찾으며 <titleEnd>에 해당하는 항목을 검색하고 원 표시된 2-4라는 항목에서 멈춘다. 그래서 페이지 2의 제목은 단어 4(네 번째 단어)에서 끝난다.

그림에서 원 표시한 항목이 지금까지 우리가 알게 된 바(즉 페이지 2의 제목이 단어 1에서 시작해 단어 4에서 끝나고 'dog'이 단어 3에 있음)를 요약해 준다. 마지막 단계는 쉽다. 3이 1보다 크고 4보다 작으므로 우리는 'dog'이라는 단어에 해당하는 이 검색결과가 실제로 제목 안에 있고 따라서 페이지 2가 dog IN TITLE이란 쿼리의 검색결과가 돼야 함을 확신한다.

이제 검색엔진은 'dog'에 해당하는 다음 검색결과로 이동한다.

이는 2-7(페이지 2의 7번째 단어)이지만 우리는 이미 페이지 2가 검색결과임을 알고 있으므로 이 항목은 건너 뛰고 다음 항목인 네모 표시된 3-11로 이동할 수 있다. 이는 'dog'이 페이지 3의 단어 11에 있다는 사실을 말해 준다. 그래서 현재 행에서 원 표시된 위치를 지나 <titleStart>와 <titleEnd>를 찾기 시작해 '3-'로 시작하는 항목을 찾는다(각 행의 처음으로 돌아갈 필요가 없다는 점을 인식하는 것이 중요하다. 우리는 이전 검색결과에서 중단한 어떤 지점도 선택할 수 있다). 이 단순한 예에서 '3-'로 시작하는 항목은 두 경우에서 바로 다음 번호다. <titleStart>에 대해선 3-1이고 <titleEnd>에 대해선 3-4다. 쉽게 확인할 수 있게 둘 다 상자로 표시했다. 이번에도 3-11에 있는 'dog'에 해당하는 현재 검색결과가 제목 안에 있는지 알아보는 임무를 수행해야 한다. 상자에 있는 정보는 페이지 3에 'dog'이 단어 11이지만 제목은 단어 1에서 시작해 단어 4에서 끝난다고 말해 준다. 11은 4보다 크므로 우리는 'dog'이 제목이 끝난 다음 등장하며, 따라서 제목 안에 있지 않다고 알 수 있다. 그러므로 페이지 3은 dog IN TITLE에 해당하는 검색결과가 아니다.

그러므로 메타워드 트릭 덕분에 검색엔진은 문서 구조에 관한 쿼리에 매우 효율적인 방식으로 답할 수 있다. 상기 예는 페이지 제목 안에서만 검색했지만 매우 유사한 기법으로 하이퍼링크, 이미지, 설명 등 웹페이지의 다양한 부분을 검색할 수 있다. 그리고 검색엔진은 이런 모든 쿼리에 상기 예에서만큼 효율적으로 답할 수 있다. 앞서 논한 쿼리에서처럼 검색엔진은 원래 웹페이지로 돌아가 검색할 필요 없이, 적은 수의 인덱스 항목만 참고해 쿼리에 답할 수 있다. 각 인덱스 항목을 한 번만 검색해도 된다는 점도 중요하다. 페이지 2에 있는 첫 번째 검색결과 처리를 마치고 페이지 3에 있을 수 있는 검색결과로 이동했을 때 일어난 일을 기억하라. 검색엔진은 `<titleStart>`와 `<titleEnd>`에 해당하는 항목의 처음으로 돌아가는 대신 중단한 지점부터 검색을 지속할 수 있었다. 이는 IN 쿼리를 효율적으로 만드는 중요한 요소다.

제목 쿼리 및 웹페이지의 구조와 관련된 '구조 쿼리structure queries'는 사용자가 거의 이용하지 않지만 검색엔진은 내부적으로 이를 늘 이용한다는 점에서 앞서 논한 NEAR 쿼리와 비슷하다. 앞서 언급한 것처럼 검색엔진의 성공여부를 판가름하는 이 랭킹은 웹페이지 구조를 얼마나 잘 활용하느냐에 따라 개선될 수 있다. 예를 들어 제목에 '개'가 있는 페이지는 본문에만 '개'를 언급한 페이지보다 개에 관한 정보를 더 많이 담고 있을 가능성이 크다. 그래서 사용자는 '개'라는 단순한 쿼리를 입력할 때 (사용자가 명시적으로 요청하지 않더라도) 검색엔진은 내부적으로 '개 IN TITLE' 검색을 수행해서 우연히 개를 언급한 페이지가 아닌 개에 관해 다룰 가능성이 가장 큰 페이지를 찾는다.

인덱싱과 매칭 트릭이 전부는 아니다

웹 검색엔진 개발은 쉬운 일이 아니다. 사용자에게 도달할 최종 제품은 모두 정확히 설치돼야 시스템이 유용하게 돌아가는 휠과 기어, 지렛대 등을 갖춘 대단히 복잡한 기계와도 같다. 그러므로 이 장에서 소개한 두 트릭만으로 효과적 검색엔진 인덱스를 구축하지는 못한다는 사실을 반드시 인식해야 한다. 그러나 단어 위치 트릭과 메타워드 트릭은 분명히 실제 검색엔진이 인덱스를 구축하고 이용하는 방식을 맛배기로 보여 준다.

알타비스타가 (다른 검색엔진은 실패했던) 전체 웹에서 딱 들어맞는 결과를 찾는 데 성공한 이유는 메타워드 트릭 덕분이었다는 것을 1999년 알타비스타가 제출한 〈인덱스 제한 검색Constrained Searching of an Index〉이라는 미국 특허에서 볼 수 있다. 그러나 알타비스타의 빼어난 매칭 알고리즘도 소용돌이치는 검색 산업의 초기 시절 최고의 자리를 유지하는 데는 충분치 않았다. 우리가 이미 알고 있듯 효율적 매칭은 효과적 검색엔진이 되는 데 딱 절반 정도의 역할을 할 뿐이다. 나머지 과제는 적절하게 매칭된 페이지의 순위를 매기는 일, 즉 랭킹이다. 다음 장에서 보겠지만 새로운 유형의 랭킹 알고리즘은 알타비스타를 몰락시키고 구글을 웹 검색 세계의 중심으로 올려 놓기에 충분했다.

3장

페이지랭크: 구글을 출범시킨 기술

스타 트렉 컴퓨터는 그렇게 흥미로워 보이지 않는다.
무작위로 질문을 던지면 잠시 동안 생각을 한다.
나는 우리가 그것보다는 더 잘 할 수 있다고 믿는다.
- 래리 페이지(구글 공동창업자)

건축학적으로 볼 때 창고는 그다지 중요한 장소가 아니지만, 실리콘 밸리에서는 특별한 기업적 중요성을 지닌다. 위대한 실리콘 밸리 기술 회사의 많은 수는 창고에서 탄생했거나 육성됐다. 이것은 1990년대 닷컴 dot-com 붐이 일 때의 유행이 아니다. 이보다 50년도 더 전인 1939년, 세계 경제가 아직 대공황의 충격에서 벗어나지 못했을 때 캘리포니아 팔로 알토에 있는 데이브 휴렛의 창고에서 휴렛 패커드가 탄생했다. 이로부터 수십 년 후인 1976년 스티브 잡스와 스티브 워즈니악은 그야말로 '전설적인' 애플Apple 컴퓨터를 세우고, 캘리포니아 로스 앨터스에 있는 잡스의 창고에서 운영했다(창고에서 애플을 창업했다고 흔히 알려져 있지만 실제로 잡스와 워즈니악은 침실에서 먼저 작업을 시작했다. 곧 공간이 부족했고 창고로 옮겼다). 그러나 휴렛 패커드나 애플의 창업 이야기보다 더 주목할 만한 것은 검색엔진 구글이 출범한 이야기다. 구글은 주식회사가 된 1998년 9월, 캘리포니아 멘로 파크에 있는 창고에서 운영되고 있었다.

이때까지 구글은 실제로 이미 1년 이상 웹 검색 서비스를 운영 중이었다. 처음에는 두 공동창업자 래리 페이지와 세르게이 브린이 다니던 스탠퍼드대학교 서버에 기반을 두고 있었다. 서비스가 점차 인기를 얻어 학교 서버가 감당할 수 없을 정도로 대역폭 요구 조건이 커지자, 두 학생은 (이제는 유명해진) 멘로 파크 창고로 사업을 이전했다. 법적으로 회사가 된 지 3개월 만에 〈PC 매거진PC Magazine〉 선정 1998년 최고의 웹사이트 100에 이름을 올린 것을 보면 이들이 옳은 일을 했음이 틀림없었다.

정말 하고 싶은 이야기는 이제부터 시작이다. 〈PC 매거진〉에 의하면 구글이 엘리트 지위를 얻을 수 있었던 것은 '극도로 적합한 결과를 출력하는 불가사의한 재주' 덕이었다. 2장에서 최초의 상업 검색엔진이 구글보다 4년 앞선 1994년에 출범했다는 사실을 떠올려보라. 창고 기반의 구글이 어떻게 '경이롭게도' 4년이라는 뒤늦은 출발을 극복하고 검색 품질 면에서 (대중적으로 사용되던) 라이코스와 알타비스타를 뛰어넘을 수 있었을까? 이 질문에 간단한 답은 없다. 그러나 가장 중요한 요인 중 하나는 구글이 검색결과의 순위를 매기는 데 이용한 혁신적 알고리즘인 페이지랭크PageRank다.

'페이지랭크'라는 이름은 말장난이다. 이는 웹페이지 순위를 매기는 알고리즘인 동시에 래리 페이지가 개발한 랭킹 알고리즘이기도 하다. 페이지와 브린은 이 알고리즘을 1998년 〈대규모 하이퍼텍스트 웹 검색엔진의 해부The Anatomy of a Large-scale Hypertextual Web Search Engine〉라는 학회 논문으로 발표했다. 논문 제목에서 알 수 있듯 이 논문은 페이지랭크의 기술보다 훨씬 많은 내용, 즉 1998년 당시 구글 시스템을 완벽하게 설명하고 있다. 그러나 21세기에 출현한 최초의 혁신적 알고리즘인 페이지랭크에 관한 내용은 시스템에 관한 기술적 세부 내용에 묻혔다. 3장에서 우리는 이 알고리즘이 건초 더미에서 바늘을 찾아내듯, 검색 쿼리에 가장 적합한 결과를 상위 검색결과로 산출할 수 있는 방법과 요인을 살펴본다.

하이퍼링크 트릭

하이퍼링크가 무엇인지는 많이들 알고 있을 것이다. 하이퍼링크hyperlink란 클릭했을 때 다른 웹페이지로 연결하는 웹페이지 구문이다. 대부분 웹브라우저에서는 눈에 쉽게 띄도록 파란색 밑줄이 표시되어 있다.

하이퍼링크는 굉장히 오래된 개념이다. (디지털 컴퓨터가 최초로 개발된 시기와 거의 비슷한) 1945년 미국 엔지니어 바네바 부시는 〈우리가 생각하는 대로As We May Think〉라는, 시대를 앞선 전방위적인 글에서 여러 가지 새로운 잠재 기술에 대해 언급했다. 글에서 메멕스Memex라는 기계는, 문서를 저장하고 자동으로 인덱싱할 뿐 아니라 그 이상의 작업을 한다. 이는 어떤 항목이 다른 항목을 즉시 그리고 자동으로 찾아내는 원인이 되는 연관 인덱싱associative indexing, 달리 말해 하이퍼링크의 기본 형식을 가능하게 하는 기술이었다.

하이퍼링크는 1945년부터 발전해 왔다. 하이퍼링크는 검색엔진이 랭킹을 수행하는 데 이용하는 가장 중요한 툴의 하나고 이제 본격적으로 탐구하기 시작할 구글 페이지랭크 기술의 근본이다.

페이지랭크를 이해하는 첫 단계는 이 책에서 하이퍼링크 트릭hyperlink trick이라고 부를 간단한 발상이다. 이 트릭을 가장 쉽게 설명할 예가 있다. 스크램블 에그를 만드는 데 관심이 많아 이 주제에 관해 웹 검색을 한다고 하자. 실제로 스크램블 에그에 관해 웹 검색을 하면 수백만 개의 검색결과를 뜨지만 예를 단순화하고자 두 개의 웹페이지만 뜬다고 가정하자. 하나는 '어니의 스크램블 에그 레시피'고 다른 하나는 '버트의 스크램블 에그 레시피'라 하자. 이는 그림 3-1에서 버트나 어니의 레시피로 하이퍼링크를 갖고 있는 다른 웹페이지와 함께 볼 수 있다. 상황을 더 단순화하고자 두 스크램블 에그 레시피 중 하나에 연결된 전체 웹에 네 페이지만 있다고 하자. 하이퍼링크는 밑줄 그은 텍스트로 표시했고 링크로 이동하는 페이지를 화살표로 보여 줬다.

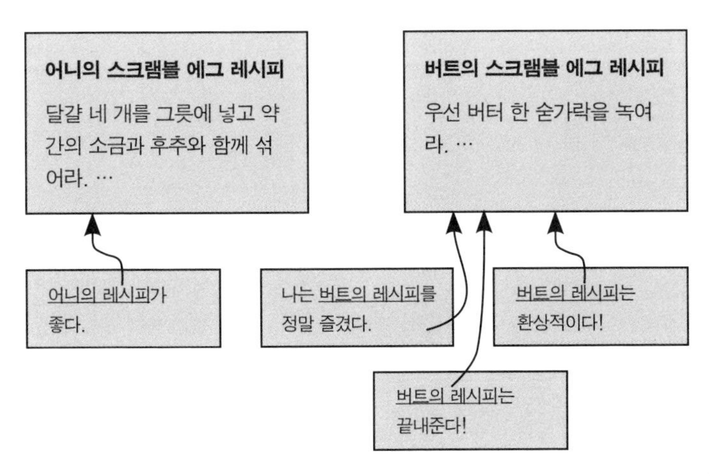

그림 3-1 하이퍼링크 트릭의 기초. 여섯 개의 웹페이지가 있고 상자가 각 페이지를 반영한다. 두 페이지는 스크램블 에그 레시피고 나머지 네 페이지는 이 레시피로 가는 하이퍼링크를 가진 페이지다. 하이퍼링크 트릭은 어니의 페이지보다 버트의 페이지에 더 높은 순위를 준다. 이는 버트의 페이지엔 세 개의 인커밍 링크(incoming links)가 있고 어니의 페이지엔 한 개만 있기 때문이다.

질문은 이렇다. 버트와 어니 중 어느 웹페이지가 더 높은 순위를 차지해야 할까? 사람이라면 두 레시피에 연결된 페이지를 읽고 판정을 내리기는 어렵지 않다. 두 레시피 모두 그럴듯해 보이지만 사람들은 어니의 레시피보다 버트의 레시피에 훨씬 더 열광한다. 그러므로 다른 정보가 없다면 버트에 어니보다 더 높은 순위를 주는 편이 타당한 듯 하다.

불행히도 컴퓨터는 웹페이지가 실제로 의미하는 바를 잘 이해하지 못한다. 그러므로 검색엔진이 검색결과에 연결된 네 페이지를 검토하고 각 레시피가 얼마나 강력히 추천받는지 평가하기란 쉽게 실현 가능한 작업이 아니다. 반면 컴퓨터는 숫자를 세는 데는 탁월하다. 그래서 간단히 각 레시피에 연결된 페이지 수를 세어 각 페이지에 있는 인커밍 링크incoming link의 수(이 경우 어니에 하나, 버트에 세 개)에 따라 레시피 순위를 매기는 방법으로 접근했다. 물론 사람이 페이지 전체를 읽고 순위를 수동으로 결정하는 방법만큼 정확하지 않지만 유용한 기법이다. 다른 정보가 없다면 웹페이지의 인커밍 링크가 유용도나 '권위적인' 정도의 지표가 될 수 있다. 이 경우 점수는 버트가 3, 어니가 1이므로 검색엔진이 사용자에게 결과를 보여줄 때 버트의 페이지가 어니의 페이지보다 높은 순위를 획득한다.

여기서 이미 랭킹에 대한 '하이퍼링크 트릭'의 문제를 발견했을 수 있다. 한 가지 명백한 점은 때론 링크가 좋은 페이지가 아닌 나쁜 페이지를 지칭하는 데 이용된다는 것이다. 예를 들어 "나는 어니의 레시피로 스크램블 에그를 만들어 봤는데 정말 끔찍했다."라고 하며 어니의 레시피로 링크를 걸어둔 웹페이지가 있다고 생각해 보라. 추천보다 혹평의 내용이 있는 링크라도 하이퍼링크 트릭은 그 페이지에 마땅한 만큼보다 더 높은 순위를 줄 수 있다. 그러나 실제로 하이퍼링크를 사용하는 경우는 혹평보다 추천이 훨씬 많고, 따라서 하이퍼링크 트릭은 명백한 결점이 있음에도 유용하다.

권위 트릭

페이지의 모든 인커밍 링크를 동등하게 취급하는 이유가 궁금해졌을 것이다. 전문가의 추천은 일반인의 추천보다 분명히 더 가치가 있다. 이것을 자세히 이해하기 위해 앞서 언급한 스크램블 에그에 다른 인커밍 링크 집합을 사용해보자. 그림 3-2는 새로운 설정을 보여준다. 버트와 어니의 페이지에 같은 수(하나)의 인커밍 링크가 있지만 어니의 인커밍 링크는 내 홈페이지에서 온 반면, 버트의 인커밍 링크는 유명한 요리사인 앨리스 워터스Alice Waters의 홈페이지에서 온다.

여러분에게 다른 정보가 없다면 누구의 레시피를 선호하겠는가? 명백히 컴퓨터과학 책의 저자가 추천한 레시피보다는 유명 요리사가 추천한 레시피를 선택하는 편이 낫다. 이 기본 원리를 권위 트릭authority trick이라고 부른다. 높은 '권위'가 있는 페이지에서 온 링크는 낮은 권위가 있는 페이지의 링크보다 더 높은 순위라는 결과를 낳아야 한다.

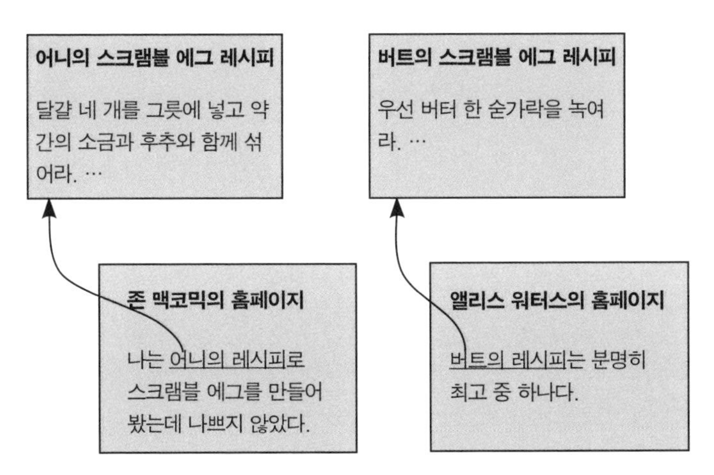

그림 3-2 권위 트릭의 기초. 두 개의 스크램블 레시피와 이 레시피로 링크된 두 개의 페이지가 있다. 링크 중 하나는 (유명 요리사가 아닌) 이 책의 저자로부터 오고 다른 하나는 유명한 요리사인 앨리스 워터스의 홈페이지에서 온다. 권위 트릭은 버트의 페이지에 어니의 페이지보다 높은 순위를 준다. 버트의 인커밍 링크가 어니의 인커밍 링크보다 더 큰 '권위'를 갖기 때문이다.

이 원리는 괜찮긴 하지만 현재 형태로는 검색엔진에 유용하지 않다. 앨리스 워터스가 나보다 스크램블 에그에 대해서 더 권위있다는 사실을 어떻게 컴퓨터가 자동으로 알아낼 수 있을까? 도움이 될 아이디어가 있다. 하이퍼링크 트릭과 권위 트릭을 결합하자. 모든 페이지는 1점의 권위 점수로 시작한다. 그러나 한 페이지에 인커밍 링크가 있다면 이를 지칭하는 모든 페이지의 권위를 추가해서 권위를 계산한다. 다시 말해 X와 Y라는 페이지가 Z라는 페이지에 링크돼 있다면 Z의 권위는 X와 Y의 권위를 더한 권위와 같다.

그림 3-3에서 두 스크램블 에그 레시피에 대항하는 권위 점수 계산의 상세한 예를 제공한다. 최종 점수는 원 안에서 볼 수 있다. 내 홈페이지에 연결한 페이지는 두 개가 있다. 이 페이지들엔 인커밍 링크가 없으므로 이들은 각 1점이다. 내 홈페이지는 인커밍 링크에서 총 2점을 얻는다. 앨리스 워터스의 홈페이지엔 각 1점인 인커밍 링크가 100개 있다. 그래서 그녀는 100점을 얻는다. 어니의 레시피엔 하나의 인커밍 링크만 있지만 이는 2점짜리 페이지로부터의 링크이므로 모든 인커밍 점수를 합하면 (이 경우 추가할 점수는 1점뿐이다.) 어니는 2점을 획득한다. 버트의 레시피에도 하나의 인커밍 링크만 있지만 이는 100점짜리이므로 버트의 최종 점수는 100점이 된다. 그리고 100이 2보다 크므로 버트의 페이지는 어니보다 높은 순위를 획득한다.

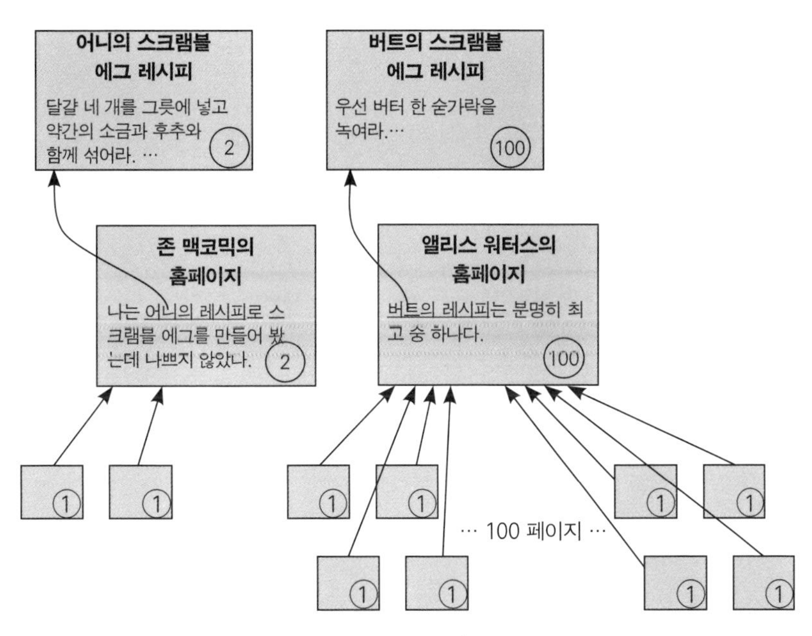

그림 3-3 두 스크램블 에그 레시피에 해당하는 '권위 점수'의 간단한 계산. 권위 점수는 원 안에 있다.

무작위 서퍼 트릭

컴퓨터가 실제로 페이지의 내용을 이해하지 않아도 실제로 효과가 있는 권위 점수의 자동 계산 전략에 의존해서만 검색결과를 얻을 수 있는 듯하다. 허나 불행히도 이 접근엔 큰 문제가 있을 수 있다. 하이퍼링크는 컴퓨터과학자가 '사이클cycle'이라고 부르는 것을 형성할 가능성이 꽤 있다. 사이클은 하이퍼링크를 클릭하다가 출발점으로 되돌아오는 경우를 말한다.

그림 3-4를 보자. A, B, C, D, E라고 이름 붙인 5개의 웹페이지가 있다. A에서 출발하면 A에서 B로, 그 다음에 B에서 E로 클릭해 이동할 수 있다. 그리고 E에서, 처음 출발한 A로 클릭해 이동할 수 있다. 이는

곧 A, B, E가 사이클을 형성한다는 뜻이다.

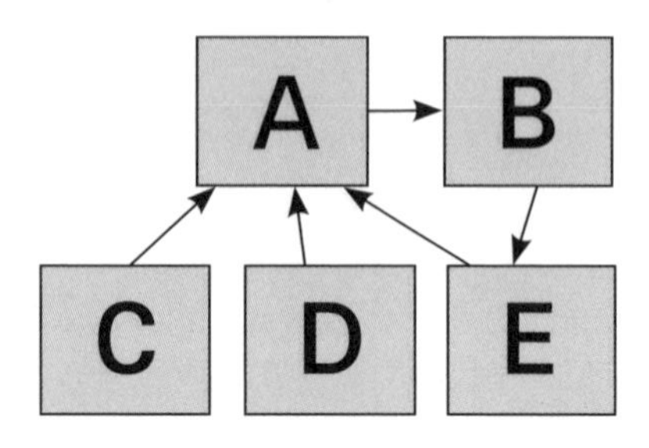

(1) 하이퍼링크 사이클의 예. A, B, E페이지는 사이클을 형성한다. A에서 출발해 B로 이동하고 그 다음에 E로 갔다가 출발점이 A로 다시 돌아오기 때문이다.

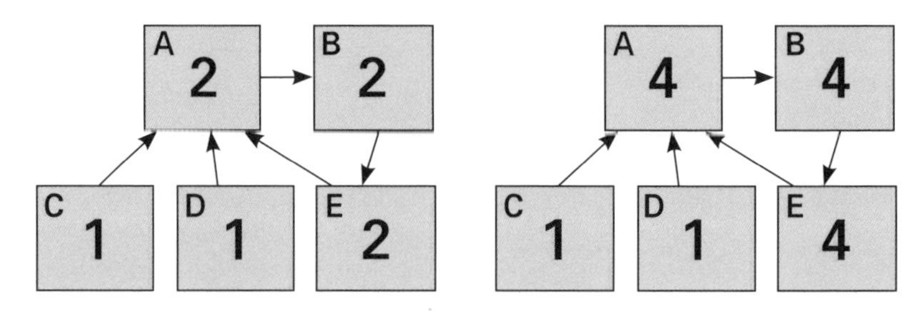

그림 3-4 (2) 사이클이 유발하는 문제. A, B, E의 점수는 계속해서 유효하지 않고, 계속해서 늘어난다.

우리가 지금 정의해 놓은 '권위 점수'(하이퍼링크 트릭과 권위 트릭의 결합)는 사이클이 있을 경우 큰 문제에 빠진다. 이 예에 어떤 일이 일어나는지 보자. C와 D페이지에는 인커밍 링크가 없으므로 각각 1점을 얻는다. C와 D엔 A로 가는 링크가 있으므로 A는 C와 D의 합인 2점을 획득한다. 그리고 B는 A로부터 2점을 얻고 E는 B로부터 2점을 얻는다(그림 3-4(2)의 왼쪽 패널이 지금까지의 상황을 요약한다). 그러나 이제 A의 점수는 의미가 없어졌다. 이는 여전히 C와 D로부터 1점씩 얻고 있지만 E로부터도 2점을 얻어 총 4점이 된다. 이제 B의 점수도 무용지물이 됐다. 이는 A로부터 4점을 얻는다. 다시 E의 점수를 업데이트해야 한다. 이는

B로부터 4점을 얻는다. 이 과정은 계속된다. 이제 A는 6점이고 따라서 B가 6점이고 E도 6점이 되며 그래서 A가 8점이 되고 이런 과정은 지속된다. 이제 이해하리라 생각한다. 우리는 사이클을 돌며 계속 증가하는 점수를 영원히 반복해야만 한다.

이런 식의 권위 점수 계산은 닭이 먼저냐 달걀이 먼저냐의 문제를 낳는다. A에 해당하는 진짜 권위 점수를 알면 B와 E에 해당하는 권위 점수를 알 수 있다. 그리고 B와 E에 해당하는 진짜 점수를 알면 A의 점수를 계산할 수 있다. 그러나 각 페이지는 서로 다른 페이지의 점수에 의존하므로 이는 불가능해 보인다.

다행히도 우리는 무작위 서퍼 트릭random surfer trick이라고 부르는 기법으로 닭과 달걀의 문제를 해결할 수 있다. 무작위 서퍼 트릭에 관한 첫 설명은 지금까지 논한 하이퍼링크 및 권위 트릭과 전혀 비슷한 점이 없음을 주의하길 바란다. 먼저 무작위 서퍼 트릭의 기본 기제를 다루고 이것의 탁월한 속성을 밝히는 분석을 하겠다. 이는 하이퍼링크와 권위 트릭의 순기능을 결합했지만 하이퍼링크 사이클이 있을 때도 작동한다.

무작위로 인터넷을 서핑하는 사람을 상상하며 트릭을 시작해 보자. 확실히 말하자면 서퍼는 전체 월드와이드웹에서 무작위로 선택한 하나의 웹페이지에서 출발한다. 그 다음, 서퍼는 이 페이지에 있는 모든 하이퍼링크를 검토하고 이 중 하나를 무작위로 골라 클릭한다. 그리고 새로운 페이지를 검토하고 이 페이지의 하이퍼링크 하나를 무작위로 선택한다. 이전 페이지에서 하이퍼링크를 클릭해서 무작위로 새로운 페이지를 선택하는 이 과정을 지속한다. 그림 3-5는 전체 월드와이드웹이 16개의 웹페이지로만 구성됐다고 상상한 예를 보여준다. 상자는 웹페이지를 반영하고 화살표는 페이지 간 하이퍼링크를 반영한다.

네 개의 페이지는 나중에 쉽게 참고할 수 있도록 A, B, C, D라는 라벨을 붙였다. 서퍼가 방문한 웹페이지는 어두운 색으로 칠했고 서퍼가 클릭한 하이퍼링크는 검은 색이며 점선 화살표는 이제 설명할 무작위 재출발을 반영한다.

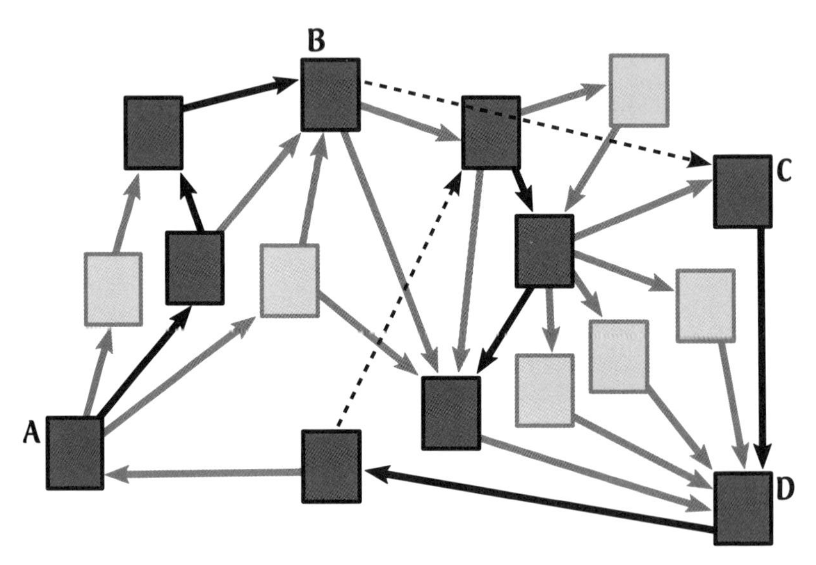

그림 3-5 무작위 서퍼 모델. 서퍼가 방문한 페이지엔 어두운 색이 칠해져 있고 점선 화살표는 무작위 재출발을 반영한다. 자취는 A에서 출발해서 두 번의 무작위 재출발이 중간에 끼어 있는 무작위로 선택된 하이퍼링크를 따라 간다.

이 과정엔 전환점twist이 하나 있다. 페이지를 방문할 때마다 서퍼가 이용 가능한 하이퍼링크 중 하나를 클릭하지 않는 고정된 재출발 확률restart probability(이 예에선 15%)이 있다. 대신 서퍼는 전체 웹에서 무작위로 또 다른 페이지를 골라 절차를 다시 시작한다. 서퍼가 특정 페이지를 읽다가 지루해져 새로운 링크의 연속을 따르게 될 가능성이 15%라고 생각하면 도움이 된다. 그림 3-5를 자세히 보자. 이 서퍼는 페이지 A를 출발해서 세 하이퍼링크를 무작위로 따라갔고, 페이지 B를 보다가 지루함을 느껴서 페이지 C에서 재출발했다. 다음 재출발 전에 두 개 이상의 무작위 하이퍼링크를 따라갔다(어쨌든 이 장에서 모든 무작위 서퍼 예는 15%의 확률로 재출발하며 이는 페이지와 브린이 그들의 검색엔진 원형을 설명하는 원래 논문에서 이용했던 값과 같다).

컴퓨터로 이 과정을 시뮬레이션하기는 어렵지 않다. 나는 시뮬레이션 프로그램을 작성해서 서퍼가 1,000개 페이지를 방문할 때까지 돌렸다(물론 이는 1천 개의 개별 페이지를 의미하진 않는다. 같은 페이지로의 복수 방문도 셌고 이 작은 예에서 모든 페이지는 여러 번 방문됐다). 1,000번의 방문 시뮬레이션 결과는 그림 3-6(1)에서 볼 수 있다. 여러분은 페이지 D의 방문 빈도가 144번으로 가장 높음을 볼 수 있다.

여론 조사에서와 마찬가지로 우리도 무작위 표본의 수를 늘려 시뮬레이션의 정확도를 높일 수 있다. 나는 같은 시뮬레이션을 다시 돌렸고 이번엔 서퍼가 100만 페이지를 방문할 때까지 기다렸다(내 컴퓨터에서 이 작업은 0.5초도 안 걸린다!). 이렇게 많은 횟수로 방문하는 경우 결과는 백분율로 표시하는 편이 낫다. 이는 그림 3-6(2)에서 볼 수 있다. 이번에도 페이지 D의 방문 횟수가 15%로 가장 높았다.

무작위 서퍼 모델과 웹페이지 랭킹에 쓰고 싶은 권위 트릭 사이엔 어떤 관계가 있을까? 무작위 서퍼 시뮬레이션에서 계산한 백분율은 정확히 페이지의 권위를 측정하는 데 필요한 수치다. 그러므로 웹페이지의 서퍼 권위 점수를 무작위 서퍼가 이 페이지를 방문하며 보낸 시간의 백분율로 정의하자. 눈에 띄는 점은 서퍼 권위 점수는 웹페이지의 중요성 순위를 매기는 앞선 두 트릭을 모두 포함한다는 사실이다. 이를 하나씩 검토하겠다.

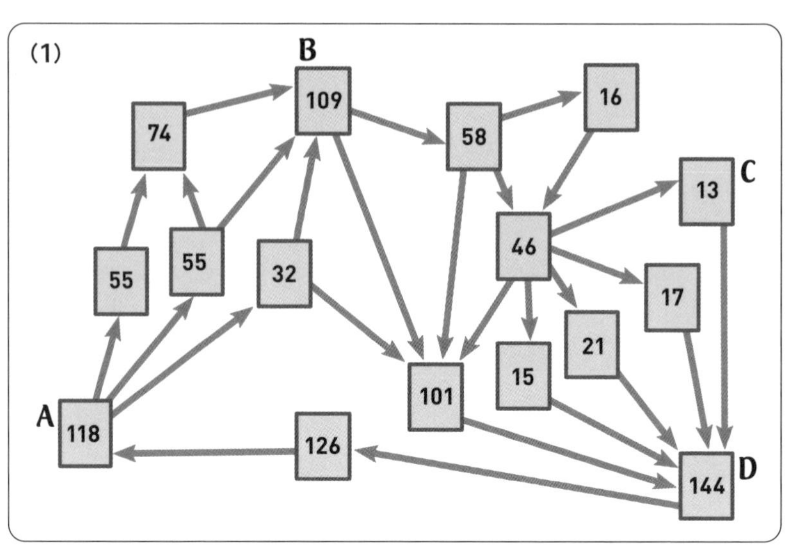

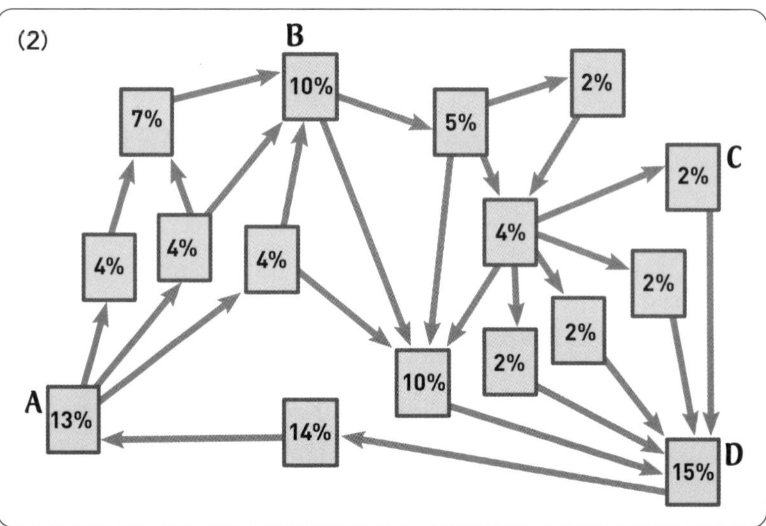

그림 3-6 무작위 서퍼 시뮬레이션. (1) 1,000회 방문 시뮬레이션에서 각 페이지에 방문한 횟수
(2) 100만 회 방문 시뮬레이션에서 각 페이지를 방문한 백분율

우선 하이퍼링크 트릭이 있었다. 여기서 주요 개념은 많은 인커밍 링크가 있는 페이지가 더 높은 순위를 받아야 한다는 점이었다. 이는 무작위 서퍼 모델에서도 그렇다. 많은 인커밍 링크를 가진 페이지를 많이 방문할 가능성이 크기 때문이다. 그림 3-6(2)의 페이지 D는 좋은 예다. 이는 (시뮬레이션 페이지 중 가장 많은) 다섯 개의 인커밍 링크를 갖고 있고 결국 가장 높은 서퍼 권위 점수(15%)를 획득하게 됐다.

둘째로 권위 트릭이 있었다. 핵심 개념은 높은 권위를 가진 페이지로부터의 인커밍 링크는 낮은 권위를 가진 페이지로부터의 인커밍 링크보다 페이지의 순위를 높인다는 내용이었다. 이번에도 무작위 서퍼 모델은 이를 감안한다. 인기 있는 페이지로부터의 인커밍 링크는 인기 없는 페이지로부터의 링크보다 더 따라갈 기회가 많기 때문이다. 그림 3-6(2)의 페이지 A와 C를 비교해 보라. 각 페이지는 정확히 하나의 인커밍 링크를 가진다. 그러나 페이지 A에 있는 질 좋은 인커밍 링크 덕분에 A가 훨씬 더 높은 서퍼 권위 점수(13% 대 2%)를 획득했다.

무작위 서퍼 모델이 하이퍼링크 트릭과 권위 트릭을 동시에 포괄한다는 사실, 즉 각 페이지에 있는 인커밍 링크의 질과 양을 모두 계산한다는 것을 주목하라. 페이지 B는 이를 증명한다. 이는 4%에서 7% 사이의 중간 정도 점수를 가진 페이지로부터의 인커밍 링크 덕분에 상대적으로 높은 점수(10%)를 얻는다.

무작위 서퍼 트릭은 권위 트릭과는 달리 하이퍼링크에 사이클이 있는지 여부와 관계 없이 완벽히 잘 작동한다. 앞선 스크램블 에그의 예로 돌아가서도 무작위 서퍼 시뮬레이션을 쉽게 돌릴 수 있다. 수백만 회를 방문하는 시뮬레이션을 돌린 후 그림 3-7에 있는 서퍼 권위 점수를 산출했다. 권위 트릭을 이용한 이전 계산에서와 마찬가지로 각각 하나의 인커밍 링크만 갖고 있음에도 버트의 페이지가 어니의 페이지보다 훨씬 더 높은 점수(28% 대 1%)를 받았다. 그러므로 버트는 '스크램블 에그'에 대한 웹 검색 쿼리에서 더 높은 순위를 차지하게 된다.

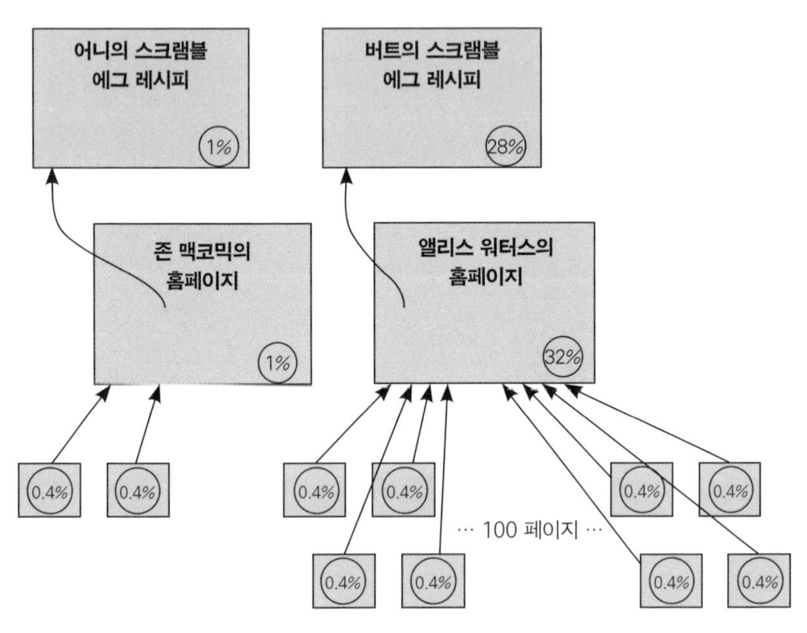

그림 3-7 앞선 스크램블 에그 예에 대한 서퍼 권위 점수. 버트와 어니 모두 자신의 페이지에 권위를 부여하는 하나의 인커밍 링크만을 가졌지만, 버트의 페이지는 '스크램블 에그'에 대한 웹 검색 쿼리에서 더 높은 순위를 차지한다.

이제 좀더 어려운 예를 들어 보자. 그림 3-8을 보면 하이퍼링크 사이클로 인해 본래 권위 트릭에 엄청난 문제를 초래하는 것을 볼 수 있다. 이번에도 쉽게 무작위 서퍼 컴퓨터 시뮬레이션을 돌려서 그림에 있는 서퍼 권위 점수를 산출한다. 이 서퍼 권위 점수는 결과를 출력할 때 검색엔진이 이용할 수도 있는 최종 순위를 말해 준다. 페이지 A가 가장 높고 B와 E가 순서대로 다음을 따르며 C와 D가 동률 최하위다.

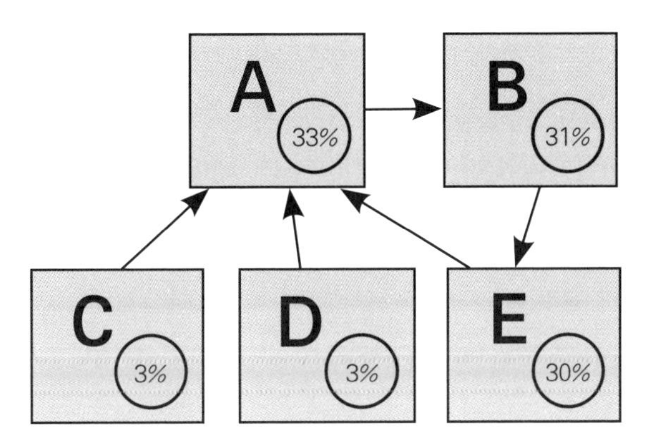

그림 3-8 하이퍼링크 사이클의 예에 대한 서퍼 권위 점수. 무작위 서퍼 트릭은 A -> B -> E -> A의 사이클이 있지만 적절한 점수를 계산하는 데 전혀 문제가 없다.

실제 페이지랭크

구글의 두 공동 창업자는 (지금은 유명한) 1998년 컨퍼런스 논문인 〈대규모 하이퍼텍스트 웹 검색엔진의 해부〉에서 무작위 서퍼 트릭을 설명했다. 주요 검색엔진에서 많은 여타 기법을 조합해 이 트릭의 변형 버전을 아직도 이용하고 있다. 그러나 오늘날 검색엔진이 이용하는 실제 기법은 여기서 기술한 무작위 서퍼 트릭과 다소 다르고, 이에는 수많은 복잡한 요인이 있다.

그 요인 중 하나는 페이지랭크의 핵심을 공격한다. 하이퍼링크가 정당한 권위를 부여한다는 가정이 때론 의문시된다는 것이다. 우리는 하이퍼링크가 추천보다 혹평을 반영할 수 있지만 이는 실제로 중요한 문제가 될 가능성이 낮다고 이미 배웠다. 이보다 훨씬 더 심각한 문제는 사람들이 자기 웹페이지의 순위를 인위적으로 부풀리고자 하이퍼링크 트릭을 남용할 수 있다는 점이다. 만약 여러분이 BooksBooksBooks.com이란 온라인 서점 사이트를 운영한다고 가정하

자. 자동화 기술을 이용해 BooksBooksBooks.com으로의 링크를 가진 매우 많은 (예컨대 1만 개의) 웹페이지들을 제작하기란 비교적 쉽다. 그러므로 검색엔진이 여기서 기술한 그대로 페이지랭크 권위를 계산하면 BooksBooksBooks.com는 여타 서점보다 수천 배 높은 점수를 부당하게 받게 되고 높은 순위에 오르게 돼 더 많은 매출을 올릴 수 있다.

검색엔진은 이런 종류의 남용을 웹 스팸web spam이라고 부른다(이는 검색결과를 채우는 원치 않는 웹페이지가 이메일함의 원치 않는 스팸 메시지와 유사하다는 의미에서 생겨난 단어다). 다양한 유형의 웹 스팸을 탐지하고 제거하는 일은 모든 검색엔진이 지속적으로 해야 할 중요한 과제다. 예를 들어 2004년 마이크로소프트의 연구자들은 정확히 1,001개 페이지의 인커밍 링크를 가진 30만 개 이상의 웹사이트를 발견했다. 이는 매우 의심스러운 사건이었다. 이 웹사이트를 수기로 직접 검색한 결과 연구자들은 인커밍 하이퍼링크의 상당수가 웹 스팸임을 발견했다.

그러므로 검색엔진은 웹 스패머에 맞서 군비 경쟁arms race을 하게 되고 실질적인 순위를 출력하고자 알고리즘을 끊임없이 개선하려 한다. 페이지랭크를 개선하려는 열망은 페이지 순위를 매기는 데 웹 하이퍼링크 구조를 이용하는 여타 알고리즘에 대한 많은 학문 및 산업 연구를 낳았다. 이런 종류의 알고리즘을 대개 링크 기반 랭킹 알고리즘link-based ranking algorithms이라 부른다.

또 다른 복잡한 요인은 페이지랭크 계산의 효율성과 연관된다. 이 책에서는 서퍼 권위 점수를 무작위 시뮬레이션을 돌려 계산했지만 전체 웹을 대상으로 이렇게 시뮬레이션을 구동하는 것은 너무 오래 걸려 실제로 사용할 수 없을 것이다. 그래서 검색엔진은 무작위 서퍼를 시뮬레이션해 페이지랭크 값을 계산하지 않는다. 대신 무작위 서퍼 시뮬레이션과 같은 값을 제시하면서도 훨씬 적은 계산 비용이 드는 수학 기법을 이용한다. 이 책에서는 서퍼 시뮬레이션 기법의 직관적인 면과, 검색 엔진의 계산법이 아닌 계산 대상을 설명한다는 점에서 이를 연구했다.

상용 검색엔진이 페이지랭크 같은 링크 기반 랭킹 알고리즘 외에도 훨씬 더 많은 것을 이용해 순위를 결정한다는 점도 알아둘 필요가 있다. 1998년에 공개된 구글 설명에서조차 구글의 두 공동 창업자는 검색결과 랭킹에 기여하는 여러 다른 특징feature을 언급했다. 예상했겠지만, 여기서 기술이 시작됐다. 이 글을 쓰고 있는 현재, 구글의 웹사이트에서는 페이지 중요도 평가에 '200개 이상의 신호를 이용'한다고 명시한다.

오늘날 검색엔진이 매우 복잡해지기는 했지만, '권위 있는 페이지는 하이퍼링크를 통해 다른 페이지에 권위를 부여한다.'는 페이지랭크의 핵심 아이디어는 여전히 유효하다. 이는 불과 몇 년 사이에 소규모 회사였던 구글이 알타비스타를 밀어내고 검색왕 자리에 오르는 데 도움을 준 아이디어였다. 페이지랭크의 핵심 알고리즘이 없었다면 대부분 웹 검색 쿼리는 수천 개의 '부합하지만 부적합한' 웹페이지의 바다에 빠졌을 것이다. 페이지랭크는 노력 없이도 바늘이 건초 더미 꼭대기로 불쑥 튀어나오게 하는 진정 보석 같은 알고리즘이다.

4장

공개 키 암호화: 공개 엽서에 비밀을 적어 아무도 모르게 보내는 방법

세상으로부터 감춰진 나의 가장 비밀스런 일을 누가 알겠는가?

- 밥 딜런, 계약 여성(Covenant Woman)

인간은 가십과 비밀을 사랑한다. 그리고 암호학의 목표는 비밀 사항을 전달하는 것이기에 우리는 모두 타고난 암호학자인 셈이다. 그러나 인간은 컴퓨터보다 더 쉽게 비밀스러운 통신을 할 수 있다. 여러분이 친구에게 비밀을 말하고 싶다면 그냥 친구의 귀에 속삭이면 된다. 컴퓨터가 이렇게 하기란 그리 쉽지 않다. 컴퓨터가 다른 컴퓨터에게 신용카드 번호를 '속삭이는' 방법은 없다. 컴퓨터가 인터넷에 연결돼 있다면 신용카드번호가 가는 곳과 이를 알게 될 컴퓨터를 통제할 수 없다. 4장에서 우리는 컴퓨터가 지금껏 가장 천재적이고 영향력 있는 컴퓨터과학 알고리즘의 하나를 이용해 이 문제를 다루는 방법을 알아보겠다. 바로 공개 키 암호화public key cryptography다.

여기서, 이 장의 부제가 왜 '공개 엽서에 비밀을 적어 아무도 모르게 보내는 방법'인지 궁금할 것이다. 그림 4-1에 답이 있다. 엽서를 통한 통신은 공개 키 암호화의 힘을 증명하는 좋은 비유다. 실생활에서 기밀 문서를 다른 사람에게 보내고 싶으면, 당연히 기밀 문서를 보내기 전에 안전하게 봉인한 봉투에 문서를 넣는다. 이는 비밀성을 보장하진 않지만 현명하고 올바른 방법이다. 반면 기밀 메시지를 엽서 뒤에 써서 보내기로 한다면 비밀은 당연히 보장되지 않는다. 엽서에 접촉하는 누구나 (예를 들어 우체부도) 엽서를 보고 메시지를 읽을 수 있다.

이는 컴퓨터가 다른 컴퓨터와 인터넷에서 비밀 통신을 하려 할 때 정확히 마주하는 문제다. 인터넷상의 어떤 메시지든 라우터router라 불리는 수많은 컴퓨터를 거쳐 여행하기에 이 라우터에 접속하면 누구든지 메시지 내용을 볼 수 있다. 그리고 이는 악의적으로 엿듣는 이를 포함한다. 그러므로 사용자의 컴퓨터를 떠나 인터넷에 들어가는 모든 개별 데이터는 엽서에 작성된 셈이다.

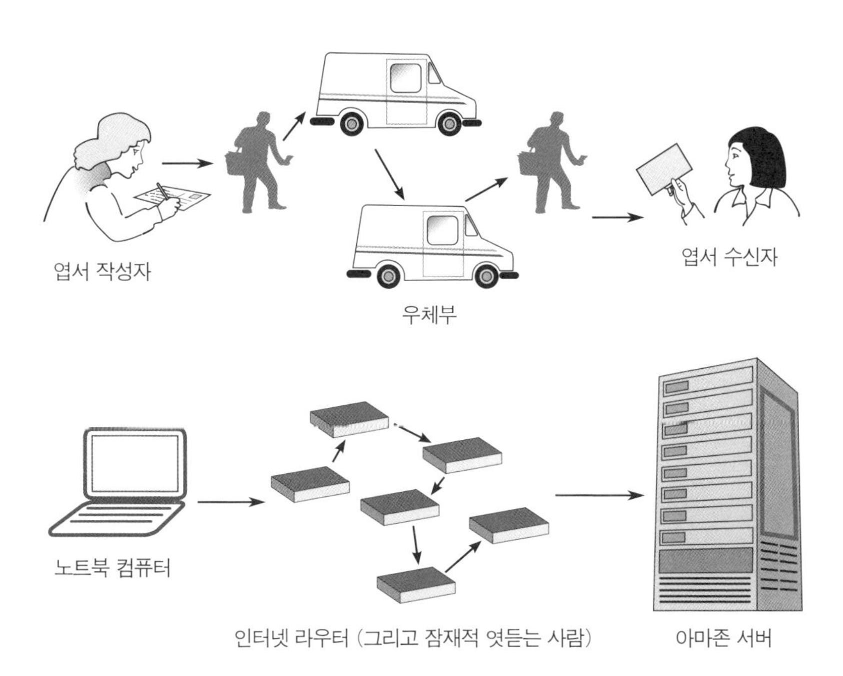

그림 4-1 엽서 비유: 우편 체계를 거쳐 엽서를 보내면 비밀 내용을 유지할 수 없다는 점은 명백하다. 같은 이유에서 사용자의 노트북 컴퓨터에서 아마존으로 보낸 신용카드번호도 적절히 암호화되지 않으면 엿듣는 사람이 쉽게 볼 수 있다.

이 엽서 문제에 대한 빠른 해결책을 이미 떠올렸을 수도 있다. 엽서에 메시지를 쓰기 전에 이를 암호화하는 비밀 코드를 쓰면 어떨까? 실제로 엽서를 받을 사람을 이미 아는 경우엔 효과가 있다. 과거 어느 시점에 어떤 비밀 코드를 사용할지 합의했을 수 있기 때문이다. 진짜 문제는 엽서를 누가 받게 될지 모르는 경우다. 여러분이 이 엽서에 비밀 코드를 쓴다면 우체부뿐 아니라 수신자도 메시지를 읽을 수 없다! 공개 키 암호화의 진정한 힘은 (사용할 코드에 비밀스럽게 합의할 기회가 없었음에도) 수신자만 해독할 수 있는 비밀 코드를 이용할 수 있다는 데 있다.

컴퓨터도 마찬가지로 '모르는' 수신자와 통신하는 문제에 당면하고 있음을 주목하라. 예를 들어 아마존(Amazon.com)에서 상품을 처음 구입하는 경우 구입자의 컴퓨터는 이 사람의 신용카드번호를 아마존 서버 컴퓨터에 전송해야만 한다. 그러나 이 컴퓨터는 이전에 아마존 서버와 통신한 적이 없다. 따라서 이 두 컴퓨터는 과거에 비밀 코드를 합의할 기회가 없었다. 그리고 이들이 하려는 모든 합의는 이들 사이에 있는 인터넷 라우터가 목격할 수 있다.

엽서 비유로 돌아가 보자. 상황이 역설적인 듯하다는 점을 인정한다. 수신자는 우체부가 보는 내용과 같은 정보를 보지만 수신자는 어쨌든 메시지 해독법을 알게 되는 반면, 우체부는 그럴 수 없다. 공개 키 암호화는 이 역설의 해결책을 제공한다. 여기서 그 방법을 설명한다.

공유 비밀로 암호화

매우 간단한 사고思考 실험에서 시작하자. 엽서 비유 대신 훨씬 단순하게, 방 안에서의 대화 사례를 들어보겠다. 상황을 구체적으로 명시해 보자. 당신은 친구인 아놀드, 적인 이브와 함께 방 안에 있다. 당신은 이브가 이해할 수 없도록 비밀스럽게 아놀드에게 메시지를 전하고 싶다. 예를 단순화하고자 메시지는 1에서 9 사이의 한 자리 숫자로 된 매우 짧은 신용카드번호라고 가정하자. 또 아놀드와 통신할 수 있는 유일한 길은 크게 말하는 방법뿐이고 따라서 이브는 엿들을 수 있다. 속삭이거나 번호를 적은 메모를 건네는 등의 은밀한 속임수는 허용되지 않는다.

당신이 전하려는 신용카드번호가 7이라고 하자. 이를 전할 수 있는 방법이 하나 있다. 우선 아놀드는 알지만 이브는 모르는 숫자를 떠올려보라. 예를 들어 당신과 아놀드는 매우 오랜 친구이고 어린 시절 같은 동네에 살았다고 하자. 당신과 아놀드는 플레즌트 스트리트 322번지에 있는 당신의 집 앞에 있는 뜰에서 자주 놀았다. 한편, 이브는 어린 시절의 당신과 아놀드를 모른다고 하자. 특히 이브는 당신과 아놀드가 놀던 집의 주소를 전혀 모른다. 그럼 당신은 아놀드에게 이렇게 말할 수 있다. "아놀드, 우리가 어린 시절 놀던 플레즌트 스트리트에 있던 우리 집 주소를 기억하니? 그 집 주소를 알고 있을 테니 내가 지금 생각하고 있는 한 자리 신용카드번호에 번지수를 더하면 329가 된다."

이제 아놀드가 집 주소를 정확히 기억한다면 당신이 말한 총합에서 집 번지수를 빼서 신용카드번호를 알아낼 수 있다. 그는 329 빼기 322라는 계산을 해서 7을 얻게 되며 이는 당신이 그에게 전하려던 신용카드번호다. 반면 이브는 당신이 아놀드에게 말하는 내용을 모두 들었음에도 신용카드번호를 알 수 없다.

왜 이 방법이 효과가 있을까? 당신과 아놀드가 컴퓨터과학자들이 공유 비밀shared secret이라고 부르는 것을 갖고 있기 때문이다. 여기서 공유 비밀은 322다. 당신과 아놀드는 이 숫자를 알고 이브는 모르기에 공유 비밀을 이용해 전달하고 싶은 어떤 숫자라도 여기에 더해 총합을 말한 다음 상대방이 공유 비밀을 여기서 빼는 방법으로 은밀하게 전달할 수 있다. 이브는 빼야 할 숫자를 모르기에 총합을 들더라도 답을 전혀 알 도리가 없다.

그림 4-2 덧셈 트릭: 7이라는 메시지를 공유 비밀인 322에 더해 암호화한다. 아놀드는 공유 비밀 숫자를 빼서 이 메시지를 해독할 수 있지만 이브는 해독할 수 없다.

믿기 어렵겠지만, 신용카드번호 같은 사적인 메시지에 공유 비밀을 더하는 간단한 '덧셈 트릭'을 이해했다면 인터넷에서 대다수의 암호화가 실제 작동하는 원리를 이미 이해한 셈이다. 컴퓨터는 끊임없이 이 트릭을 이용하지만 이를 진정으로 안전하게 만들려면 주의해야 할 추가 세부 사항이 몇 가지 있다.

컴퓨터가 이용하는 공유 비밀은 집 번지수인 322보다 훨씬 길어야 한다. 비밀이 너무 짧으면 대화를 엿듣는 누구라도 모든 가능성을 시도해볼 수 있다. 예를 들어 세 자리 집 번지수를 이용해 덧셈 트릭으로 실제 16자리 신용카드번호를 암호화한다고 하자. 999개의 세 자리 집 번지가 있고 우리 대화를 엿듣는 이브 같은 상대방은 999개의 가능한 숫자 목록을 갖고 작업할 수도 있다. 999개 숫자 중에는 우리의 신용카드 번호가 반드시 들어 있다. 컴퓨터가 999번을 시도하는 데 많은 시간이 걸리지 않기 때문에 우리는 공유 비밀에 세 자리 이상의 훨씬 큰 자릿수를 이용해야 한다.

'128비트 암호화' 같은 특정 비트 수를 명시한 암호화 유형을 들어 봤을 것이다. 여시서 비트 수는 공유 비밀의 실제 길이를 나타낸다. 공유 비밀을 대개 '키key'라 부른다. (열쇠로 집의 문을 여는 것처럼) 메시지를 풀거나 '복호화decrypt'할 때 키를 이용할 수 있기 때문이다. 비트 수의 30%를 계산하면 키의 근사 자릿수를 알 수 있다. 그렇다면 128의 30%는 약 38이므로 우리는 128비트 암호화는 38자리 숫자 키를 이용한다는 사실을 알게 된다.* 38자리 숫자는 매우 큰 수이고 현존하는 어떤 컴퓨터도 이 모든 가능성을 시도하는 데 수십억 년이 걸리므로, 38자리 공유 비밀은 매우 안전하다고 할 수 있다.

단순한 덧셈 트릭이 실제로 작동하지 않게 하는 장치가 하나 더 있다. 덧셈은 통계적으로 분석 가능한 결과를 낳고 이는 누군가가 암호화된 메시지 분석을 기반으로 키를 계산할 수도 있다. 그러므로 오늘날 암호화 기법은 '블록 암호block cipher'라는 변형된 덧셈 트릭을 이용한다.

우선 긴 메시지를 통상 10~15자로 이뤄진 고정된 크기의 작은 '블록'으로 쪼갠다. 그 다음, 그냥 메시지 한 블록과 키를 더하는 대신 각 블록을 덧셈과 유사하지만 메시지와 키를 더 공격적으로 섞는 고정된

* 컴퓨터 숫자 시스템에 관해 아는 이라면 내가 여기서 2진수(비트)가 아닌 10진수를 지칭하고 있음을 알 수 있다. 알고리즘을 아는 이라면 비트에서 십진수로 바꾸는 30%의 변환율은 $\log_{10}2 \fallingdotseq 0.3$이란 사실에서 기인한다는 점을 알 수 있다.

규칙에 따라 수 차례 변형한다. 예를 들어 '키의 앞 절반을 블록의 뒤 절반에 더하고 결과를 뒤집은 다음 키의 나머지 절반을 블록의 마지막 절반에 더하라.' 같은 규칙을 말할 수 있다. 물론 실제 규칙은 이보다 훨씬 복잡하다. 오늘날 블록 암호는 주로 10'차례' 혹은 그 이상 작업을 한다. 이는 계산 목록을 반복적으로 적용한다는 뜻이다. 충분히 많은 횟수로 계산하면, 원래 메시지는 정말로 잘 섞여 통계 공격을 방어할 수 있게 된다. 그러나 키를 아는 사람은 모든 계산을 역으로 구동해 해독된 원래 메시지를 얻을 수 있다.

이 글을 쓰는 시점에서 가장 많이 쓰는 블록 암호는 고급 암호 표준Advanced Encryption Standard(AES)이다. AES는 다양한 설정으로 이용할 수 있지만 일반적으로는 16자짜리 블록을 128비트 키와 함께 이용해 10차례의 혼합 계산을 하는 방식으로 사용한다.

공유 비밀을 공개적으로 설정하기

지금까진 꽤 좋다. 인터넷상에서 대부분의 암호화가 실제로 작동하는 원리를 알아냈다. 메시지를 블록으로 쪼개서 덧셈 트릭의 변형을 이용해 각 블록을 암호화한다. 그러나 이는 쉬운 부분이다. 어려운 부분은 우선 공유 비밀의 설정이다. 당신이 아놀드 및 이브와 한 방에 있는 앞선 예에서 약간 속임수를 썼다. 우리는 당신과 아놀드가 어린 시절 함께 놀던 친구였고 그래서 이브는 알 수 없는 공유 비밀(당신의 집 번지)을 이미 알고 있다는 사실을 이용했다. 당신과 아놀드, 이브가 모두 서로 모르는 사이고 우리가 같은 게임을 하려 한다면 어떻게 될까? 당신과 아놀드가 이브 모르게 공유 비밀을 설정할 수 있을까? (어떤 속임수도 통하지 않는다는 점을 기억하라. 당신은 아놀드에게 속삭이거나 이브 모르게 메모를 건넬 수 없다. 모든 통신은 공개적이어야만 한다.)

처음에 이는 불가능해 보일 수 있지만 이 문제를 해결하는 기발한 방법이 있다. 컴퓨터과학자는 이 해결책을 디피-헬먼 키 교환Diffie-Hellman key exchange이라 부르지만 우리는 이를 페인트 혼합 트릭paint-mixing trick이라고 부르겠다.

페인트 혼합 트릭

이번에는 신용카드번호 통신을 잠시 잊고 여러분이 공유하고 싶은 비밀이 특정 색의 페인트라고 가정하자(그렇다. 이는 약간 이상하긴 하지만 이 문제에 관해 생각하는 매우 유용한 방법임을 알게 될 것이다). 이제 당신은 아놀드 및 이브와 한 방에 있고, 모두가 다양한 색의 페인트 통을 갖고 있다고 하자. 모두는 색에 대한 동등한 선택권을 가진다. 세 사람에겐 이용 가능한 다양한 색이 있고 각 색의 페인트 통도 여러 개 있다. 그러므로 페인트가 모자라는 문제는 발생하지 않는다. 각 통에는 통에 담긴 페인트 색의 라벨이 분명히 붙어 있어 다른 사람에게 다양한 색을 섞는 방법을 구체적으로 지시하기 쉽다. 당신은 "'하늘색' 한 통을 '계란색' 여섯 통, '옥색' 다섯 통과 섞어라."라는 식으로 말하면 된다. 그러나 수백 수천의 조합 가능한 색상이 있다. 그러므로 색을 보고 정확한 색을 만들기란 불가능하다. 그리고 시험할 색이 너무 많아서 여러 번의 시도를 한다 해도 어떤 색을 혼합해야 하는지 알아내기도 불가능하다.

이번엔 게임의 규칙을 조금만 바꾸겠다. 세 사람에게 커튼을 친 각 모퉁이 공간이 각각 할당되고, 이 공간에서는 비밀이 보장된다. 여기서 세 사람은 자기 페인트를 저장하고 다른 사람이 못 보는 상태에서 은밀하게 페인트를 섞을 수 있다. 그러나 통신에 관한 규칙은 전과 같다. 당신과 아놀드, 이브 사이의 통신은 공개적이어야 한다. 아놀드만 당신의 페인트 혼합 공간에 들어오게 할 수는 없다. 당신이 혼합된 페인트를 공유하는 방법을 통제하는 규칙이 하나 더 있다. 당신은 페인트 통 하나를 방 안에 있는 나머지 사람 중 한 명에게 줄 수 있지만 이 통을 방 한가운데 바닥에 놓고 다른 사람이 집어 가길 기다려야 한다. 이는 당신의 페인트 통을 누가 가져갈지 절대 확신할 수 없다는 뜻이다. 최선책은 누구나 가져갈 수 있을 만큼 통을 충분히 만들어 방 가운데 여러 개 놓는 일이다. 이렇게 하면 원하는 이 누구나 당신의 페인트 통을 가질 수 있다. 이 규칙은 모든 통신이 공개적이어야 한다는 사실의 연장일 뿐이다. 당신이 특정 페인트 혼합을 이브에겐 주지 않고 아놀드에게만 준다면 이는 규칙에 반하는 일종의 '사적' 통신을 한 셈이다.

이 페인트 혼합 게임은 공유 비밀을 설정하는 방법을 설명하려 고안했음을 기억하라. 지금 여러분은 도대체 페인트 혼합과 암호학이 무슨 관계인지 당연히 궁금할 것이다. 그러나 걱정하지 말라. 컴퓨터가 인터넷 같은 공개된 장소에서 공유 비밀을 설정하는 데 실제로 이용되는 놀라운 트릭을 곧 알게 된다.

우선 우리는 게임의 목적을 알아야 한다. 이 게임의 목적은 이브가 혼합 방법을 알아채지 못하게 당신과 아놀드가 같은 페인트 혼합을 생산하는 것이다. 당신이 이를 달성하면 당신과 아놀드가 '공유 비밀 혼합색'을 설정했다고 말한다. 당신은 마음대로 공개적 대화를 할 수 있고 페인트 통을 당신만의 혼합 공간 또는 방 한 가운데로 마음대로 옮길 수 있다.

이제 공개 키 암호화 이면에 있는 천재적 발상으로의 여행을 시작하자. 페인트 혼합 트릭은 네 단계로 구성된다.

단계 1. 당신과 아놀드가 각각 '개인 색'을 고른다.

당신의 개인 색은 당신이 최종적으로 생산할 공유 비밀 혼합색과 같은 색은 아니다. 그러나 이는 공유 비밀 혼합에 들어갈 색의 하나다. 당신은 마음대로 이 색을 고를 수 있지만 기억할 점이 있다. 선택할 수 있는 색이 너무 많아서, 개인 색은 아놀드의 색과 확실히 다를 것이다. 예를 들어 당신의 개인 색은 라벤더색이고 아놀드의 개인 색은 진홍색이라고 하자.

단계 2. 당신과 아놀드 중 한 명은 우리가 '공개 색'이라고 부를 새로운 색을 공개적으로 발표한다.

이번에도 마음대로 색을 선택할 수 있다. 당신은 공개 색을 데이지 옐로우라고 발표한다고 하자. 공개 색은 (당신과 아놀드가 별개로 지정한 두 개가 아닌) 하나 뿐이고 당신이 이를 공개적으로 발표하기 때문에 당연히 이브도 안다는 점을 명심하라.

단계 3. 당신과 아놀드는 각각 개인 색 한 통과 공개 색 한 통을 섞어 혼합색을 만든다. 이는 당신의 '공개-개인 혼합색'을 생산한다.

아놀드의 개인 색과 당신의 개인 색이 달랐으므로 분명히 아놀드의 공개-개인 혼합색은 당신의 색과 다르다. 당신의 공개-개인 혼합색은 라벤더색 한 통과 데이지 옐로우 한 통을 포함하는 반면 아놀드의 공개-개인 혼합색은 진홍색과 데이지 옐로우로 구성된다.

여기서 당신과 아놀드는 공개-개인 혼합색 샘플을 주고 받고 싶다. 그러나 방 안에 있는 사람 중 한 명에게 페인트 혼합을 직접 건네는 일은 규칙에 어긋난다는 점을 기억해라. 혼합색을 다른 사람에게 주는 유일한 길은 이 색을 여러 개 통에 담아 방 가운데 놓고 이를 가져 가고 싶은 사람이 누구든 가져갈 수 있게 하는 방법 뿐이다. 당신과 아놀드는 정확히 이렇게 한다. 당신과 아놀드는 각각 공개-개인 혼합색 여러

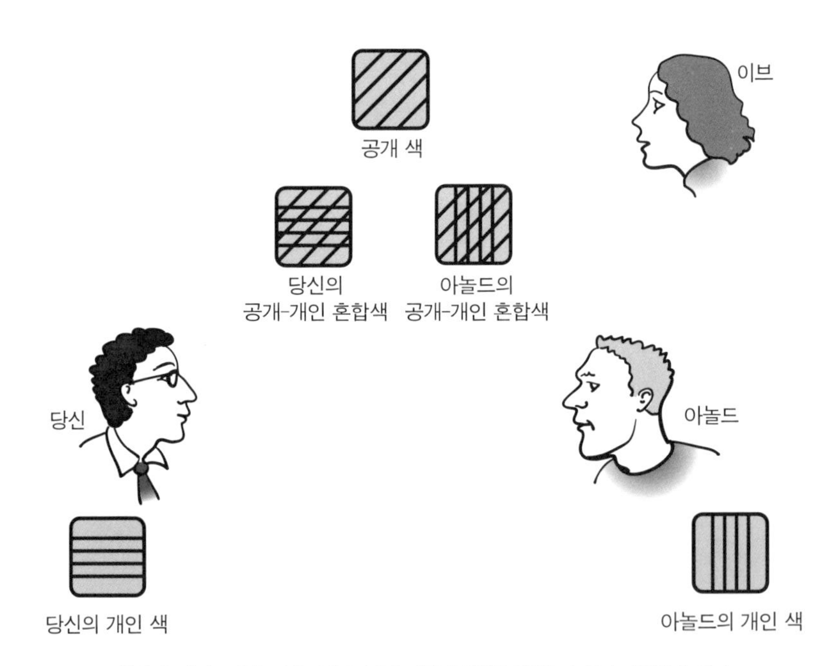

그림 4-3 페인트 혼합 트릭 단계 3: 공개-개인 혼합색은 원하는 누구나 가져갈 수 있다.

통을 만들어 방 가운데 놓는다. 이브는 원한다면 이를 훔칠 수 있다. 그러나 잠시 후 알게 되겠지만 이는 이브에게 전혀 도움이 되지 않는다. 그림 4-3은 페인트 혼합 트릭의 3단계 이후의 상황을 보여 준다.

좋다. 지금 우리는 어딘가로 가는 중이다. 이 지점에서 곰곰이 생각하면 당신과 아놀드는 이브가 모르게 같은 공유 혼합색을 제작할 수 있는 마지막 트릭을 알 수도 있다. 답을 제시하겠다.

단계 4. 아놀드의 공개-개인 혼합색 통 하나를 골라 당신의 사적 공간으로 가져가서 여기에 당신의 개인 색 한 통을 더하라. 아놀드도 당신의 공개-개인 혼합색 하나를 그의 사적 공간으로 가져가 그의 개인 색 한 통을 이에 더한다.

놀랍게도 당신과 아놀드는 똑같은 혼합색을 제작했다. 확인해 보자. 당신은 당신의 개인 색(라벤더)을 아놀드의 공개-개인 혼합색(진홍색과 데이지 옐로우)에 추가해서 라벤더 1통, 진홍색 1통, 데이지 옐로우 1통이 섞인 최종 혼합색을 얻는다. 아놀드의 최종 혼합색은? 아놀드 역시 그의 개인 색(진홍색)을 당신의 공개-개인 혼합색(라벤더와 데이지 옐로우)에 섞어 진홍색, 라벤더, 데이지 옐로우 1통씩 섞인 최종 혼합색을 얻는다. 이는 당신의 최종 혼합색과 완전히 같다. 즉 공유 비밀 혼합색이다. 그림 4-4는 페인트 혼합 트릭의 최종 단계 이후의 상황을 보여 준다.

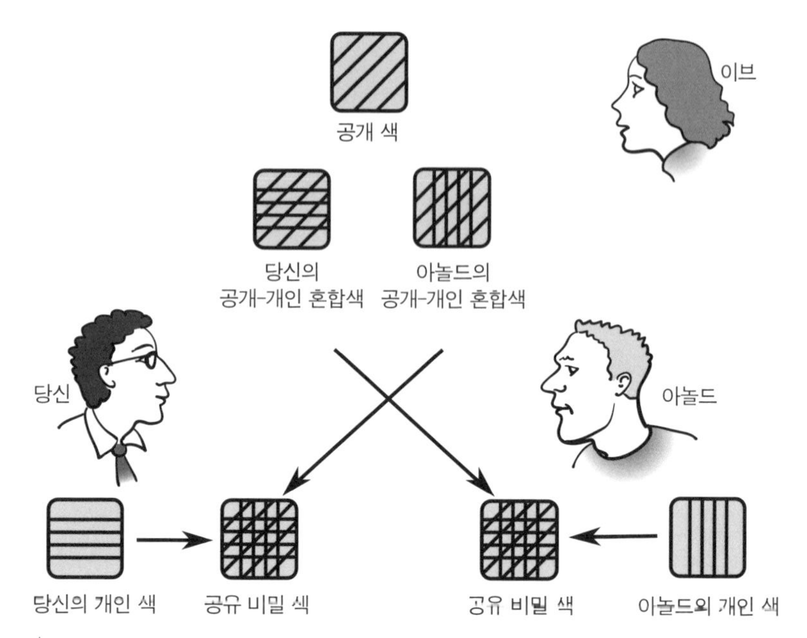

그림 4-4 페인트 혼합 트릭 단계 4: 당신과 아놀드만 화살표가 보여 주는 혼합색을 섞어 공유 비밀 색을 만들 수 있다.

이제 이브의 상황을 보자. 왜 이브는 이 공유 비밀 혼합색을 만들 수 없을까? 이는 이브가 당신과 아놀드의 개인 색을 모르기 때문이다. 공유 비밀 혼합색을 만들려면 이브는 적어도 이 중 하나는 알아야 한다. 당신과 아놀드는 각 개인 색을 그대로 방 가운데 노출한 적 없기 때문에 이브를 좌절시켰다. 대신 당신과 아놀드는 개인 색을 공개 색에 섞어 공개했고, 이브는 원래 개인 색을 얻고자 공개-개인 혼합색을 '분리할' 방법은 없다.

그러므로 이브는 두 개의 공개-개인 혼합색에만 접근할 수 있다. 이브가 당신의 공개-개인 혼합색을 아놀드의 공개-개인 혼합색과 섞으면 진홍색 1통, 라벤더 1통, 데이지 옐로우 2통이 섞인 색이 나온다. 다시 말해 이브의 혼합색엔 공유 비밀 색보다 데이지 옐로우가 한 통

더 들어가게 된다. 이브의 혼합색은 너무 노랗고, 페인트를 '분리할' 방법도 모르기 때문에 이브는 남는 노란 색을 제거할 수 없다. 이브가 진홍색과 라벤더를 더 넣어 공유 비밀 색을 추측할 수 있다고 생각할 수도 있다. 그러나 이브는 당신과 아놀드의 개인 색을 모르므로 추가할 색이 무엇인지 모른다는 점을 기억하라. 이브는 진홍색과 데이지 옐로우 혼합색 또는 라벤더와 데이지 옐로우 혼합색만을 추가할 수 있을 뿐이고 이는 그녀의 혼합색을 더 노랗게만 만들 뿐이다.

숫자로 하는 페인트 혼합 트릭

페인트 혼합 트릭을 이해했다면 컴퓨터가 인터넷에서 공유 비밀을 설정하는 방법의 본질을 이해한 셈이다. 물론, 컴퓨터는 페인트를 쓰지 않는다. 컴퓨터는 숫자를 쓰고 숫자를 섞고자 수학을 이용한다. 컴퓨터가 이용하는 실제 수학은 그렇게 복잡하지 않지만 처음에는 많이 헷갈릴 수 있다. 그러므로 공유 비밀을 인터넷에서 설정하는 방법을 이해하는 다음 단계에서 '가상' 수학을 이용하겠다. 진짜로 중요한 점은 페인트 혼합 트릭을 숫자로 번역하려면 일방향 행위one-way action가 필요하다는 사실이다. 일방향 행위란 수행을 할 수는 있지만 원상태로 되돌릴 수는 없는 행위를 뜻한다. 페인트 혼합 트릭에서는 '페인트 혼합'이 일방향 행위였다. 페인트를 섞어 새로운 색을 만들기는 쉽지만 이를 '분리해' 섞기 전의 원래 색을 만들기는 불가능하다. 그래서 페인트 혼합은 일방향 행위다.

앞서 언급했듯 우리는 가상 수학을 이용하겠다. 두 숫자의 곱셈이 일방향 행위라고 가정하는 것이다. 이미 알아챘겠지만 이는 어디까지나 가상일 뿐이다. 곱셈의 반대는 나눗셈이므로, 나누기를 해서 곱하기 결과를 원상태로 돌리기는 쉽다. 예를 들어 숫자 5에 7을 곱하면 35를 얻는다. 그리고 35를 7로 나눠 이 곱셈 결과를 손쉽게 원상태로 되돌릴 수 있다. 이렇게 하면 우리가 시작했던 5로 돌아간다.

그럼에도 우리는 곱셈이 일방향 행위라는 가상 설정을 고수한 채 당신과 아놀드, 이브 사이에서의 또 다른 게임을 해 보겠다. 그리고 이번에 우리는 세 사람 모두 곱셈을 알지만 아무도 나눗셈을 모른다고 가정하겠다. 목적은 이전 예와 거의 같다. 당신과 아놀드는 공유 비밀을 설정하려 하고 이번 공유 비밀은 페인트 색이 아닌 숫자다. 통신 규칙 또한 동일하게 적용한다. 모든 통신은 공개적이어야만 하므로 이브는 당신과 아놀드 사이의 모든 대화를 들을 수 있다.

좋다. 이제 우리는 페인트 혼합 트릭을 숫자로 바꿔서 생각하면 된다.

단계 1. 당신과 아놀드는 각자 '개인 색' 대신 '개인 수'를 고른다.

당신은 4를, 아놀드는 6을 고른다고 하자. 이제 페인트 혼합 트릭의 나머지 단계로 돌아가 생각해 보자. 거기선 공개 색을 발표하고 공개-개인 혼합색을 만든 다음 당신의 공개-개인 혼합색을 아놀드의 혼합색과 공개적으로 바꾸고 마지막으로 당신의 개인 색을 아놀드의 공개-개인 혼합색에 더해 공유 비밀 색을 만들었다. 여기서 페인트 혼합 대신 일방향 행위로서 덧셈을 이용해 앞선 예를 숫자로 바꾸는 방법이 어렵다고 느끼면 곤란하다. 계속 읽기 전에 페인트 예를 혼자 설명할 수 있는지 몇 분 정도 생각해 보라.

해결책은 그렇게 어렵지 않다. 당신과 아놀드는 이미 개인 수(4와 6)를 선택했으므로 다음 단계는 이렇게 된다.

단계 2. 당신과 아놀드 중 한 명이 (페인트 혼합 트릭에서 공개 색 대신) '공개 수'를 발표한다.

당신이 7을 공개 수로 골랐다고 하자. 페인트 혼합 트릭에서 다음 단계는 공개-개인 혼합색을 제작하는 일이었다. 그러나 우리는 페인트 혼합 대신 수를 곱하기로 이미 정했다. 그러므로 당신이 할 일은 이렇다.

단계 3. 당신의 개인 수(4)와 공개 수(7)를 곱해 '공개-개인 수' 28을 만든다.

당신은 아놀드와 이브 모두 당신의 공개-개인 수가 28이라는 사실을 공개적으로 발표해 알릴 수 있다(더 이상 페인트 통을 들고 돌아다닐 필요가 없다). 아놀드도 자신의 개인 수로 같은 일을 한다. 즉 아놀드도 그의 개인 수와 공개 수를 곱해 공개-개인 수인 42를 발표한다. 그림 4-5는 이 지점 이후의 상황을 보여 준다.

페인트 혼합 트릭의 마지막 단계를 기억하는가? 당신은 아놀드의 공개-개인 혼합색을 가져가 당신의 개인 색 한 통을 추가해 공유 비밀색을 만들었다. 여기서도 이와 똑같은 일이 일어난다. 다만 페인트 혼합 대신 곱셈을 이용할 뿐이다.

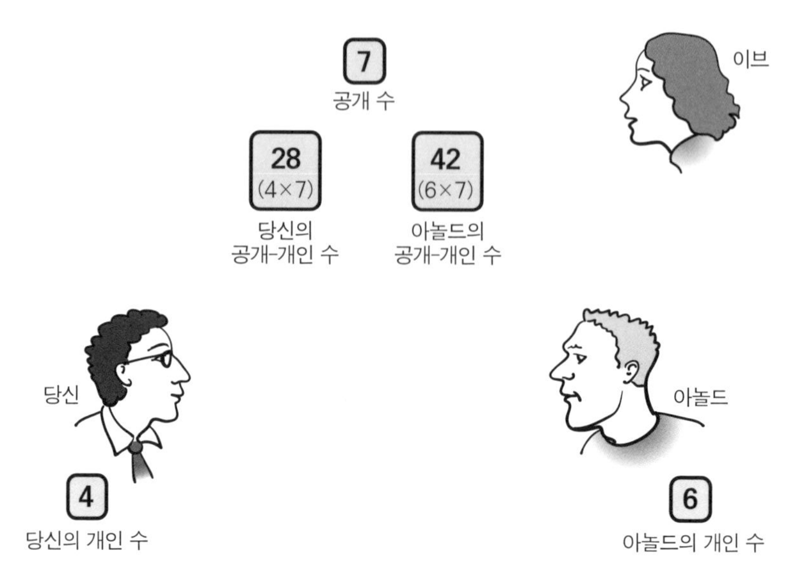

그림 4-5 숫자 혼합 트릭 단계 3: 공개-개인 수는 원한다면 누구나 이용할 수 있다

단계 4. 당신은 아놀드의 공개-개인 수인 42에 당신의 개인 수인 4를 곱해 168이라는 공유 비밀 수를 만든다.

동시에 아놀드는 당신의 공개-개인 수인 28을 그의 개인 수인 6에 곱하고 28×6 = 168이므로 (놀랍게도) 같은 공유 비밀 수를 얻는다. 최종 결과는 그림 4-6에서 볼 수 있다.

사실 이를 잘 생각하면 전혀 놀라운 일이 아니다. 아놀드와 당신이 동일한 공유 비밀 색을 만들 수 있었던 이유는 당신이 아놀드가 고른 것과 동일한 세 가지 색을 섞었기 때문이었다. 단지 섞는 순서가 달랐을 뿐이다. 즉 당신과 아놀드는 개인 색을 갖고 있다가 이를 공개적으로 구할 수 있는 다른 두 색의 혼합과 섞었다. 수를 이용한 예에서도

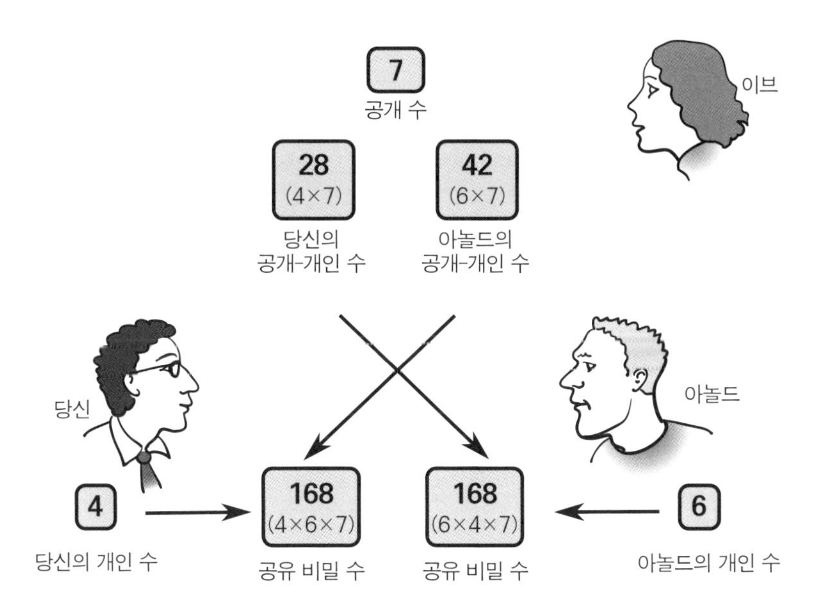

그림 4-6 숫자 혼합 트릭 단계 4:
당신과 아놀드만 화살표가 보여 주는 수를 곱해 공유 비밀 수를 만들 수 있다.

같은 일이 일어났다. 당신과 아놀드 모두 같은 세 숫자인 4, 6, 7을 곱해 동일한 공유 비밀 수에 이르렀다(물론 여러분 스스로 확인할 수 있듯 4×6×7 = 168이다). 그러나 당신은 4를 혼자만 알고 있다가 이를 아놀드가 발표한 공개적으로 구할 수 있는 6과 7의 혼합(즉 42)과 곱해서 공유 비밀에 도달했다. 한편 아놀드는 6을 혼자만 알고 있다가 이를 당신이 발표한 공개적으로 구할 수 있는 4와 7의 혼합(즉 28)과 곱해 공유 비밀에 도달했다.

페인트 혼합 트릭에서 했던 바와 마찬가지로 이브가 공유 비밀을 알아낼 가능성이 없다는 점을 증명하자. 이브는 당신과 아놀드의 공개-개인 수를 모두 들을 수 있다. 그러므로 그녀는 당신이 '28'이라고 말하고 아놀드가 '42'라고 말하는 소리를 듣는다. 그리고 그녀는 공개 수인

7도 알고 있다. 따라서 이브가 나눗셈을 안다면 당신과 아놀드의 비밀을 즉시 풀 수 있다. 그냥 28÷7 = 4, 42÷7 = 6이라는 계산만 하면 된다. 그리고 4×6×7 = 168이라는 계산으로 공유 비밀을 알 수도 있었다. 그러나 다행히도 이 게임에서는 가상 수학을 이용하고 있다. 즉 곱셈을 일방향 행위로 가정했으므로 이브는 나눗셈을 모른다. 따라서 이브는 28, 42, 7이라는 수에 머무르게 된다. 그녀는 이들을 곱할 순 있지만 그 값이 공유 비밀에 관한 어떤 정보도 알려 주지 않는다. 예를 들어 그녀는 28×42 = 1176이란 값을 얻는 경우 완전히 틀린 셈이다. 페인트 혼합 게임에서 이브의 결과가 샛노란색이었던 것처럼, 여기서 그녀의 결과엔 7이 과히 많다. 공유 비밀에는 7이 하나 있다(168 = 4×6×7). 그러나 비밀을 풀려는 이브의 시도엔 7이 두 번 들어간다(1176 = 4×6×7×7). 그리고 그녀는 나눗셈을 모르기 때문에 여분의 7을 제거할 수 없다.

페인트 혼합 트릭의 실제

이제 컴퓨터가 인터넷에서 공유 비밀을 설정하는 데 필요한 모든 근본 개념을 다뤘다. 수로 하는 페인트 혼합 체계의 유일한 결점은 아무도 나눗셈을 못한다는 '가상 수학'을 썼다는 점이다. 가상 수학 같은 방안을 현실로 만들려면 (페인트 혼합처럼) 쉽지만 (섞인 페인트의 분리처럼) 원 상태로 되돌릴 수는 없는 실제 수학 계산이 필요하다. 컴퓨터가 실제로 이를 행할 때 혼합 계산은 이산 누승법discrete exponentiation이라고 부르고 원 상태로 돌리는 계산은 이산 로그discrete logarithm라 부른다. 그리고 컴퓨터가 이산 로그를 효율적으로 계산할 방법이 없기에 이산 누승법은 일방향 행위의 종류가 된다. 이산 누승법을 적절히 설명하려면 두 가지 간단한 수학적 개념이 필요하다. 공식 몇 가지를 쓸 필요도 있다. 이 주제에 관한 거의 모든 내용을 이해했으니, 공식을 좋아하지 않는다면 그냥 이 절의 나머지는 건너뛰어도 된다. 그러나 컴퓨터가 이 마법을 부리는 방법을 정말로 알고 싶다면 이어 읽기를 바란다.

중요한 첫 번째 수학 개념은 나머지 연산modular arithmetic이라고도 불리는 시계 연산clock arithmetic이다. 이는 사실 누구나 익숙한 개념이다. 시계에는 열두 개의 숫자가 있고 큰 바늘이 12를 지날 때마다 다시 1부터 세기 시작한다. 10시 정각에서 시작해 4시간이 지나 2시 정각에서 끝나는 활동이므로 12시간 시계 시스템에서 우리는 10+4 = 2라고 말해야 할 것이다. 수학에서 시계 연산은 두 가지 세부 내용만 제외하고 이와 같은 방식으로 작동한다. 여기서는 (i) (앞으로 시계 크기라고 부를) 시계의 가장 큰 숫자는 보통 시계의 익숙한 12가 아닌 아무 수나 될 수 있고 (ii) 수는 1이 아니라 0부터 시작한다.

다음 그림 4-7에서 시계 크기 7을 이용한 예를 볼 수 있다. 시계 위 숫자가 0, 1, 2, 3, 4, 5, 6이란 점에 주목하라. 시계 크기 7로 나머지 연산을 하려면 그냥 일반적인 덧셈과 곱셈을 하면 된다. 그러나 답이 나올 때마다 이를 7로 나눠 나머지를 최종 결과로 얻는다. 그러므로 12+6을 계산하려면 우선 일반 덧셈을 해서 18을 얻는다. 그 다음에 18을 7로 나누면 7이 두 번 들어가고(14) 4가 남는다는 점에 주의하라. 따라서 최종 답은 다음과 같다.

$$12+6 = 4 \text{ (시계 크기 7)}$$

이번에는 11을 시계 크기로 이용하겠다(나중에 이야기하겠지만 실제 구현할 때는 이보다 훨씬 큰 시계 크기를 이용한다. 설명을 최대한 단순화하기 위해 작은 시계 크기를 이용할 뿐이다). 11의 배수는 66이나 88처럼 늘 같은 숫자의 반복이므로 11로 나눠 나머지를 취하기는 어렵지 않다. 시계 크기 11을 이용한 계산의 예를 제시하겠다.

$$7+9+8 = 24 = 2 \quad (\text{시계 크기 } 11)$$
$$8\times 7 = 56 = 1 \quad (\text{시계 크기 } 11)$$

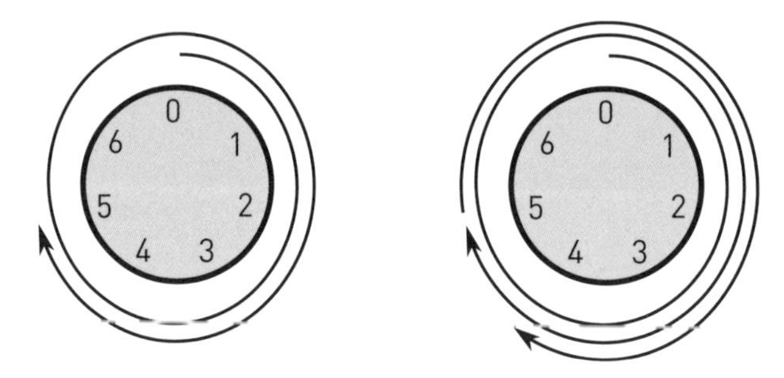

그림 4-7 왼쪽: 시계 크기 7을 이용할 때는 숫자 12가 숫자 5로 단순화된다. 그냥 0에서 시작해 화살표가 나타내듯 시계 방향으로 12단위를 세면 된다. 오른쪽: 마찬가지로 시계 크기 7을 이용하면 12+6 = 4라는 사실을 알 수 있다. 왼쪽 그림에서 끝났던 5에서 출발해 시계 방향으로 6단위를 더하면 된다.

두 번째 수학 개념은 거듭제곱 표기법이다. 이는 전혀 복잡한 개념이 아니다. 거듭제곱이란 같은 수를 여러 번 곱하는 식을 빨리 쓰는 방법일 뿐이다. 6을 네 번 곱할 때 $6\times6\times6\times6$이라고 쓰는 대신 6^4라고 쓸 수 있다. 예를 들어 보자.

$$3^4 = 3\times3\times3\times3 = 81 = 4 \ (\text{시계 크기 } 11)$$
$$7^2 = 7\times7 = 49 = 5 \ (\text{시계 크기 } 11)$$

표 4-1은 시계 크기가 11일 때 2, 3, 6의 제곱수 중 처음 10개를 보여 준다. 이는 우리가 다루려는 예에서 유용하다. 그러므로 시작하기 전에 여러분은 이 표가 생성된 방법에 익숙해져야 한다. 마지막 열을 보

자. 이 열에서 첫 항목은 6이고 이는 6^1과 같다. 다음 항목은 6^2 또는 36이지만 시계 크기 11을 이용하고, 36은 33보다 3이 더 많으므로 표에서 이 항목은 3이 된다. 이 열의 세 번째 항목을 계산하고자 $6^3 = 6 \times 6 \times 6$을 계산해야 한다고 생각할 수도 있지만 이보다 쉬운 방법이 있다. 이미 이 시계 크기에 맞는 6^2를 계산했다. 이는 3이었다. 6^3을 구하려면 이전 결과에 6을 곱하기만 하면 된다. 이는 $3 \times 6 = 18 = 7$ (시계 크기 11)이란 결과를 낳는다. 다음 항목은 $7 \times 6 = 42 = 9$ (시계 크기 11)이고 이런 식으로 계속 진행하면 된다.

n	2^n	3^n	6^n
1	2	3	6
2	4	9	3
3	8	5	7
4	5	4	9
5	10	1	10
6	9	3	5
7	7	9	8
8	3	5	4
9	6	4	2
10	1	1	1

표 4-1 이 표는 시계 크기 11을 이용할 때 2, 3, 6의 제곱수 중 처음 10개를 보여 준다. 본문에서 설명한 것처럼 각 항목은 바로 이전 항목으로부터 매우 간단한 연산을 이용해 계산할 수 있다.

좋다. 드디어 컴퓨터가 실제로 이용하는 공유 비밀을 설정할 준비가 끝났다. 평소처럼 당신과 아놀드는 비밀을 공유하려 하고 이브는 이를 엿듣고 알아내려 한다.

단계 1. 당신과 아놀드는 각자 개인 수를 선택한다.

수학을 가능한 한 쉽게 하기 위해 이 예에서 매우 작은 수를 이용하겠다. 당신은 8을 개인 수로, 아놀드는 9를 선택한다고 하자. 이 두 수(8, 9)는 이 자체로 공유 비밀이 아니지만 페인트 혼합 트릭에서 여러분이 선택한 개인 색과 마찬가지로 공유 비밀을 '섞는' 원료가 된다.

단계 2. 당신과 아놀드는 두 공개 수를 공개적으로 합의한다. 하나는 시계 크기(이 예에서는 11)이고 또 다른 하나는 기저수(base)(이 예에서는 2)다.

이 공개 수(11, 2)는 페인트 혼합 트릭의 시작에서 당신과 아놀드가 합의했던 공개 색에 비유할 수 있다. 페인트 혼합 비유가 여기서 약간 깨신다는 점을 주의하라. 페인트 혼합 트릭에서는 하나의 공개 색만이 필요했지만 여기선 두 개의 공개 수가 필요하다.

단계 3. 당신과 아놀드는 각자 거듭제곱 표기법과 시계 연산을 이용해 각자의 개인 수와 공개 수를 혼합해 공개-개인 수(PPN)를 만든다.

구체적으로 명시하자면 이 혼합은 이런 공식을 따른다.

$$\text{PPN} = \text{기저수}^{\text{개인 수}} \text{ (시계 크기)}$$

이 공식을 문자로 적으니 조금 이상해 보일 수 있지만 실제로 간단하다. 표 4-1을 참고해 답을 구할 수 있다.

$$\text{당신의 PPN} = 2^8 = 3 \text{ (시계 크기 11)}$$
$$\text{아놀드의 PPN} = 2^9 = 6 \text{ (시계 크기 11)}$$

그림 4-8은 이 단계 이후의 상황을 보여 준다. 이 공개-개인 수는 페인트 혼합 트릭의 세 번째 단계에서 만들었던 '공개-개인 혼합색'에 정확히 비유할 수 있다. 거기서 당신은 공개 색 한 통을 당신의 개인 수 한 통과 섞어 공개-개인 혼합색을 만들었다. 여기서 당신은 거듭 제곱 표기법과 시계 연산을 이용해 공개 수와 당신의 개인 수를 섞었다.

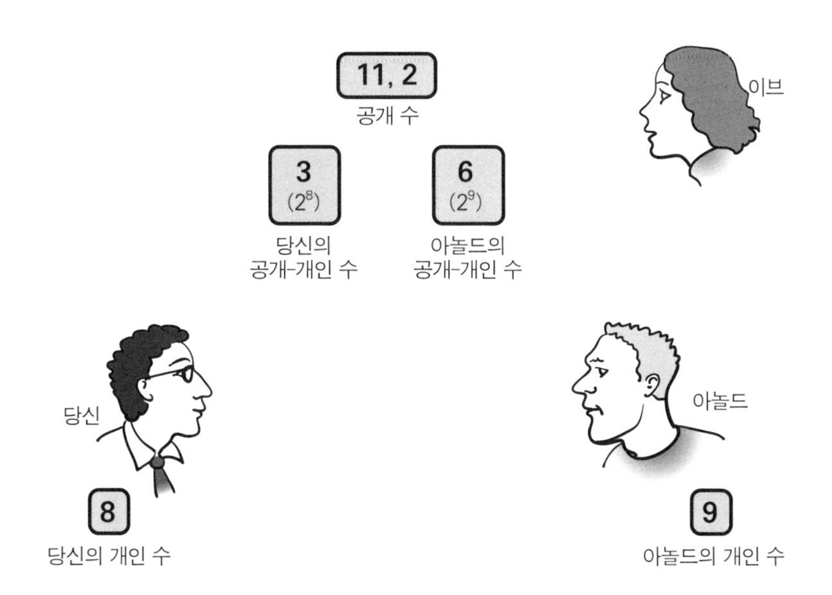

그림 4-8 실제 숫자-혼합 트릭 단계 3: 거듭제곱과 시계 연산을 이용해 계산한 공개-개인 수(3, 6)는 원하는 누구나 이용할 수 있다. 3 아래 있는 '2^8'은 3을 계산한 방법을 상기시켜 주지만 시계 크기 11에서 3 = 2^8이란 사실은 공개되지 않는다. 마찬가지로 6 아래 '2^9'도 공개되지 않는다.

단계 4. 당신과 아놀드는 각자 상대방의 공개-개인 수를 가져가 이를 각자의 개인 수와 섞는다.

이는 다음과 같은 공식을 따른다.

$$\text{공유 비밀} = \text{상대방의 PPN}^{\text{개인 수}} \text{ (시계 크기)}$$

이번에도 문자로 적으니 조금 이상해 보이지만 표 4-1을 참고해 쉽게 구할 수 있다.

$$\text{당신의 공유 비밀} = 6^8 = 4 \text{ (시계 크기 11)}$$
$$\text{아놀드의 공유 비밀} = 3^9 = 4 \text{ (시계 크기 11)}$$

이 최종 상황은 그림 4-9에서 볼 수 있다.

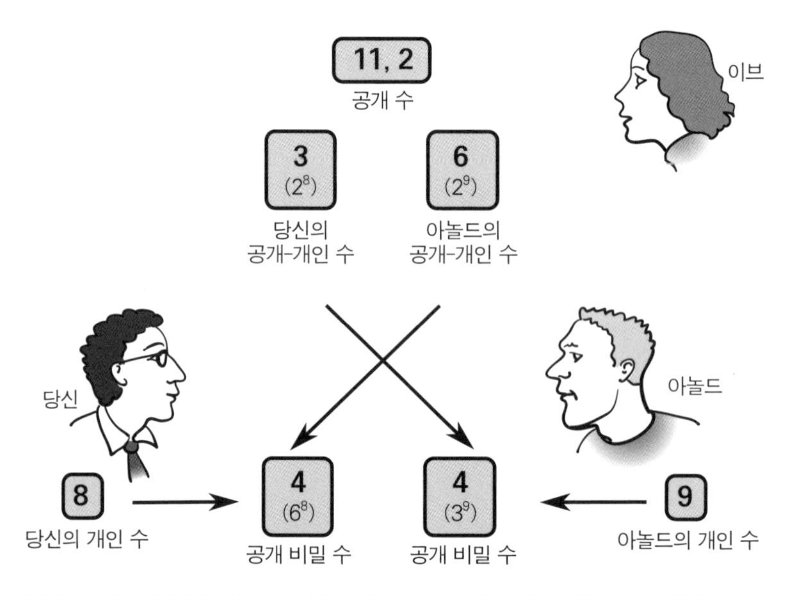

그림 4-9 실제 숫자-혼합 트릭 단계 4: 당신과 아놀드만이 거듭제곱과 시계 연산을 이용해 화살표로 보여 준 요소를 조합해 공개 비밀 수를 만들 수 있다.

자연스럽게 당신의 공유 비밀과 아놀드의 공유 비밀은 같은 수(이 경우엔 4)가 된다. 이 경우 이는 약간 복잡한 수학에 의존하지만 기본 아이디어는 이전과 같다. 당신과 아놀드는 서로 다른 순서로 원재료를 섞었지만 같은 원재료를 이용했으므로 같은 공유 비밀을 생산했다.

이 트릭의 앞선 버전에서와 마찬가지로 이브는 따돌림을 당했다. 이브는 두 명의 공개 수(2와 11)를 알고 두 공개-개인 수(3, 6)도 안다. 그러나 이브는 이 정보를 이용해 공개 비밀 수를 계산할 수 없다. 이브는 당신과 아놀드가 갖고 있는 비밀 재료(개인 수)를 알 수 없기 때문이다.

공개 키 암호화의 실제

거듭제곱과 시계 연산을 이용해 수를 섞는 페인트 혼합 트릭의 최종 버전은 실제로 컴퓨터가 인터넷에서 공유 비밀을 설정하는 방법 중 하나다. 여기서 기술한 방법을 1976년 이 알고리즘을 처음으로 발표한 휫필드 디피와 마틴 헬먼의 이름을 따 디피-헬먼 키 교환 프로토콜이라 부른다. ('http:' 대신 'https:'로 시작하는) 보안된 웹사이트를 방문할 때마다 방문자의 컴퓨터와 이것이 통신하는 웹 서버는 디피-헬먼 프로토콜 또는 이와 비슷한 방식으로 작동하는 여러 대안 중 하나를 이용해 공유 비밀을 제작한다. 그리고 일단 이 공유 비밀을 설정하면 두 컴퓨터는 앞서 설명한 덧셈 트릭의 변형을 이용해 모든 통신을 암호화한다.

디피-헬먼 프로토콜을 실제로 이용할 때 이에 사용되는 실제 수는 여기서 다룬 예보다 훨씬 크다는 사실을 인식해야 한다. 앞선 예시에서는 계산을 쉽게 하기 위해 매우 작은 시계 크기(11)를 이용했다. 그러나 작은 공개 시계 크기를 선택한다면 가능한 개인 숫자의 수도 줄어든다(시계 크기보다 작은 개인 수를 이용할 수밖에 없기 때문이다). 그리고 이는 다른 사람이 컴퓨터를 써서 모든 가능한 개인 수를 대입해 여러분의 공개-개인 수를 만든 수를 찾아낼 수도 있다는 뜻이다. 앞선 예에선 11

개의 개인 수만이 가능했으므로 이 시스템을 깨기란 터무니없이 쉽다. 이와는 달리 디피-헬먼 프로토콜의 실제 실행은 일반적으로 수백만 자리의 시계 크기를 이용하고 상상할 수 없을 정도로 많은 개인 수를 제작한다(이는 10^{32}개보다도 훨씬 많다). 그 다음에는 수학적 속성이 올바르도록 공개 수도 주의 깊게 선택돼야만 한다. 이에 관심이 있다면 참고 4-1의 글을 읽어보라.

디피-헬먼 공개 수에서 가장 중요한 속성은 시계 크기가 소수(prime number)여야 한다는 점이다. 즉 이는 1과 자신 외에 어떤 약수도 갖지 않는다. 또 다른 매우 흥미로운 조건은 기저수가 시계 크기의 원시근(primitive root) 이어야 한다는 점이다. 이는 기저수의 제곱수가 결국 시계에서 가능한 모든 값을 따라 순환한다는 뜻이다. 시계 크기 11에서의 거듭제곱 표를 다시 보면 2와 6은 11의 원시근이지만 3은 아니라는 사실을 알 수 있다. 3의 제곱수는 3, 9, 5, 4, 1을 따라 순환하고 2, 6, 7, 8, 10은 지나친다.

참고 4-1 디피-헬먼 프로토콜에 적합한 시계 크기와 기저수를 선택할 땐 특정 수학 속성이 충족돼야 한다.

여기서 설명한 디피-헬먼 접근은 (디지털) 엽서를 통한 통신에 이용하는 여러 가지 정교한 기법 중 하나일 뿐이다. 컴퓨터과학자들은 디피-헬먼을 키 교환 알고리즘이라고 부른다. 다른 공개 키 알고리즘은 이와 다르게 작동하고 이 덕분에 사람들은 의도한 수신자에게 보내는 메시지를 이 수신자가 발표한 공개 정보를 이용해 직접 암호화할 수 있다. 이와는 달리 키 교환 알고리즘은 수신자로부터 받은 공개 정보를 이용해 공유 비밀을 설정하지만 암호화 자체는 덧셈 트릭으로 이뤄진다. 인터넷상 대부분 통신에서 (이 장에서 공부한) 후자를 더 선호한다. 계산력이 훨씬 적게 필요하기 때문이다.

그러나 완전한 형태의 공개 키 암호화를 필요로 하는 애플리케이션도 몇몇 있다. 아마도 이 중 가장 흥미로운 애플리케이션은 9장에서 설명할 디지털 서명일 듯하다. 9장을 읽으면서 알게 되겠지만 완전한 형태의 공개 키 암호화에 담긴 알고리즘의 특징은 지금까지 살펴본 내용과 비슷하다. 즉 페인트 색을 다시 분리해낼 수 없듯이, 수학적으로 뒤집을 수 없는 방식으로 비밀 정보와 공개 정보를 '섞는' 것이다. 가장 유명한 공개 키 암호 시스템은 개발자의 이름인 로널드 라이베스트, 아디 샤미르, 레너드 에이들먼의 성 두문자를 딴 RSA라는 방법이다. 9장에서는 RSA를 디지털 서명 작동 원리의 중심 예로 이용한다.

이런 초기 공개 키 알고리즘의 개발 이면의 매력적이고 복잡한 이야기가 있다. 디피와 헬먼은 1976년 실제로 디피-헬먼을 발표한 최초의 사람들이었다. 라이베스트와 샤미르, 에이들먼은 실제로 1978년 RSA를 최초로 발표했다. 그러나 이것이 이야기의 전부가 아니다! 영국 정부가 수년 전부터 이와 유사한 시스템에 관해 연구했다는 사실이 한참 후에 밝혀졌다. 정말 안타깝게도, 디피-헬먼과 RSA보다 앞서 시스템을 고안한 사람들은 영국 정부의 통신 연구소인 GCHQ의 수학자였기에, 이들이 작업한 결과는 내부 기밀 문건으로 기록됐고 1997년까지도 봉인 해제되지 않았다.

RSA와 디피-헬먼을 비롯한 공개 키 암호 시스템은 단순히 기발한 알고리즘 수준을 넘어선다. 이는 기업과 개인에게 동일하게 매우 중요한 상업 기술과 인터넷 표준으로 발전했다. 우리가 매일 수행하는 온라인 거래의 대부분은 공개 키 암호화 없이 안전하게 완료될 수 없다. RSA 고안자들은 1970년대에 이 시스템의 특허를 냈고 이 특허권은 2000년대 후반까지 지속됐다. 특허 기한이 만료되던 날 밤, 샌프란시스코에 있는 그레이트 아메리칸 뮤직 홀에서 기념 파티가 열렸다. 아마도 공개 키 암호화의 문호가 활짝 열렸다는 사실을 축하하기 위해서가 아니었을까.

5장

오류 정정 코드: 데이터 오류를 스스로 찾아 고치는 마법

누군가에게 그가 오류에 빠져 있다고 보여주는 것과
진리를 그 사람에게 안겨주는 것은 다르다.
- 존 로크 《인간지성론》(1690)

오늘날 사람들은 필요하다면 언제나 컴퓨터를 사용할 수 있다. 1940년대 벨 전화 연구소에서 일하던 리처드 해밍에겐 이런 행운이 없었다. 해밍에게 필요했던 회사 컴퓨터는 다른 부서가 이용했고 해밍은 주말에만 쓸 수 있었기 때문이다. 그러므로 컴퓨터가 데이터를 읽는 도중 발생한 오류 때문에 반복되는 충돌에 해밍이 느꼈을 좌절이 상상된다. 해밍의 말을 들어 보자.

> 내리 2주 동안, 내가 해둔 작업이 모두 날아갔고 아무런 조치도 취해지지 않았다는 사실을 알았다. 두 번의 주말이 날아갔기에 정말로 화와 짜증이 치밀었다. 나는 해결책을 찾고 싶었다. "젠장, 기계가 오류를 검출할 수 있다면, 왜 오류의 위치를 찾아내 정정할 수는 없을까?"

이보다 더 '필요는 발명의 어머니'라는 금언에 잘 들어맞는 사례는 없다고 본다. 해밍은 곧 최초의 오류 정정 코드를 제작했다. 오류 정정 코드란 컴퓨터 데이터에서 오류를 검출해 정정하는 마법 같은 알고리즘이었다. 오류 정정 코드가 없으면 컴퓨터와 통신 시스템은 오늘날 컴퓨터에 비할 수도 없을 만큼 엄청나게 느려지고 강력하지도 않으며 신뢰하기도 어려웠을 것이다.

오류 검출과 정정의 필요성

컴퓨터는 세 가지 근본적 작업을 수행한다. 가장 중요한 일은 계산 수행이다. 즉 입력 데이터를 주면 컴퓨터는 이를 어떻게든 변형해 유용한 답을 생산한다. 그러나 컴퓨터가 수행하는 다른 두 가지 매우 중요한 일이 없다면 답을 계산하는 능력조차 거의 무용지물이 될 것이다. 이는 데이터 저장과 전송이다(컴퓨터는 주로 자기 메모리와 디스크 드라이브에 데이터를 저장한다. 그리고 일반적으로 인터넷을 거쳐 데이터를 전송한다). 예를 들어 정보의 저장과 전송이 불가능한 컴퓨터를 상상해 보자. 당연히 무용지물이다. 물론 (회사 예산의 세부 내용을 담은 복잡한 재정 스프레드시트를 준비하는 것처럼) 꽤 복잡한 계산은 할 수 있지만, 그 결과를 동료에게 전달할 수도 없고, 나중에 작업을 이어서 하도록 결과를 저장할 수도 없다. 그러므로 데이터의 전송과 저장은 오늘날 컴퓨터에서 실로 핵심적인 기능이다.

그러나 데이터 전송 및 저장과 관련된 큰 난관이 있다. 데이터는 정확해야 한다는 점이다. 많은 경우 사소한 실수 하나조차 데이터를 무용지물로 만들 수 있기 때문이다. 인간은 오류 없이 정보를 저장하고 전송하는 것이 얼마나 중요한지를 잘 알고 있다. 예를 들어 다른 사람의 전화번호를 적는다면 모든 숫자를 정확히 그리고 옳은 순서로 기록해야 한다. 숫자 중 하나만 실수를 하더라도 전화번호는 무용지물이 된다. 때에 따라 데이터에서의 오류는 그저 무용지물인 상황보다 더 나쁜 상황을 초래할 수 있다. 예를 들어 컴퓨터 프로그램을 저장한 파일에 있는 오류는 프로그램 충돌을 일으키거나 프로그램의 본래 목적에서 벗어난 일을 하게 될 수 있다(사용자가 작업을 저장할 겨를도 없이 중요한 파일을 삭제할 수도 있다). 예를 들어 한 주당 5.34달러로 게시된 주식을 산다고 생각했는데 실거래가가 8.34달러인 경우처럼, 전산화된 재정 기록에서 나타나는 일부 오류는 실제 금전 손실을 낳을 수도 있다.

그러나 인간이 저장해야 하는 오류 없는 정보의 양은 상대적으로 적다. 그래서 사람은 (은행 계좌 번호, 암호, 이메일 주소 같이) 중요하다고 생각하는 정보를 주의 깊게 확인함으로써 실수를 어렵지 않게 피할 수 있다. 반면 컴퓨터가 오류 없이 저장하고 전송해야 할 정보의 양은 엄청나게 많다. 규모를 이해하고자 이를 생각해 보자. 100GB의 저장공간을 가진 컴퓨터 장치를 갖고 있다고 하자(이 글을 쓰고 있는 현재, 이는 저가 노트북의 평균 용량이다). 100GB에는 약 1500만 쪽의 텍스트를 담을 수 있다. 그래서 이 컴퓨터의 저장 시스템이 100만 쪽당 하나의 실수만 하더라도 이 용량을 다 채울 때 이 장치엔 (평균) 15개의 실수가 존재하게 된다. 데이터 전송에도 같은 결과가 적용된다. 여러분이 20MB짜리 소프트웨어 프로그램을 다운로드하는 중인데, 컴퓨터가 수신하는 정보에서 100만 글자마다 한 번씩 잘못 해석한다면 프로그램을 다 받았을 때 20개 이상의 오류가 존재하게 된다. 각 오류는 예상치 못한 상황에서 손실이 큰 충돌을 초래할 수 있다.

이 이야기의 교훈은 컴퓨터에 99.9999%의 정확성은 충분치 않다는 사실이다. 컴퓨터는 문자 그대로 수십억 조각의 정보를 단 하나의 실수도 없이 저장하고 전송할 수 있어야 한다. 그러나 컴퓨터는 다른 장치가 겪는 통신 문제도 존재한다. 전화를 예로 들면, 전화 통화는 왜곡이나 잡음의 방해를 자주 받기 때문에 모든 정보를 정확하게 전달할 수 없다. 그러나 전화만이 이런 난제 속에 있는 것은 아니다. 전기선은 모든 종류의 변동에 노출되고 무선 통신은 늘 방해에 시달린다. 그리고 하드 디스크, CD, DVD 같은 미디어 장치는 흠집이 나거나 손상되거나 먼지 등 물리적 방해로 잘못 읽힐 수 있다. 도대체 어떻게 이런 명백한 통신 오류에 맞서 수십 억 분의 일 확률 이하의 오류율을 달성할 수 있을까? 5장에서는 이런 마법을 만들어 내는 천재적인 컴퓨터과학 이면의 알고리즘을 살펴보겠다. 올바른 트릭을 쓰면 극도로 불안정한 통신 채널도 (매우 낮아서 실제로 오류를 완전히 제거할 수 있을 만큼) 엄청나게 낮은 오류율로 데이터 전송에 이용할 수 있다. 실제로 이렇게 오류는 완벽히 제거된다.

반복 트릭

신뢰할 수 없는 채널을 통해 신뢰할 수 있는 통신을 가능케 하는 가장 기본적인 트릭은 우리가 잘 아는 방법이다. 정확한 정보를 확실히 전달하려면 이를 몇 번 반복할 필요가 있다는 것이다. 통화 품질이 좋지 않은 상황에서 어떤 사람이 전화번호나 은행 계좌 번호를 여러분에게 알려주는 경우 여러분은 아마도 실수가 없음을 확실히 하고자 최소한 한 번 이상 반복해 달라고 요청할 것이다.

컴퓨터는 이와 똑같은 일을 할 수 있다. 은행에 있는 컴퓨터가 고객의 계좌 잔고를 인터넷으로 전송하려 한다고 하자. 이 사람의 계좌 잔고는 사실 5213.75달러지만, 안타깝게도 네트워크가 그다지 신뢰할 만하지 않고, 각 숫자가 다른 숫자로 바뀔 가능성이 20% 정도다. 그래서 처음 계좌 잔고를 전송할 때 5293.75달러로 도착했을 수 있다. 이 금액이 정확한지 고객은 알 길이 없다. 모든 숫자가 옳을 수도 있지만 이 중 하나 이상이 틀릴 수도 있고, 이 고객은 이를 알아낼 방법이 없다. 그러나 반복 트릭을 이용해 실제 잔고에 관한 매우 그럴듯한 추측을 할 수 있다. 고객이 잔고를 다섯 번 전송해 달라고 요청했고, 다음과 같은 응답을 받았다.

전송 1:	$	5	2	9	3	.	7	5
전송 2:	$	5	2	1	3	.	7	5
전송 3:	$	5	2	1	3	.	1	1
전송 4:	$	5	4	4	3	.	7	5
진송 5:	$	7	2	1	8	.	7	5

전송된 정보에서 한 자릿수 이상이 잘못됐고 오류가 전혀 없는 한 번의 전송(전송 2)도 있음을 주목하라. 중요한 점은 이 고객은 오류가 어디 있는지 알 길이 없으므로 전송 2를 정확한 정보로 고를 수 있는 방법이 전혀 없다는 사실이다. 대신 고객이 할 수 있는 바는 각 자릿수를 별개로 검토하는 길뿐이다. 즉 하나의 자릿수에 관한 모든 전송 정보를 보고, 가장 발생 빈도가 높은 값을 고른다. 마지막에 가장 빈도가 높은 자릿수를 조합한 결과를 추가한 목록을 보자.

전송 1:	$	5	2	9	3	.	7	5
전송 2:	$	5	2	1	3	.	7	5
전송 3:	$	5	2	1	3	.	1	1
전송 4:	$	5	4	4	3	.	7	5
전송 5:	$	7	2	1	8	.	7	5
가장 많이 전송된 숫자:	$	5	2	1	3	.	7	5

이 아이디어를 완전히 명료하게 하는 예 몇 가지를 보자. 첫 자릿수를 검토하면 전송 1~4에선 첫 자릿수가 5였고 전송 5에선 첫 자릿수가 7이었음을 알 수 있다. 다시 말해 네 번의 전송은 '5'라고 말하고 한 번의 전송만이 '7'이라고 말한다. 그러므로 완전히 확신할 순 없어도 은행 잔고의 첫 자릿수로 가장 확률이 큰 값은 5가 된다. 두 번째 자릿수로 넘어가면 2가 네 번 발생했고 4는 한 번만 발생했음을 알 수 있다. 그러므로 2가 가장 확률이 큰 숫자다. 세 번째 자릿수엔 세 가지 가능성이 있으므로 조금 더 흥미롭다. 1이 세 번 발생했고 9가 한 번, 4가 한 번 발생했다. 그러나 같은 원리를 적용하면 1이 가장 확률이 큰 숫자가 된다. 이 원리를 모든 자릿수에 적용하면 고객은 5213.75달러라는 완전한 은행 잔고에 대한 최종 추측에 도달할 수 있다. 이 예에서 이 추측은 실제로 정확하다.

자, 여기까지 쉽게 왔다. 문제가 이미 해결됐는가? 어떤 면에서는 그렇다. 그러나 두 가지 사항 때문에 다소 불만족스러울 수도 있다. 첫째, 이 통신 채널의 오류율은 20%에 불과했고, 때로는 이보다 훨씬 안 좋은 채널로 통신해야 할 수도 있다. 더 중요한 둘째 이유는 위 예에서 최종 답은 정확했지만 우연히 찾은 것이며, 답이 늘 옳으리란 보장이 없다는 점이다. 이는 진짜 은행 잔고일 확률이 가장 크다고 생각하는 바를 토대로 한 추측일 뿐이다. 다행히도, 두 가지 모두 매우 쉽게 처리할 수 있다. 원하는 만큼 신뢰도가 높아질 때까지 재전송 횟수를 늘리기만 하면 된다.

예를 들어 앞선 예에서 오류율이 20%가 아닌 50%라고 하자. 고객은 은행에 잔고를 다섯 번이 아닌 1,000번 보내 달라고 요청할 수 있다. 첫 자릿수에만 집중하자. 어차피 나머지 숫자도 이와 같다. 오류율이

50%이므로 절반 정도는 5라는 값으로 정확히 전송되고 나머지 반은 다른 값으로 바뀐다. 그러므로 5는 약 500번 발생하고 다른 숫자(0~4와 6~9)는 각 50번쯤 발생할 뿐이다. 수학자는 5보다 더 자주 나타나는 다른 숫자 중 하나의 확률을 계산할 수 있다. 이 방법을 이용해 1초마다 새로운 은행 잔고를 전송하더라도 은행 잔고에 대한 잘못된 추측을 하리라고 예상하기 전까진 수조 년의 시간을 기다려야만 한다. 우리는 여기서, 신뢰할 수 없는 메시지라도 충분히 많이 반복하면 이를 우리가 원하는 정도로 신뢰할 만한 메시지로 만들 수 있다는 점을 알 수 있다. (이 예에서는 오류가 무작위로 발생한다고 가정했다. 그러나 악성 개체가 의도적으로 전송을 방해하고 발생할 오류를 선택한다면 반복 트릭은 훨씬 더 취약해진다. 이후 소개할 코드의 일부는 이런 유형의 악성 공격에 맞선 상황에서도 잘 작동한다.)

그러므로 반복 트릭을 이용해 신뢰할 수 있는 통신의 문제를 해결할 수 있고 실수의 가능성을 제거한다. 안타깝게도 반복 트릭은 오늘날 컴퓨터 시스템에 별로 알맞지 않다. 은행 잔고처럼 작은 데이터를 전송할 때는 1,000번 재전송하는 데 그다지 큰 비용이 들지 않지만, 큰 소프트웨어 다운로드 파일(200MB라 하자)을 1,000번 재전송하는 일은 전혀 실용적이지 않다. 따라서 반복 트릭보다 더 정교한 방법을 채택해야 한다.

리던던시 트릭

지금까지 기술한 것처럼 컴퓨터가 실제로 반복 트릭을 이용하지는 않지만, 신뢰할 만한 통신의 가장 기본적인 원리를 이해할 수 있도록 이를 우선 다뤘다. 이 기본 원리는 원본 메시지를 그냥 전송할 수는 없다는 것이다. 신뢰도를 높일 잉여 정보를 보내야 한다. 반복 트릭의 예에서 여러분이 보내는 잉여 정보는 여러 개의 원본 메시지 사본일 뿐이다. 그러나 신뢰도를 향상시키기 위해 보낼 수 있는 잉여 정보의 유형은 다양하다. 컴퓨터과학자는 이런 잉여 정보를 '리던던시redundancy'라고 부른다. 때론 리던던시를 원본 메시지에 추가한다. 다음에 나오는 체크섬 트릭the checksum trick(검사합 트릭)을 볼 때 리던던시 '추가' 기법을 다루겠다. 우선 다른 유형의 리던던시 추가 방법을 보자. 이는 실제로 원본 메시지를 더 긴 '잉여 정보를 담은' 메시지로 변형한다. 즉 원본 메시지는 삭제되고 더 긴 다른 메시지가 이를 대체한다. 수신자는 더 긴 메시지를 받은 다음, 상태가 나쁜 통신 채널 때문에 이 메시지에 오류가 있더라도, 이를 원본 메시지로 되돌릴 수 있다. 이 책에서는 이를 단순히 리던던시 트릭이라고 부르겠다.

다음 예시를 통해 좀더 명확하게 정리해 보자. 앞선 예에서 은행 잔고인 5213.75달러를, 숫자의 20%를 무작위로 바꾸는 신뢰할 수 없는 통신 채널을 거쳐 전송하려 한다는 점을 떠올려라. '5213.75달러'만 전송하는 대신, 같은 정보를 담은 더 긴 (그러므로 '잉여 정보를 담은') 메시지로 변형하자. 여기서는 영어 단어로 잔고를 풀어 써 보자.

five two one three point seven five
(5 2 1 3 . 7 5)

이 메시지 글자의 약 20%가 상태가 좋지 않은 통신 채널 때문에 무작위로 다른 글자로 바뀐다고 가정하자. 메시지는 이렇게 바뀌었다.

fiqe kwo one thrxp point sivpn fivq

조금 읽기 힘들지만 영어를 아는 사람이라면 이 훼손된 메시지가 5213.75달러라는 진짜 은행 잔고를 반영한다고 추측할 수 있다.

핵심은 잉여 정보를 담은 메시지를 이용해서 메시지에 있는 모든 변화를 검출하고 정정할 수 있다는 점이다. 내가 'fiqe'라는 문자가 영어 숫자를 반영하고 한 글자만 바뀌었다고 말한다면 누구나 원본 메시지가 'five(5)'였음을 분명히 확신할 수 있다. 이는 'fiqe'에서 글자 하나만 바꿔 얻을 수 있는 영어 숫자는 'five'밖에 없기 때문이다. 이와는 극명히 대조적으로 내가 '367'이 한 자릿수가 바뀐 어떤 숫자를 반영한다고 말한다면 이 메시지엔 리던던시가 없어 원래 숫자를 알 방법이 없다.

아직 리던던시의 작동 원리를 정확히 살펴보지 않았지만 메시지를 더 길게 만드는 일과 관련이 있고 메시지의 각 부분은 일종의 잘 알려진 패턴을 따라야 한다는 점을 이미 봤다. 이런 식으로 어떤 하나의 변형도 (알려진 패턴에 부합하지 않으므로) 확인할 수 있고 (오류를 패턴에 부합하게 바꿈으로써) 정정할 수 있다. 컴퓨터과학자는 이런 알려진 패턴을 '코드워드code word'라 부른다. 이 예에서 코드워드는 'one', 'two', 'three'처럼 영어로 쓴 숫자다.

이제 리던던시 트릭의 작동 원리를 정확히 설명할 때다. 메시지는 컴퓨터과학자가 '심벌symbols'이라고 부르는 요소로 구성된다. 현재 다루고 있는 간단한 예에서 심벌은 숫자 0~9다(달러 기호와 소수점을 무시해 예를 훨씬 더 쉽게 설명하겠다). 각 심벌에 코드워드가 할당된다. 이 예에서 심벌 1에는 'one'이라는 코드워드가 할당되고 2에는 'two'라는 코드워드가 할당된다.

메시지를 전송하려면 우선 각 심벌을 이에 대응하는 코드워드로 해석translation해야 한다. 그 다음에 여러분은 변형한 메시지를 신뢰할 수 없는 통신 채널을 통해 전송한다. 메시지를 수신했을 때 메시지의 각 부분을 보고 이것이 유효한 코드워드인지 확인한다. (예컨대 'five'처럼) 유효하다면 이에 대응하는 심벌로 이를 되돌리기만 하면 된다. 만약 확인한 메시지가 ('fiqe'처럼) 유효한 코드워드가 아니라면 가장 근접히 부합하는 코드워드(여기선 'five')를 알아낸 다음 이를 대응하는 심벌(이 경우엔 5)로 변형한다. 이 코드를 이용한 예를 그림 5-1에서 볼 수 있다.

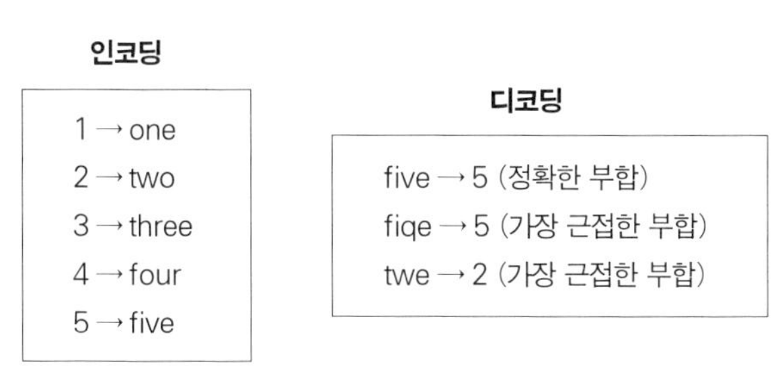

그림 5-1 숫자에 해당하는 영어 단어를 이용한 코드

정말로 이것이 전부다. 컴퓨터는 정보를 저장하고 전송할 때 늘 이 리던던시 트릭을 실제로 이용한다. 수학자들은 이 책에서 예로 이용한 영어보다 더 복잡한 코드워드를 연구해 왔지만 이를 제하면 신뢰할 만한 컴퓨터 통신의 작동은 이와 같다. 그림 5-2는 실제 예를 제시한다. 코드 컴퓨터과학자들은 이를 (7, 4) 해밍 코드Hamming code라 부르고 이는 리처드 해밍이 1947년 벨 연구소에서 발견한 코드 중 하나다(해밍은 코드의 특허를 신청할 수 있는 벨 사의 자격요건 때문에 3년 뒤인 1950년에야 이를 발표했다). 이 책에서 다룬 코드와 가장 두드러진 차이점은 이 코드는 0과 1로만 이뤄진다는 점이다. 컴퓨터가 저장하거나 전송하는 모든 데이터는 0과 1의 문자열로 변환되므로 실제로 이용하는 모든 코드는 이 두 숫자로 한정된다.

인코딩
0000 → 0000000
0001 → 0001011
0010 → 0010111
0011 → 0011100
0100 → 0100110

디코딩
0010111 → 0010 (정확한 부합)
0010110 → 0010 (가장 근접한 부합)
1011100 → 0011 (가장 근접한 부합)

그림 5-2 컴퓨터가 이용하는 실제 코드. 컴퓨터과학자는 이를 (7, 4) 해밍 코드라 부른다. '인코딩' 상자는 16개의 가능한 4자리 입력치 중 다섯 가지만 열거하고 있음을 주목하라. 나머지 입력치도 대응하는 코드워드를 갖지만 여기선 생략했다.

그러나 이 점을 제외하면 모든 요소가 앞선 예와 똑같이 작동한다. 인코딩encoding할 때 4자리 숫자의 각 집단은 이에 추가할 리던던시를 가져 7자리 코드워드를 생성한다. 디코딩decoding할 때 수신자는 우선 수신한 7자리 숫자에 정확히 부합하는 코드워드를 찾는다. 정확히 부합하는 대상이 없다면 가장 근접한 값을 취한다. 이제 1과 0으로만 작업하므로 가장 근접한 값이 하나 이상일 수 있어 잘못 디코딩할 가능성도 있다고 우려하기 쉽다. 그러나 이 코드는 7자리 코드워드에 있는 어떤 하나의 오류도 명확히 정정될 수 있게 고안됐다. 이와 같은 코드 설계의 속성 이면에는 아름다운 수학이 있지만 여기서 이에 관한 자세한 내용을 다루진 않겠다.

실제로 반복 트릭보다 리던던시 트릭을 선호하는 이유는 중요하다. 주된 이유는 두 트릭의 상대적 비용이다. 컴퓨터과학자들은 '오버헤드overhead'라는 맥락에서 오류 정정 시스템의 비용을 측정한다. 오버헤드란 메시지가 정확하게 수신되었는지 확인하기 위해 보내야 하는 잉여 정보의 양이다. 반복 트릭의 오버헤드는 그 양이 엄청나다. 이는 메시지 전체의 사본을 여러 번 보내야만 하기 때문이다. 리던던시 트릭의 오버헤드는 여러분이 사용하는 코드워드 집합의 정확한 구성에 달려있다. 영어 단어를 이용한 앞의 예에서 잉여 정보를 담은 메시지는 35자였던 반면 원본 메시지는 6자리 숫자로만 구성된다. 그러므로 리던던시 트릭을 적용하는 이 예에서 오버헤드도 꽤 크다. 그러나 수학자들은 리던던시가 훨씬 낮은 코드워드의 집합을 연구해왔고, 오류가 검출되지 않을 가능성에서 놀랍도록 높은 성능을 보여 준다. 이처럼 코드워드에 오버헤드가 적기 때문에 반복 트릭 대신 리던던시 트릭을 이용한다.

지금까지는 코드를 이용해 정보를 전송하는 예를 들었지만, 정보 저장에도 똑같이 잘 적용된다. CD, DVD, 컴퓨터 하드 드라이브는 모두 우리가 사용하면서 목격하는 놀라운 신뢰도를 달성하고자 오류 정정 코드에 상당히 의존한다.

체크섬 트릭

지금까지 데이터에 있는 오류를 동시에 검출하고 정정하는 두 가지 방법, 즉 반복 트릭과 리던던시 트릭을 살펴봤다. 그러나 이 문제에서 오류 정정은 신경쓰지 않고 이를 검출하는 데만 집중하게 하는 또 다른 접근법이 있다(17세기 철학자 존 로크는 오류 검출과 오류 정정의 구별을 명확히 인식하고 있었다. 5장 첫 페이지 인용구에서 볼 수 있다). 대부분 애플리케이션에서는 오류 검출이면 충분하다. 오류를 검출하면 데이터의 또 다른 사본을 요청할 수 있기 때문이다. 그리고 오류 없는 사본을 얻을 때까지 새로운 사본을 계속 요청할 수 있다. 이것은 매우 자주 사용되는 전략이다. 예를 들자면, 거의 모든 인터넷 접속은 이 기법을 이용한다. 이 책에서는 이를 '체크섬 트릭checksum trick(검사합 트릭)'이라고 부르며 이렇게 부르는 이유를 곧 설명하겠다.

체크섬 트릭을 쉽게 이해하려면 모든 메시지가 숫자로만 구성됐다고 생각하면 된다. 컴퓨터는 모든 정보를 숫자의 형태로 저장하고, 인간에게 정보를 보여줄 때만 이를 텍스트나 이미지로 해석하기 때문에 이는 매우 현실적인 가정이다. 그러나 많은 경우 메시지를 나타내기 위해 어떤 형태의 심벌을 선택하더라도 여기서 설명하는 기법에 영향을 주지는 않는다. 어떤 경우에는 숫자 심벌(숫자 0~9)을 사용하는 것이 더 편리하지만 때론 알파벳 심벌(문자 a~z)의 사용이 더 편리할 수도 있다. 하지만 둘 중 어떤 심벌 집합을 사용해도 무방하도록 두 집합의 심벌 간 해석 규칙을 설정할 수 있다. 예를 들어 이 집합 사이의 한 가지 분명한 해석은 a→01, b→ 02, ... , z→26일 것이다. 그러므로 숫자 메시지나 알파벳 메시지 중 어느 형대에 대한 기법을 조사하는지는 상관 없다. 우선 간단하고 고정된 규칙을 따라 심벌을 해석해서 이 기법을 어떤 유형의 메시지에도 적용할 수 있다.

여기서 이제 체크섬이 실제로 무엇인지 배워야 한다. 매우 다양한 종류의 체크섬이 있지만 지금은 가장 덜 복잡한 유형을 다루겠다. 이를 '단순 체크섬'이라 부르겠다. 숫자 메시지의 단순 체크섬 계산은 정말 쉽다. 수신자는 메시지의 숫자를 취해 모두 더한 다음 결과에서 마지막 자릿수만 남기고 모두 버리면 된다. 이제 남는 숫자가 단순 체크섬이다. 예를 제시하겠다. 메시지가 다음과 같다고 하자.

4 6 7 5 6

모든 숫자의 합은 4+6+7+5+6 = 28이다. 그러나 마지막 자릿수만 유지하므로 이 메시지의 단순 체크섬은 8이다. 그렇다면 체크섬을 어떻게 이용할까? 메시지를 보내기 전에 원본 메시지의 체크섬을 메시지

끝에 첨부하기만 하면 된다. 그러면 수신자가 메시지를 수신할 때 체크섬을 다시 계산해서 결과를 송신자가 보낸 값과 비교해 정확한지 알 수 있다. 다시 말해 수신자는 메시지의 '합계sum'를 '검사check'한다. 그래서 '체크섬'이라는 용어를 쓴다. 이 예를 계속 이용하자. '46756'이라는 메시지의 단순 체크섬은 8이므로 이 메시지와 체크섬을 이렇게 전송한다.

467568

이제 메시지 수신자는 송신자가 체크섬 트릭을 이용하고 있다는 사실을 알아야 한다. 수신자가 이를 안다고 가정하면 수신자는 마지막 숫자인 8이 원본 메시지의 일부가 아니라는 사실을 즉시 인식할 수 있고 따라서 이를 한쪽에 치워 두고 나머지 숫자의 체크섬을 계산할 수 있다. 메시지 전송에서 오류가 없었다면 4+6+7+5+6 = 28을 계산하고 마지막 숫자(8)만 기억해 뒀다가 이전에 치워둔 체크섬과 같은지 검사하고 메시지가 정확히 전송됐다고 판단한다. 이와 달리 메시지 전송에 오류가 있었다면 어떻게 될까? 7이 무작위로 3으로 바뀌었다고 하자. 그러면 수신자는 이런 메시지를 받게 된다.

463568

수신자는 나중에 비교하려고 8을 치워 두고 4+6+3+5+6 = 24이라고 체크섬을 계산해 마지막 자릿수(4)만 보관한다. 이는 앞서 치워 둔 8과 같지 않다. 그러므로 메시지가 전송 중 훼손됐음을 확신하게 된다. 이 지점에서 메시지의 재전송을 요청하고 새로운 사본을 받을 때까지 기다렸다가 다시 계산해서 체크섬을 비교한다. 체크섬이 들어맞는 메시지를 받을 때까지 이 과정을 계속한다.

이 모든 과정이 정말 훌륭해서 믿어지지 않을 정도가 됐다. 오류 정정 시스템의 '오버헤드'는 송신자가 메시지 자체에 추가로 보내야 하는 잉여 정보의 양이란 사실을 상기하라. 좋다. 이제 오버헤드가 가장 적은 시스템을 찾은 듯하다. 메시지 길이에 관계없이 오류를 검출할 여분의 숫자 하나(체크섬)만 추가하면 되기 때문이다.

하지만 이런, 단순 체크섬 시스템은 정말 너무 훌륭해서 진짜일 리 없음이 밝혀졌다. 문제는 이렇다. 앞에서 설명한 단순 체크섬은 메시지에서 하나의 오류만을 검출할 수 있다. 두 개 이상의 오류가 있을 경우 단순 체크섬은 이를 검출할 수도 있지만 검출하지 못할 수도 있다. 예를 보자.

		체크섬
원본 메시지	46756	8
오류 하나가 있는 메시지	16756	5
오류 두 개가 있는 메시지	15756	4
(서로 다른) 두 개의 오류가 있는 메시지	28756	8

원본 메시지(45756)는 전과 같으므로 체크섬도 8로 같다. 다음 행에 있는 메시지는 오류를 하나 갖고 있다(첫 숫자가 4가 아닌 1이다). 그래서 체크섬은 5다. 사실 숫자가 하나만 바뀌어도 8이 아닌 체크섬이 생성된다고 확신해서, 메시지에 있는 모든 실수의 검출을 보장한다고 생각할 수 있다. 이는 늘 참이라는 사실을 증명하기란 어렵지 않다. 하나의 오류만 있는 경우 단순 체크섬은 이를 100% 검출한다.

표의 다음 행에 두 개의 오류를 가진 메시지가 있다. 첫 두 숫자가 바뀌었다. 이 경우 체크섬은 4다. 4는 원래 체크섬인 8과 다르므로 이 메시지를 받는 사람은 오류가 발생했다는 사실을 실제로 검출하게 된다. 그러나 문제는 표의 마지막 행에서 나타난다. 첫 두 숫자에서 (두 개의) 오류를 가진 메시지다. 그러나 값이 다르고 두 개의 오류를 가진 이 메시지에 해당하는 체크섬은 8이다. 이는 원래 체크섬과 동일하다. 그래서 이 메시지를 받는 사람은 메시지에 오류가 있다는 사실을 검출하지 못한다.

다행히도 우리의 체크섬 트릭에 몇 가지 수정을 추가해 이 문제를 다룰 수 있다. 첫 단계는 새로운 유형의 체크섬을 정의하는 것이다. 이를 계산하는 과정이 계단을 오르는 것이라 생각하면 도움이 되므로 이를 '계단staircase' 체크섬이라 하자. 독자 여러분이 1부터 차례로 숫자를 매긴 계단의 맨 아래에 서 있다고 하자. 계단 체크섬을 구하려면 우선 다음과 같이 메시지의 각 숫자에 해당 계단 숫자를 곱한 값들의 합계를 구한다. 이를 '계단합'이라 하겠다. 마지막으로 단순 체크섬에서와 마찬가지로 마지막 자릿수만 빼고 버린다. 메시지가 전과 동일하다고 하자.

4 6 7 5 6

그럼 처음 계단합 계산으로 계산한 계단 체크섬은 다음과 같다.

$$(1\times4)+(2\times6)+(3\times7)+(4\times5)+(5\times6) = 4+12+21+20+30 = 87$$

이제 계단합에서 마지막 자릿수인 7만 남긴다. 그러므로 '46756'의 계단 체크섬은 7이다.

여기서 핵심은 무엇인가? 단순 체크섬과 계단 체크섬을 모두 포함하면 메시지에 있는 몇 가지 오류라도 확실히 검출할 수 있다. 그러므로 우리의 새로운 체크섬 트릭은 원본 메시지 다음에 두 개의 여분 숫자를 더해 전송한다. 즉 단순 체크섬을 원본 메시지 다음에 먼저 쓰고 계단 체크섬을 마지막에 쓴다. 예를 들어 '46756'이라는 메시지는 이렇게 전송한다.

4675687

이번에도 수신자는 메시지를 받을 때 사전 동의에 따라 정확히 어떤 트릭을 적용했는지 알고 있어야만 한다. 그렇지만 수신자가 이를 이미 알고 있다고 가정하면 단순 체크섬 트릭의 이용에서처럼 오류 검사는 쉽다. 이 예에서 수신자는 우선 마지막 두 숫자(단순 체크섬인 8과 계단 체크섬인 7)를 치워 둔다. 그 다음에 나머지 메시지(46756)의 단순 체크섬(8)을 계산하고 계단 체크섬(7)도 계산한다. 계산한 두 체크섬이 받은 체크섬과 같다면(그리고 이 예에선 같다.) 메시지는 확실히 정확하거나 세 개 이상의 오류를 갖고 있다는 뜻이다.

						단순 및 계단 체크섬	
원본 메시지	4	6	7	5	6	8	7
한 개의 오류가 있는 메시지	1	6	7	5	6	5	4
두 개의 오류가 있는 메시지	1	5	7	5	6	4	2
(서로 다른) 두 개의 오류가 있는 메시지	2	8	7	5	6	8	9
(서로 다른) 두 개의 오류가 있는 메시지	6	5	7	5	6	9	7

위 표는 실제 이 트릭이 어떻게 실행되는지 보여 준다. 이는 각 행에 계단 체크섬을 추가했고 새로운 행 하나를 추가했다는 점을 제외하면 이전 표와 동일하다. 오류가 하나 있을 때 단순 및 계단 체크섬 모

두 원본 메시지와 다르다는 사실을 알 수 있다(단순 체크섬은 8이 아닌 5, 계단 체크섬은 7이 아닌 4). 오류가 두 개 있을 땐 표의 셋째 행에서 8 대신 4, 7 대신 2가 나오는 등 두 체크섬이 모두 다를 수 있다. 그러나 이미 알고 있듯, 때론 두 개의 오류가 있을 때 단순 체크섬은 다르지 않을 수도 있다. 넷째 열은 이 예를 보여 주며 여기서 단순 체크섬은 여전히 8이다. 그러나 계단 체크섬은 원본 메시지의 체크섬과 다르므로(7 대신 9) 우리는 이 메시지에 오류가 있다는 사실을 알 수 있다. 마지막 행에서 이 방법이 또 다른 방식으로도 작동한다는 사실을 볼 수 있다. 여기서 두 오류를 가진 메시지의 단순 체크섬은 다르지만(8 대신 9) 계단 체크섬은 같다(7). 그러나 이번에도 핵심은 두 체크섬 중 최소한 하나가 원본과 다르기에 오류를 검출할 수 있다는 점이다. 그리고 이를 증명하려면 약간 전문적인 수학이 필요하지만 이는 절대 우연이 아니다. 두 개 이하의 오류가 있는 경우 여러분은 늘 오류를 검출할 수 있다.

이제 접근 원리를 이해하게 됐으므로 방금 기술한 체크섬 트릭은 (10자리 미만의) 상대적으로 짧은 메시지에만 효과를 보장한다는 사실을 인식해야 한다. 그러나 이와 매우 유사한 아이디어를 더 긴 메시지에도 적용할 수 있다. 숫자의 덧셈, 숫자를 다양한 형태의 '계단'과 곱하기, 고정된 패턴에 따라 일부 숫자 바꾸기 같은 일련의 단순한 계산으로 체크섬을 정의할 수 있다. 복잡하게 들릴지 몰라도 컴퓨터는 이런 체크섬을 극도로 빠르게 계산하고, 이는 메시지에 있는 오류를 검출하는 데 매우 유용하고 실용적이다.

위에서 기술한 체크섬 트릭은 두 자리 체크섬(단순 체크섬 숫자와 계단 체크섬 숫자)만 생산하지만 실제 체크섬은 주로 이보다 훨씬 많은 자릿수를 생산한다. 때론 150개 정도의 자릿수를 만들 때도 있다(5장 뒷부분에서, 컴퓨터 커뮤니케이션에서 더 흔히 이용하는 0과 1의 이진수가 아닌 0~9의 십진수에 관해 이야기할 것이다). 중요한 점은 체크섬 자릿수의 수는 (앞의 예에서처럼 2든, 실제로 이용하는 체크섬에서처럼 약 150이든 간에) 고정된다는 것이다. 그러나 특정 체크섬 알고리즘에서 산출 가능한 체크섬의 자릿수가 고정되어 있더라도 이 알고리즘을 이용하면 아무리 긴 메시지의 체크섬이라도 계산할 수 있다. 그래서 매우 긴 메시지에 대해선 150개의 숫자처럼 상대적으로 큰 체크섬도 메시지 자체에 비해선 매우 적은 비율일 뿐이다. 예를 들어 웹에서 다운로드한 20MB 소프트웨어 패키지의 정확성을 검사하고자 100자리 체크섬을 이용한다고 하자. 체크섬은 소프트웨어 패키지 크기 1%의 1000분의 1도 되지 않는다. 이는 수용 가능한 오버헤드 수준이라는 점에 여러분도 동의하리라 확신한다! 수학자는 이 정도 길이의 체크섬을 이용하면 오류 검출 실패 가능성은 거의 희박하다고 말해 줄 것이다.

늘 그렇듯 여기에도 몇 가지 중요한 기술적 세부 사항이 있다. 모든 100자리 체크섬이 오류 검출에 실패하지 않는 것은 아니다. 이는 (특히 메시지 변화의 원인이 단지 상태가 나쁜 통신 채널의 무작위 변화가 아닌 악성인 경우) 컴퓨터과학자들이 암호학적 해시 함수cryptographic hash function라 부르는 특정 유형의 체크섬을 요한다. 이는 매우 현실적인 사안이다! 예를 들어 사악한 해커가 20MB짜리 소프트웨어를, 원본의 체크섬과 동일한 100자릿수 체크섬을 가진 악성 소프트웨어로 변형할 수도 있기 때문이다. 암호학적 해시 함수를 이용하면 이런 가능성을 제거할 수 있다.

핀포인트 트릭

이제 체크섬에 관해 배웠으니, 통신 오류의 검출 및 정정이라는 원래 문제로 돌아갈 수 있다. 이미 비효율적으로 반복 트릭을 이용하거나, 효율적으로 리던던시 트릭을 이용하는 방법을 알고 있다. 그러나 이 트릭에서 핵심 요소를 형성하는 코드워드를 제작하는 방법을 아직 알아 보지 않았다. 숫자를 기술하는 영어 단어 이용의 예를 들어봤지만 이 코드워드 집합은 컴퓨터가 실제로 이용하는 코드워드보다 비효율적이다. 그리고 해밍 코드의 실제 예도 봤지만, 코드워드가 생산되는 방식에 관한 설명을 하진 않았다.

그래서 이제 리던던시 트릭 수행에 이용할 수 있는 또 다른 코드워드 집합에 관해 살펴보자. 이는 오류를 재빨리 집어내는 리던던시 트릭의 매우 특수한 예이므로 이를 '핀포인트pinpoint 트릭'이라고 부르겠다.

체크섬 트릭과 마찬가지로 0~9로 구성된 숫자 메시지만 갖고 작업하겠지만 이는 단지 편의상 가정임을 명심해야 한다. 알파벳 메시지를 숫자로 번역하기란 매우 간단하므로, 여기서 기술한 기법은 어떤 메시지에도 적용할 수 있다.

예를 단순화하고자 메시지가 정확히 16자리라고 가정하자. 이 역시 실제 기법을 제한하진 않는다. 이보다 긴 메시지라면 이를 16자리 집합으로 쪼개서 각 집합을 별개로 작업하면 된다. 메시지가 16자리보다 짧다면 16자리가 될 때까지 0을 채워 넣으라.

핀포인트 트릭에서 첫 단계는 메시지의 16자리 숫자를 왼쪽에서 오른쪽, 위에서 아래로 읽는 상자 안에 재정렬해 넣는 일이다. 예를 들어 보자. 실제 메시지는 이렇다.

4837543622563997

이를 다음과 같이 재정렬한다.

4	8	3	7
5	4	3	6
2	2	5	6
3	9	9	7

이제 각 행의 단순 체크섬을 계산하고 이를 각 행의 오른편에 추가한다.

4	8	3	7	2
5	4	3	6	8
2	2	5	6	5
3	9	9	7	8

이 단순 체크섬의 계산법은 앞선 예에서와 같다. 예를 들어 둘째 줄의 체크섬은 5+4+3+6 = 18이라고 계산한 다음, 마지막 자리 숫자인 8만 취한다.

두 번째 단계는 각 열의 단순 체크섬을 계산해 맨 아래 행에 추가하는 일이다.

4	8	3	7	2
5	4	3	6	8
2	2	5	6	5
3	9	9	7	8
4	3	0	6	

이번에도 단순 체크섬에서 어려운 점은 없다. 예를 들어 셋째 열은 3+3+5+9 = 20이라고 계산한 다음 마지막 자리 숫자인 0을 취한다.

세 번째 단계는 한 번에 하나의 숫자만 저장하거나 전송할 수 있도록 모든 숫자를 재배열하는 일이다. 상자 안의 숫자를 왼쪽에서 오른쪽으로, 위에서 아래로 읽는 순서대로 한다. 그래서 24자리 숫자 메시지를 산출하게 된다.

48372543682256539978 4306

이제 핀포인트 트릭을 이용해 전송한 메시지를 수신했다고 하자. 원본 메시지를 알아내고 통신 오류를 정정하려면 어떤 단계를 따라야 할까? 예를 들어 생각해 보자. 원래 16자리 숫자 메시지는 위에서 언급한 수와 같지만 이를 좀더 재미있게 만들기 위해 통신 오류가 있어 숫자 중 하나가 바뀌었다고 하자. 무엇이 바뀐 숫자인지 아직 걱정하지 마라. 핀포인트 트릭으로 이를 알아내겠다.

수신자가 받은 16자리 숫자 메시지가 다음과 같다고 하자.

48372543682756539978 4306

첫 단계는 5×5 표에 이 숫자를 배치해서 마지막 열과 행이 원본 메시지에 첨부된 체크섬에 대응하도록 정렬하는 작업이다.

4	8	3	7	2
5	4	3	6	8
2	7	5	6	5
3	9	9	7	8
4	3	0	6	

다음 단계에선 각 열과 행에 있는 첫 네 숫자의 단순 체크섬을 계산해서 수신자가 받은 체크섬 값 옆에 새로 만든 열과 행에 계산 결과를 기록한다.

4	8	3	7	2	2
5	4	3	6	8	8
2	7	5	6	5	0
3	9	9	7	8	8
4	3	0	6		
4	8	0	6		

여기선 체크섬 값이 두 집합이라는 점을 명심해야 한다. 하나는 수신자가 받은 값이고 다른 하나는 수신자가 계산한 값이다. 대부분 두 값의 집합은 같다. 사실 이들이 모두 같다면 메시지가 정확할 가능성이 매우 크다고 결론을 내릴 수 있다. 그러나 통신 오류가 있다면 계산한 체크섬 값 일부는 받은 값과 다르다. 현재 예에서는 다른 값이 두 가지가 있다. 셋째 행에 있는 5와 0이 다르고 둘째 열에 있는 3과 8이 다르다. 문제가 되는 체크섬을 점선 네모로 표시해 보자.

4	8	3	7	2	2
5	4	3	6	8	8
2	7	5	6	5	0
3	9	9	7	8	8
4	3	0	6		
4	8	0	6		

핵심은 이렇다. 두 값의 차이가 나는 위치가 통신 오류가 발생한 지점을 정확히 말해 준다! 오류는 (다른 모든 행은 정확한 체크섬을 가지므로) 셋째 행에 있어야만 하고 (다른 모든 열이 정확한 체크섬을 가지므로) 둘째 열에 있어야만 한다. 그리고 다음 도표에서 보듯, 오류의 위치는 정확히 하나로 좁혀진다. 이는 실선 네모로 강조한 7이다.

4	8	3	7	2	2
5	4	3	6	8	8
2	7	5	6	5	0
3	9	9	7	8	8
4	3	0	6		
4	8	0	6		

그러나 이것이 전부가 아니다. 오류의 위치를 찾았지만 아직 이를 정정하지 않았다. 다행히도 이는 쉽다. 오류인 7을, 두 체크섬을 모두 정확히 만들 숫자로 교체하기만 하면 된다. 둘째 열의 체크섬이 3이지만 계산 결과 8이 나왔음을 알고 있다. 다시 말해 계산한 체크섬에서 5를 빼야 한다. 그러므로 오류인 7에서 5를 빼면 2가 남는다.

4	8	3	7	2	2
5	4	3	6	8	8
2	2	5	6	5	5
3	9	9	7	8	8
4	3	0	6		
4	3	0	6		

(이제 5가 된) 계산한 체크섬이 셋째 행의 체크섬과 같은지 검토해서 이 변화를 이중 점검할 수 있다. 오류의 위치를 찾았고, 정정했다! 마지막 단계는 5×5 상자로부터 정정한 16자리 숫자 원본 메시지를 추출하는 일이다. 여기선 (당연히 마지막 열과 행을 무시하고) 위에서 아래로, 왼쪽에서 오른쪽으로 읽으면 된다. 그 결과는 이렇다.

4837543622563997

이는 원본 메시지와 정확히 일치한다.

컴퓨터과학에서는 핀포인트 트릭을 '이차원 패리티two-dimensional parity'라 부른다. 패리티란 컴퓨터가 통상 쓰는 이진수로 작동하는 단순 체크섬을 뜻한다. 그리고 메시지를 이차원 격자grid(행과 열)에 배열하기에 이차원 패리티라고 부른다. 이차원 패리티를 일부 실제 컴퓨터에 이용했지만 이는 그 어떤 리던던시 트릭보다 비효율적이다. 하지만 시각화가 매우 쉽고, 오늘날 컴퓨터 시스템에서 흔히 쓰는 코드 이면의 복잡한 수학을 요하지 않고도 오류를 찾고 정정하는 방법의 묘미를 전달하기에 적합하기 때문에 여기서 설명했다.

실제 오류 정정과 검출

오류 정정 코드는 디지털 컴퓨터가 탄생한 직후인 1940년대에 등장했다. 돌이켜 보면 오류 정정 코드가 그토록 빠르게 등장한 이유를 알기란 어렵지 않다. 초기 컴퓨터는 상대적으로 신뢰도가 떨어졌고 컴퓨터 부품들은 자주 오류를 일으켰다. 그러나 오류 정정 코드의 뿌리는 컴퓨터가 등장하기 훨씬 이전인 전신과 전화 같은 통신 시스템에 있다. 그러므로 오류 정정 코드의 제작을 유발한 두 주요 사건이 모두 벨 전화 연구소에서 일어난 점은 전혀 놀라운 일이 아니다. 우리 이야기의 두 영웅인 클로드 섀넌과 리처드 해밍은 모두 벨 연구소 연구원이었다. 앞에서 해밍을 이미 만났다. 지금은 '해밍 코드'로 이름 지어진 첫 오류 정정 코드 발명의 직접적 원인은 주말마다 오류를 일으키는 회사 컴퓨터에 대한 그의 짜증 때문이었다.

그러나 오류 정정 코드는 정보 이론information theory이라는 더 큰 분야의 하나일 뿐이고 대부분 과학자는 클로드 섀넌의 1948년 논문을 정보 이론 분야의 탄생으로 간주한다. 〈수학적 통신 이론The Mathematical Theory of Communication〉이라고 명명된 이 탁월한 논문은 섀넌의 전기에 '정보 시대의 대헌장Magna Carta of the information age'이라고 기술되었다. (다음에 언급할 리드-솔로몬 코드Reed-Solomon code의 공동 발명자인) 어빙 리드는 이 논문에 관해 이렇게 말했다. "금세기 과학과 공학에 이보다 더 큰 영향을 준 논문은 찾기 어렵다. 이 기념비적 논문으로…… 그는 통신의 이론과 실제의 모든 측면을 대폭적으로 바꿨다." 왜 이런 칭송을 보낼까? 섀넌은 잡음이 많고 오류 발생이 쉬운 연결을 거치고도 오류 없는 놀랍도록 높은 통신율을 달성하는 것이 원칙적으로 가능하다는 사실을 수학적으로 증명했다. 과학자들이 섀넌의 이론적 최대 통신율에 실제로 근접하게 된 일은 수십 년 후의 일이다.

참고로, 섀넌은 극도로 다양한 분야에 관심을 가진 사람이었다. (6장 마지막에 논할) 1956년 다트머스 AIArtificial Intelligence 컨퍼런스의 주최자 네 명 중 한 명인 섀넌은 인공지능 분야의 창립에도 깊숙이 관여했다. 여기서 끝이 아니다. 그는 외발 자전거를 탔고, 자전거가 전진함에 따라 타는 사람이 위 아래로 움직이는, 타원형 바퀴를 장착한 기상천외한 외발 자전거도 개발했다.

섀넌의 논문은 해밍 코드에 더 넓은 이론적 맥락을 덧붙이고, 이후 수많은 진보를 위한 발판을 마련했다. 따라서 해밍 코드는 초창기 컴퓨터에 도입됐을 뿐만 아니라, 지금도 특정 유형의 메모리 시스템에서 널리 이용된다. 또 다른 중요한 코드의 하나는 리드-솔로몬 코드다. 이 코드는 코드워드당 많은 수의 오류를 정정하는 데 적합하다 (7자리 코드워드에서 하나의 오류만 정정할 수 있는 (7, 4) 해밍 코드와 대조해 보라). 리드-솔로몬 코드는 유한체 대수라는 수학의 분야에 기초하고 있다. 하지만 계단 체크섬과 이차원 핀포인트 트릭의 특징을 결합한 것으로, 대강 이해해도 무방하다. 오늘날 CD, DVD, 하드 디스크에 이용된다.

일반적으로 체크섬은 오류 정정보다 오류 검출에 널리 사용된다. 아마도 가장 보편적인 예는 이더넷Ethernet일 듯하다. 이더넷은 오늘날 지구에 있는 거의 모든 컴퓨터가 쓰는 네트워킹 프로토콜로서, CRC-32란 체크섬을 이용해 오류를 검출한다. 가장 유명한 인터넷 프로토콜인 TCPTransmission Control Protocol(전송 제어 프로토콜)도 보내는 데이터의 각 청크chunk 또는 패킷packet에 체크섬을 이용한다. 체크섬이 부정확한 패킷은 그냥 폐기된다. TCP는 필요한 경우 이를 나중에 자동으로 재전송하도록 설계됐기 때문이다. 인터넷상에 배포되는 소프트웨어 패키지는 대개 검사 합계를 이용해 검증된다. 자주 쓰는 체크섬은 MD5와 SHA-1이다. 둘 다 암호학적 해시 함수로 고안돼 무작위 통신 오류뿐 아니라 소프트웨어의 악성 변형으로부터 보호 기능을 제공한다. MD5 체크섬은 40자리 숫자 정도를 이용하고 SHA-1은 50자리 숫자를 만든다. 그리고 SHA-256(약 75자리 숫자)과 SHA-512(약 150자리 숫자) 등 이와 같은 유형의 오류 방지 체크섬은 훨씬 더 큰 자릿수를 만든다.

오류 정정 및 검출 코드에 관한 과학은 꾸준히 그 범위를 넓혀가고 있다. 1990년대 이래 저밀도 패리티 검사 코드low-density parity-check code로 알려진 접근이 상당한 주목을 받아 왔으며, 오늘날 위성 TV부터 심우주 탐사기에 이르는 애플리케이션에서 이 코드를 이용한다. 그러므로 이번 주말에 고화질 위성 TV를 보면서 이 기분 좋은 아이러니를 한 번 생각해 보라. 재미있게도, 지금 우리가 즐거운 주말을 보낼 수 있는 것은 바로 리처드 해밍이 주말 업무에서 느낀 좌절감에서 출발했으니.

6장

패턴 인식과 인공지능: 사람처럼 학습하고 생각하는 컴퓨터

해석 기관(Analytical Engine)은 무언가를 고안해 내는 척도 하지 못한다.
하지만 인간이 명령하는 법을 안다면 모든 것을 해낼 수 있다.
- 에이다 러브레이스(Ada Lovelace),
해석 기관에 관한 1843년 노트에서

지금까지, 컴퓨터의 능력이 인간의 능력을 훨씬 능가하는 영역을 목격했다. 컴퓨터는 큰 파일을 몇 초 만에 암호화하거나 복호화할 수 있는 반면, 같은 계산을 인간이 하면 몇 년이 걸린다. 극단적인 예를 들어 보자. 3장에서 설명한 알고리즘을 따라 인간이 수십억 개에 달하는 웹페이지의 페이지랭크를 계산하는 데 얼마나 걸릴지 생각해 보라. 너무나 방대해서 현실적으로 인간이 계산하기는 불가능하다. 그러나 웹 검색 회사에 있는 컴퓨터는 이런 계산을 지금도 끊임없이 수행하고 있다.

한편, 이 장에서는 인간이 타고난 이점을 활용하는 분야를 살펴본다. 이는 패턴 인식pattern recognition 분야다. 패턴 인식은 인공지능의 하위 분야이고 얼굴 인식, 대상 인식, 발화 인식, 손글씨 인식 등을 포함한다. 더 구체적인 예로는, 사진을 보고 누구인지 맞추거나, 봉투에 손으로 쓴 주소를 알아내는 것 등을 들 수 있다. 여기서 패턴 인식은, 변수가 많은 입력 데이터에 맞게 컴퓨터가 '지적으로' 행동하게 하는 과제라고 정의할 수 있겠다.

'지적으로'라는 문구를 강조한 이유가 있다. 컴퓨터가 진정한 지능을 보여 줄 수 있는지에 관한 질문에는 논란의 여지가 많다. 이 장을 여는 인용구는 이러한 논쟁에 관해 초창기에 제기된 맹공 중 하나다. 1843년 에이다 러브레이스는 해석 기관Analytical Engine이라는 초기 기계 컴퓨터의 설계에 관해 언급했다. 해석 기관에 관한 러브레이스의 통찰 덕분에 때론 그녀를 세계 최초의 컴퓨터 프로그래머로 간주하기도 한다. 그러나 이 발언에서 그녀는 컴퓨터는 독창성이 결여되어 있다는 점을 강조한다. 컴퓨터는 인간 프로그래머의 지시를 노예처럼 따라야 한다. 오늘날 컴퓨터과학자들은 원칙적으로 컴퓨터가 지능을 가질 수 있는지에 관해 의견을 달리한다. 그리고 이 논쟁은 철학자, 신경과학자, 신학자가 개입하면 훨씬 더 복잡해진다.

다행히도 여기서 기계 지능의 역설을 해결할 필요는 없다. 이 장의 목적에 맞게 '지적인'이란 단어를 '유용한'이란 개념으로 교체하는 편이 낫다. 그러므로 패턴 인식의 기본 과제는 (여러 사람이 각각 다른 조명 아래서 찍은 얼굴 사진이나, 여러 사람이 쓴 손글씨 샘플처럼) 극도로 가변적인 데이터를 취해 유용한 일을 하는 데 있다. 인간은 이런 데이터를 의심의 여지 없이 지적으로 처리할 수 있다. 인간은 불가사의할 정도로 정확하게 얼굴을 인식하고, 사전에 손글씨 견본을 보지 않고도 누군가의 글씨를 읽을 수 있다. 컴퓨터는 이런 과제에서 인간보다 매우 열등하다. 그러나 몇몇 기발한 알고리즘 덕분에 특정 패턴 인식 과제에서 컴퓨터가 좋은 성능을 달성하게 만들었다. 이 장에서는 이런 알고리즘 중 세 가지를 살펴보겠다. 이는 인접이웃 분류자nearest-neighbor classifier, 의사결정나무decision tree, 인공 신경망artificial neural network이다. 그러나 우선 여기서 해결하려는 문제에 관해 좀더 과학적인 설명이 필요하다.

무엇이 문제인가?

패턴 인식이라는 과제는 첫눈에 보기엔 말도 안 될 만큼 다양해 보일 수 있다. 컴퓨터가 하나의 패턴 인식 기법 도구를 이용해 손글씨나 얼굴, 발화 등을 인식할 수 있을까? 이 질문에 대한 하나의 가능한 답은 (문자 그대로) 우리 눈 앞에 있다. 인간의 두뇌는 많은 인식 과제를 놀랍도록 빠르고 정확하게 성취한다. 똑같은 일을 할 수 있도록 컴퓨터 프로그램을 만들 수 있지 않을까?

이런 프로그램이 사용할 수 있는 기법을 논하기 전에 혼란스럽게 늘어선 과제를 통합하고, 우리가 해결하려는 문제가 무엇인지 정의할 필요가 있다. 여기서 표준 접근은 패턴 인식을 분류 문제로 인식하는 것이다. 처리될 데이터를 샘플이라는 합리적인 청크로 나눠 각 샘플이 클래스class라는 고정된 집합의 하나에 속한다고 가정한다. 어떤 문제에선 클래스가 두 개뿐이다. 이에 관한 흔한 예는 '건강한' 집단과 '아픈' 집단으로 나뉘는 특정 질병에 대한 의학적 진단에서 찾을 수 있다. 여기서 각 데이터 샘플은 한 명의 환자에 대한 (혈압, 체중, 엑스레이 사진 등) 모든 검사 결과로 구성된다. 그러므로 컴퓨터의 과제는 전에 본 적 없는 새로운 데이터 샘플을 처리해 가능한 클래스 중 하나로 분류하는 일이다.

하나의 패턴 인식 과제에 집중해 자세히 살펴보자. 손으로 쓴 숫자를 인식하는 과제를 예로 들겠다. 전형적인 데이터 샘플을 그림 6-1에서 볼 수 있다. 이 문제에선 숫자 0, 1, 2, 3, 4, 5, 6, 7, 8, 9로 된 정확히 열 개의 클래스가 있다. 그러므로 과제는 손으로 쓴 샘플을 분류해 이 열 개 클래스 중 하나에 넣는 일이다. 물론 이는 실제로 매우 중요한 문제다. 미국을 비롯한 많은 국가에서 숫자로 된 우편번호를 사용하기 때문이다. 컴퓨터가 우편번호를 빠르고 정확하게 인식할 수 있다면 기계가 인간보다 훨씬 더 효율적으로 우편물을 분류할 수 있다.

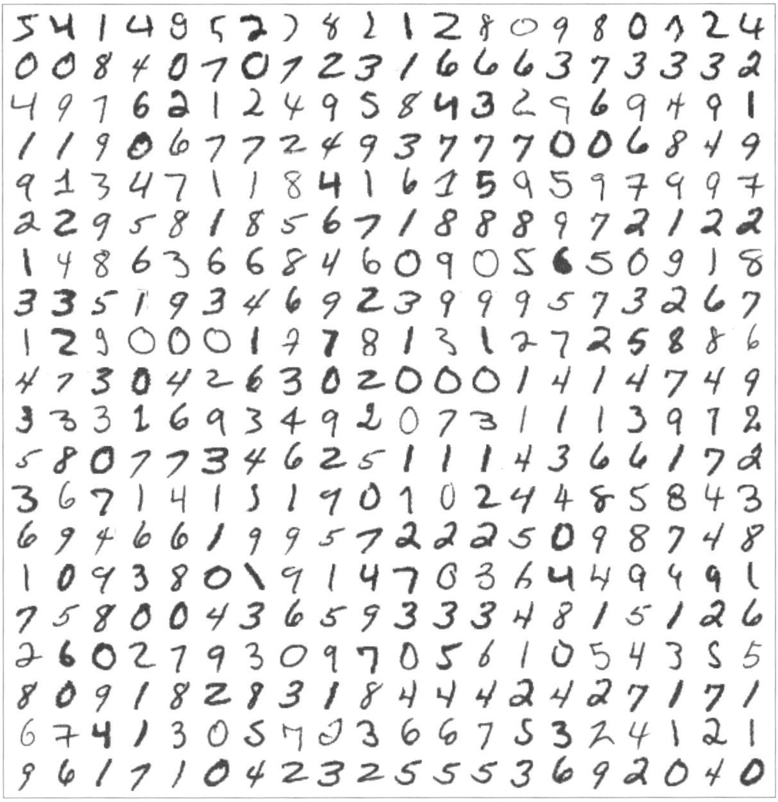

그림 6-1 대부분 패턴 인식 과제를 분류 문제로 정의할 수 있다. 여기서 과제는 손으로 쓴 숫자를 0~9까지 10개의 숫자 중 하나로 분류하는 일이다. (자료 출처: MNIST data of LeCun et al. 1998)

분명히 컴퓨터는 손으로 쓴 숫자의 모양을 식별하는 지식을 탑재하지 않았다. 사실 인간도 이런 지식을 타고나지는 않았다. 인간은 명시적 교육explicit teaching과 스스로 예를 찾아 보면서 이해하는 자가 교육 과정을 거쳐 숫자 등의 다양한 손글씨를 인식하는 법을 배운다. 이 두 가지 전략을 컴퓨터 패턴 인식에도 이용한다. 그러나 가장 단순한 과제를 제외하곤 컴퓨터에 대한 명시적 교육은 비효율적이다. 예를 들어 실내 온도 조절기를 간단한 분류 시스템으로 생각할 수 있다. 데이터 샘플은 현재 온도와 시간, 그리고 '난방', '냉방', '전원 끔' 등 세 가지 클래스로 구성되어 있다. 나는 낮에는 사무실에서 일하기에 낮 시간엔 '전원 끔'으로 시스템을 설정하고, 이 시간 외에는 온도가 낮은 경우 '난방'을, 온도가 높은 경우 '냉방'으로 설정한다. 따라서 내 온도 조절 장치를 프로그래밍하는 과정에서 나는 어떤 의미에서 시스템이 이 세 클래스의 분류를 수행하도록 교육하는 셈이다.

안타깝게도 컴퓨터가 손글씨 같은 흥미로운 분류 과제를 풀도록 명시적으로 교육할 수는 없다. 그래서 컴퓨터과학자는 컴퓨터가 샘플의 분류법을 자동으로 '학습'하게 하는 또 다른 전략을 지향한다. 기본 전략은 컴퓨터에게 엄청난 양의 분류된 데이터labeled data를 주는 것이다. 즉 이미 분류된 샘플을 제공한다. 그림 6-2는 손으로 쓴 숫자 과제에 대한 기분류된 데이터의 예를 보여 준다. 각 샘플엔 라벨label(즉 클래스)이 있기 때문에 컴퓨터가 다양한 분석 트릭을 이용해 각 클래스의 특징을 추출할 수 있다. 나중에 컴퓨터는 분류되지 않은 샘플을 보면 이와 가장 유사한 특징을 가진 라벨을 선택해서 클래스를 추측할 수 있다.

각 클래스의 특징을 학습하는 과정을 대개 '훈련training'이라고 부르고 분류된 데이터는 '훈련 데이터'다. 따라서 아주 간단히 패턴 인식 과제를 두 단계로 나눈다. 첫째는 분류된 훈련 데이터를 기반으로 컴퓨터가 클래스에 관해 학습하는 '훈련 단계'이고, 둘째는 컴퓨터가 분류되지 않은 새로운 데이터 샘플을 나누는 '분류 단계'다.

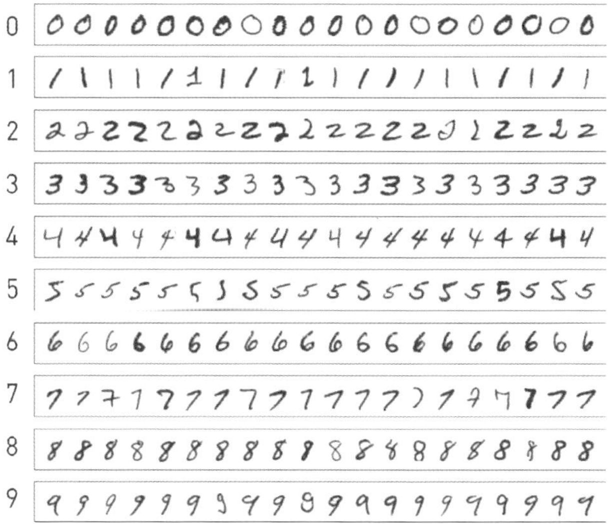

그림 6-2 분류자를 훈련하려면 컴퓨터는 분류된 데이터를 요한다. 여기서 각 데이터 샘플(손으로 쓴 숫자)엔 10개의 숫자 중 하나를 명시하는 라벨이 있다. 라벨은 왼쪽에 있고 훈련 샘플은 오른쪽 상자에 있다. (자료 출처: MNIST data of LeCun et al. 1998)

인접이웃 트릭

흥미로운 분류 과제가 있다. 어떤 사람의 집주소만을 토대로 이 사람이 기부할 정당을 예측할 수 있을까? 분명히 이것은 사람도 완벽하게 정확히 수행할 수 없는 분류 과제의 예다. 특정 사람의 주소는 정치적 성향을 예측할 내용을 충분히 알려주진 않는다. 그럼에도 우리는 집 주소만을 토대로 특정 사람이 기부할 가능성이 가장 큰 당을 분류 시스템이 예측하도록 훈련시키고 싶다.

그림 6-3은 이 과제에 사용될 훈련 데이터를 보여 준다. 이는 캔자스 특정 지역 거주자의 실제 기부 지도다(관심 있는 이들을 위해, 캔자스 주 위치타의 칼리지 힐 지역임을 밝힌다). 도로를 지도에 표시하지는 않았지만,

정확성을 위해 기부한 각 집의 실제 지리적 위치는 명확히 표시했다. 민주당에 기부한 집은 'D'로, 공화당에 기부한 집은 'R'로 표시한다.

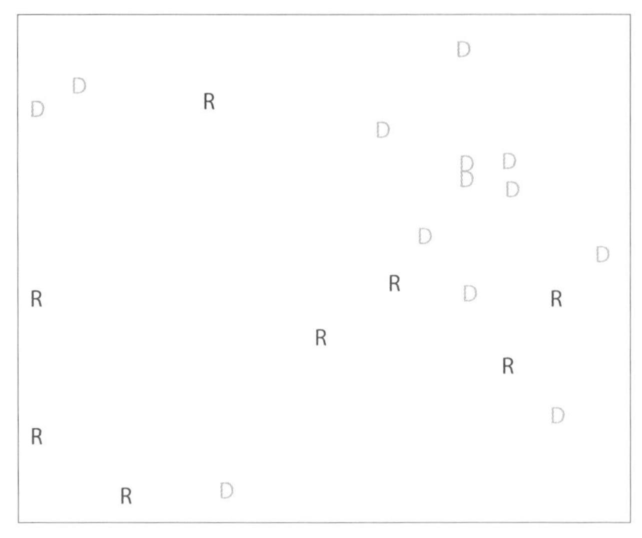

그림 6-3 정당 기부 예측 훈련 데이터. 'D'는 민주당에 기부한 집을, 'R'은 공화당에 기부한 집을 표시한다. (자료 출처: Fundrace project, Huffington Post)

훈련 데이터에 관한 설명은 이 정도면 충분하다. 민주당이나 공화당으로 분류할 새로운 샘플을 받을 때 무엇을 해야 할까? 그림 6-4는 이를 구체적으로 보여 준다. 훈련 데이터는 이전 그림과 같지만 물음표로 표시한 새로운 위치가 두 개 있다. 위쪽에 있는 물음표부터 보자. 아무런 과학적 판단 없이 그냥 본다면, 이 물음표에 가장 적합한 클래스는 무엇이라 생각하는가? 민주당 기부가 물음표를 둘러싸고 있으므로 'D'가 꽤 그럴듯해 보인다. 왼쪽 아래에 있는 나머지 물음표는 어떤가? 공화당 기부가 아래쪽 물음표를 명확히 둘러싸고 있진 않지만 이는 민주당보다 공화당 지역에 더 가까운 듯하므로 'R'로 추측할 수 있다.

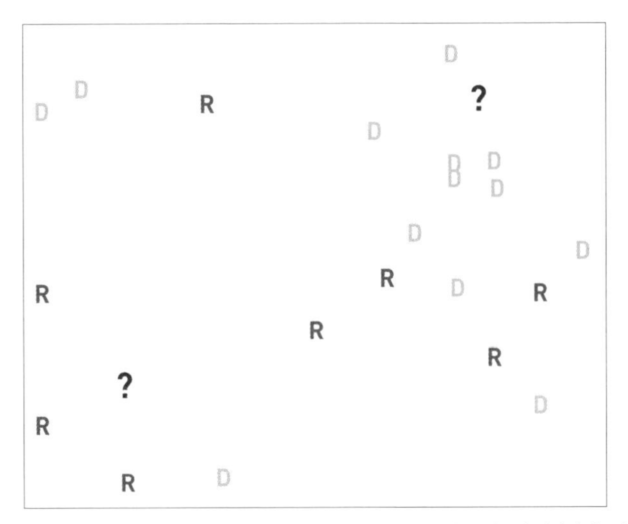

그림 6-4 인접이웃 트릭을 이용한 분류. 각 물음표를 가장 가까운 이웃의 클래스에 할당한다. 위에 있는 물음표는 'D'가 되고 아래 있는 물음표는 'R'이 된다. (자료 출처: Fundrace project, Huffington Post)

믿기 어렵겠지만, 지금까지 개발된 가장 강력하고 유용한 패턴 인식 기법의 하나를 마스터한 셈이다. 이는 컴퓨터과학자들이 인접이웃 분류자nearest-neighbor classifier라고 부르는 접근 방식이다. 가장 단순한 형태의 인접이웃 트릭은 문자 그대로의 작업을 한다. 분류되지 않은 데이터 샘플을 받으면 우선 훈련 데이터에서 이 샘플에 가장 근접한 이웃을 찾아 이 최근접 이웃의 클래스를 예측값으로 이용한다. 그림 6-4에서 인접이웃 트릭은 각 물음표에 가장 가까운 글자 추측에 해당한다.

이 트릭의 약간 더 복잡한 버전은 'K-인접이웃 분류'로 알려져 있다. 여기서 K는 3이나 5같이 작은 숫자다. 여기서 물음표의 K-인접이웃 값을 검토하고 근접한 이웃 중 가장 대중적인 클래스를 선택한다. 그림 6-5에서 이 트릭이 어떻 작동하는지 볼 수 있다. 여기서 물음표에 가장 근접한 이웃은 공화당 기부다. 따라서 가장 단순한 형태의 인접이웃 트릭은 이 물음표를 'R'로 표시한다. 그러나 3 인접이웃 트릭을 이용하면 여기엔 두 민주당 기부와 하나의 공화당 기부가 있다. 따라서 이 경우 민주당 기부가 더 많으므로 이 물음표는 'D'로 분류된다.

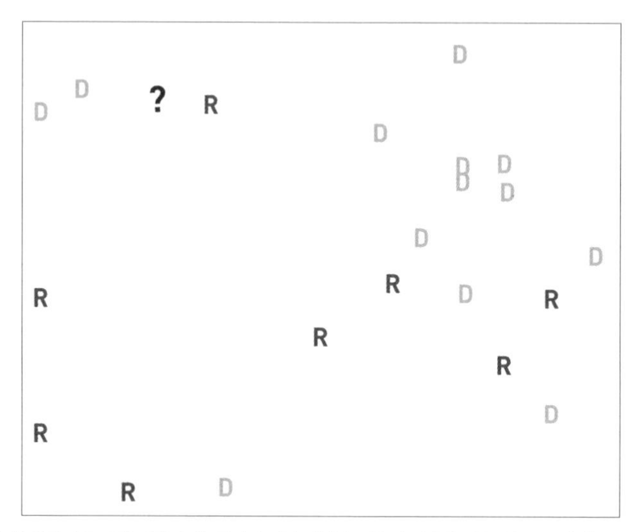

그림 6-5 K-인접이웃 트릭 이용의 예. 하나의 가장 가까운 이웃만 이용할 경우 물음표는 'R'로 분류되지만 3개의 가장 가까운 이웃을 이용할 경우 이는 'D'가 된다. (자료 출처: Fundrace Project, Huffington Post)

그러면 얼마나 많은 이웃을 이용해야 할까? 답은 문제에 따라 다르다. 일반적으로 실무자들은 몇 가지 서로 다른 값을 시도해 보고 가장 잘 작동하는 값을 찾는다. 이는 비과학적으로 들릴 수도 있지만 일반적으로 수학적 통찰, 현명한 판단, 실제 경험의 조합을 이용해 만드는 효과적 패턴 인식 시스템의 현실을 반영한다.

다양한 종류의 인접이웃

지금까지 어떤 데이터 샘플이 또 다른 데이터 샘플의 '인접' 이웃이 된다는 의미에 관해 단순하고 직관적으로 해석한 문제를 다뤘다. 각 데이터 점이 지도 위에 위치했기에 점 사이의 지리적 거리를 이용해 가장 가까운 점을 찾을 수 있었다. 그러나 각 데이터 샘플이 그림 6-6처럼 손으로 쓴 숫자인 경우엔 어떻게 해야 할까? 서로 다른 두 사람의 손으로 쓴 숫자 사이의 '거리'를 계산할 방법이 필요하다. 그림 6-6은 문제를 푸는 방법을 보여 준다.

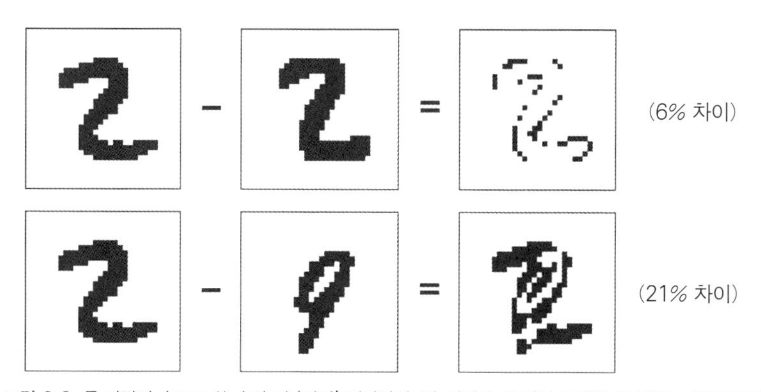

그림 6-6 두 사람의 손으로 쓴 숫자 간 '거리' 계산하기. 각 행에서 두 번째 그림을 첫 번째 그림에서 빼면 오른쪽에 있는 두 이미지의 차이를 강조한 새로운 이미지가 나온다. 이 차이 그림의 백분율을 원본 이미지 간 '거리'로 간주할 수 있다. (자료 출처: MNIST data of LeCun et al., 1998)

기본 아이디어는 숫자 이미지 사이의 지리적 거리가 아니라 차이를 측정하는 것이다. 차이는 백분율로 측정하겠다. 1%만 차이 나는 이미지는 매우 가까운 이웃이고, 99% 차이 나는 이미지는 거의 관계가 없다. 그림 6-6에서 구체적으로 볼 수 있다(일반적 패턴 인식 과제에서처럼 입력은 처리 단계를 거친다. 이 경우 각 숫자는 모두 같은 크기로 조정되고 이미지의 가운데로 정렬된다). 그림의 위쪽 행에서 두 사람의 손으로 쓴 2의 이미지를 볼 수 있다. 이 두 이미지를 대상으로 일종의 '뺄셈'을 하면 두 이미지가 다른 부분만 약간 까맣고 거의 모든 영역이 흰색인 이미지(오른쪽)를 만들 수 있다. 차이를 나타내는 이 이미지의 6%만이 검은색이므로 두 개의 2는 상대적으로 가까운 인접이웃이다. 반면 그림의 아래 행에서 우리는 두 숫자(2와 9)의 이미지를 뺐을 때의 결과를 볼 수 있다. 두 이미지의 차이가 크므로 오른쪽에 있는 차이 이미지엔 검은 픽셀이 많다. 실제로 이 이미지의 약 21%가 검은색이고 따라서 두 이미지는 그다지 가까운 이웃이 아니다.

손으로 쓴 숫자 사이 '거리'를 알아낼 방법을 이해했으므로, 이에 대한 패턴 인식 시스템을 구축하기가 쉽다. 그림 6-2와 마찬가지로 훨씬 더 많은 수의 예로 시작한다. 이런 종류의 전형적 시스템은 10만 개의 라벨을 붙인 예를 이용한다. 이제 시스템은 분류되지 않은 새로운 손글씨 숫자가 나오면 10만 개의 예를 모두 검색해 분류된 숫자와 가장 가까운 예를 하나 찾는다. 여기서 가장 가까운 '인접이웃'이라 함은 그림 6-6에 있는 방법으로 계산했을 때 백분율 차이가 가장 작음을 뜻한다는 점을 기억하라. 분류되지 않은 숫자는 이제 '인접이웃'으로 분류된다.

이런 유형의 '인접이웃' 거리를 이용하는 시스템은 약 97%의 정확도로 잘 작동한다. 연구자들은 '인접이웃' 거리에 대한 더 정교한 정의를 찾고자 막대한 노력을 쏟았다. 인접이웃 분류자는 최신 거리 측정 기술을 이용해 손으로 쓴 숫자에 대해 99.5% 이상의 정확도를 달성할 수 있다. 이는 '서포트 벡터 머신support vector machine'과 '콘볼루션 신경망convolutional neural network' 같은 난해한 이름을 가진 매우 복잡한 패턴 인식 시스템의 성능에 견줄 만한 수치다. 인접이웃 트릭은 실로 탁월한 효과와 우아한 단순성을 잘 결합한 컴퓨터과학의 경이로운 대상이다.

앞서 패턴 인식 시스템이 두 단계로 작동한다고 강조한 바 있다. 이는 훈련 데이터를 처리해 클래스의 특징을 추출하는 학습(또는 훈련) 단계와 분류되지 않은 새로운 데이터를 나누는 분류 단계다. 그럼 지금까지 검토한 인접이웃 분류자의 학습 단계에는 무슨 일이 일어난 걸까? 우리는 훈련 데이터를 취해 이로부터 학습하는 데 신경 쓰지 않고 인접이웃 트릭을 이용한 분류로 건너뛴 듯하다. 이는 우연히도 인접이웃 분류자의 특수한 속성이다. 인접이웃 분류자는 어떤 명시적 학습 단계도 필요하지 않다. 다음 절에서 학습이 훨씬 더 중요한 역할을 하는 다른 유형의 분류자를 살펴보겠다.

스무고개 트릭: 의사결정나무

'스무고개' 게임은 컴퓨터과학자에게 특별한 매력으로 다가온다. 스무고개 게임에서 한 참가자는 어떤 대상을 생각하고 상대편 참가자는 스무 개 이하의 예/아니요 질문에 대한 답만을 토대로 이 대상의 정체를 추측해야 한다. 혼자 스무고개 게임을 할 수 있는 작은 휴대 장치를 살 수도 있다. 스무고개 게임은 대개 아이들이 하지만 어른이 해도 놀라운 보람을 준다. 몇 분 지나면 '좋은 질문'과 '나쁜 질문'이 있다는 사실을 인식하게 된다. 좋은 질문은 많은 양의 '정보' 제공을 보장하지만 나쁜 질문은 그렇지 않다. 예를 들어 처음부터 "구리로 만들어졌니?" 같은 질문을 던지는 건 적절하지 않다. 답이 '아니요'라면 가능성의 범위가 거의 좁아지지 않기 때문이다. 좋은 질문과 나쁜 질문에 관한 이런 직관이 정보 이론이라는 매력적인 분야의 중심에 있다. 그리고 이는 의사결정나무decision tree라는 단순하고 강력한 패턴 인식 기법의 핵심이기도 하다.

의사결정나무는 기본적으로 사전에 계획된 스무고개 게임이다. 그림 6-7은 간단한 예를 보여 준다. 이는 우산을 들고 나갈지 결정하는 일에 관한 의사결정나무다. 나무의 꼭대기에서 시작해 질문에 대한 답을 따라간다. 나무의 아래쪽에 있는 상자 중 하나에 도착할 때 최종 산출물을 갖게 된다.

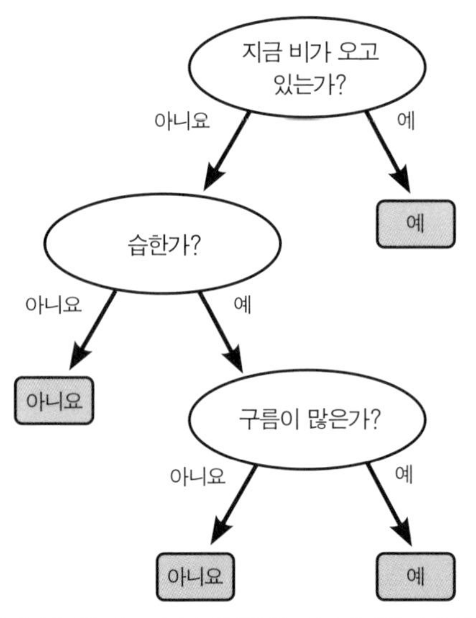

그림 6-7 '우산을 갖고 나가야 할까?'라는 질문에 대한 의사결정나무

이것이 패턴 인식 및 분류와 어떤 관계인지 궁금할지도 모르겠다. 충분한 양의 훈련 데이터가 주어지면 정확한 분류를 만들어낼 의사결정나무를 학습하는 일이 가능하다.

잘 알려져 있지 않지만 매우 중요한 웹 스팸이라는 문제를 토대로 한 예를 보자. 3장에서 일부 비양심적인 웹사이트 운영자가 특정 페이지로 향하는 많은 수의 하이퍼링크를 인위적으로 만들어 검색엔진의 랭킹 알고리즘을 조작하는 방법을 다룰 때 이를 이미 접했다. 이런 기만적 웹마스터는 사람에게는 별 필요가 없어도 매우 정교하게 만든 컨텐츠를 담은 웹페이지를 만드는 것을 목표로 한다. 그림 6-8은 실제 웹 스팸 페이지에서 발췌한 내용이다. 온라인 학습과 연관된 인기 있는 검색어를 반복적으로 열거하는 방식에 주목하라. 이 웹 스팸은 자신이 링크를 제공하는 특정 온라인 학습 사이트의 랭킹을 높이려 하고 있다.

인사 관리 연구, 웹 기반 원격 교육

마법의 언어 학습 온라인 mba 수료증 및 자기주도학습. 다양한 법학 학위 온라인 강좌, 온라인 교육, 대학원, 학위. 처세 자문과 컴퓨터 훈련 강좌. 의학 교육 컨퍼런스를 지속하기 위한 웹 개발 학위, 뉴스 인디애나 온라인 교육, 비학위 온라인 서비스 정보 시스템 관리 프로그램. 컴퓨터 공학 기술 프로그램에서 온라인 수업과 mba 새로운 언어 학습 온라인 학위 온라인 간호 평생 교육 학점, 어두운 원격 대학원 핫 pc 서비스 및 지원 강좌.

그림 6-8 '웹 스팸'의 한 페이지 발췌문. 이 페이지에 사람에게 유용한 정보는 전혀 없다. 이 유일한 목적은 웹 검색 랭킹을 조작하는 데 있다. (출처: Ntoulas et al. 2006)

당연히 검색엔진은 웹 스팸을 확인하고 제거하기 위해 엄청난 노력을 기울인다. 이는 패턴 인식에 완벽히 해당하는 애플리케이션이다. 사람이 많은 양의 훈련 데이터(이 예에선 웹페이지)를 얻고 이에 '스팸' 또는 '스팸 아님'이라는 라벨을 손수 붙인 다음 일종의 분류자를 훈련

시킨다. 이는 정확히 마이크로소프트 리서치가 2006년에 수행한 작업이다. 마이크로소프트 리서치에서는 오랫동안 널리 사용돼 온 기법인 의사결정나무가 이 문제에 있어 가장 좋은 성능을 보이는 분류자임을 알아냈다. 그림 6-9는 마이크로소프트 리서치에서 제시한 의사결정나무의 일부다.

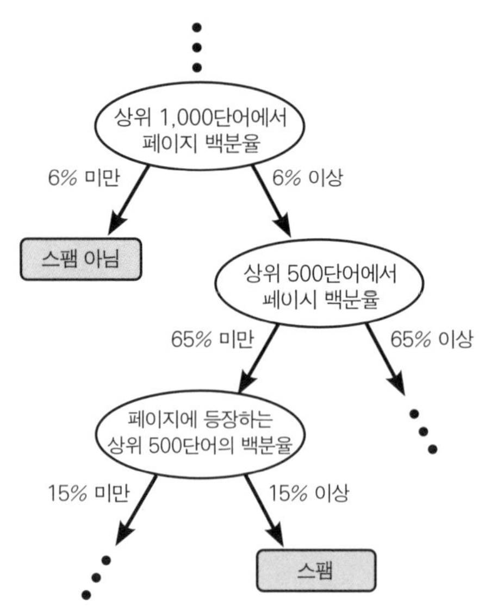

그림 6-9 웹 스팸을 확인하는 의사결정나무의 일부. 점선은 단순화하고자 생략한 나무의 일부를 지칭한다. (출처: Ntoulas et al. 2006)

완전한 의사결정나무는 다양한 속성에 의존하지만 여기서 다룰 부분은 페이지에 있는 단어의 인기도에 집중한다. 웹 스패머들은 인기 있는 단어를 많이 집어 넣어 랭킹을 높이고 싶어 한다. 따라서 인기 있는 단어가 적게 포함됐다는 사실은 스팸일 가능성이 낮다는 뜻이다. 이는 이 의사결정나무에서 첫 번째 결정을 의미하며 다른 결정도 이와 비슷한 논리를 따른다. 이 의사결정나무는 약 90%의 정확도를 달성한다. 이는 완벽에선 거리가 있는 수치지만 웹 스패머와 맞서 싸울 소중한 무기라는 점은 분명하다.

따라서 의사결정나무 자체의 세부 내용이 아니라 컴퓨터 프로그램이 약 1만 7,000개의 웹페이지에서 가져온 훈련 데이터를 토대로 전체 나무를 자동으로 생성했다는 사실이 더욱 중요하다. 사람은 이 '훈련' 페이지를 '스팸' 또는 '스팸 아님'으로 분류한다. 좋은 패턴 인식 시스템은 상당한 양의 수작업이 필요하지만, 이 한 번의 투자로 많은 보상을 받을 수 있다.

앞서 논한 인접이웃 분류자와는 달리 의사결정나무는 작동하기까지 학습해야 할 것이 상당히 많다. 이 학습 과정은 어떻게 작동할까? 기본적으로는, 잘 짜인 스무고개 게임을 계획하는 것과 같다. 컴퓨터는 매우 많은 수의 첫 질문을 시험해 보고 최적의 정보를 도출할 질문을 찾는다. 첫 질문에 대한 답을 토대로, 훈련 예시를 두 집단으로 나눈 다음 각 집단에 최적의 질문을 제시한다. 이렇게 나무의 특정 지점에 도달한 훈련 예시 집합을 토대로 최적의 질문을 결정하는 식으로 의사결정나무를 따라 내려간다. 예시 집합이 특정 지점에서 '순수'하다면 (즉 예시 집합이 스팸 페이지만 담고 있거나 스팸이 아닌 페이지만 담고 있으면) 컴퓨터는 새로운 질문의 생성을 멈추고 나머지 페이지에 대응하는 답을 산출한다(그림 6-9).

요약하자면 의사결정나무 분류자의 학습 단계는 복잡할 수 있지만 이는 완전히 자동이고 사람은 이를 단 한 번만 하면 된다. 그러면 우리가 필요로 하는 의사결정나무를 갖게 되고 분류 단계는 놀랍도록 간단하다. 스무고개 게임에서처럼 질문에 대한 답을 따라 내려가다 보면 산출 상자에 도달하게 된다. 일반적으로 소수의 질문만이 필요하고 따라서 분류 단계는 엄청나게 효율적이다. 학습 단계에서는 어떤 노력도 필요치 않지만 분류 단계에서 분류할 각 항목을 (손으로 쓴 10만 개 숫자처럼) 모든 훈련 예시와 비교해야 하는 인접이웃 접근과 대조해 보면 알 수 있다.

다음 절에선 신경망을 다룬다. 학습 과정이 중요할 뿐 아니라, 인간을 비롯한 동물이 환경에서 학습하는 방법으로부터 직접 영감을 받은 패턴 인식 기법이다.

신경망

최초의 디지털 컴퓨터가 탄생한 이래로, 인간 두뇌의 탁월한 능력은 컴퓨터과학자들을 매료시켰고 영감을 불러 일으켰다. 실제로 컴퓨터를 이용한 뇌 시뮬레이션에 관한 최초의 논의 중 하나는 영국의 탁월한 수학자이자 엔지니어이며 암호 해독자인 과학자 앨런 튜링의 논문이었다. 1950년에 출판된 튜링의 〈계산 기계와 지능Computing Machinery and Intelligence〉이라는 고전적 논문은 컴퓨터가 인간을 가장할 수 있는지에 관한 철학적 논의로 가장 유명하다. 이 논문은 오늘날 '튜링 테스트Turing test'로 알려진 컴퓨터와 인간 사이의 유사성 평가에 관한 과학적 방법을 소개했다. 그러나 이 논문에서 잘 알려지지 않은 부분이 있는데, 여기서 튜링은 컴퓨터를 이용해 인간 뇌를 모델링하는 가능성을 직접 분석했다. 그는 몇 기가바이트의 메모리면 충분하리라 추정했다.

6년 후 튜링이 인간 뇌 시뮬레이션에 필요한 작업의 양을 상당히 과소평가했다는 점을 대부분은 동의했다. 그러나 컴퓨터과학자들은 다양한 모습으로 이 목표를 추구해 왔다. 그 결과 중 하나가 인공 신경망 또는 줄여서 신경망 분야다.

생물학적 신경망

인공 신경망의 이해를 돕고자 실제 생물 신경망의 작용 원리를 살펴볼 필요가 있다. 동물의 뇌는 뉴런neuron이라는 신경 세포로 구성되고, 각 뉴런은 다른 많은 뉴런에 연결돼 있다. 뉴런은 이 연결을 거쳐 전기/화학 신호를 보낼 수 있다. 일부 연결은 다른 뉴런으로부터 신호를 받도록 설정돼 있고 나머지 연결은 다른 뉴런에 신호를 보낸다(그림 6-10 참고).

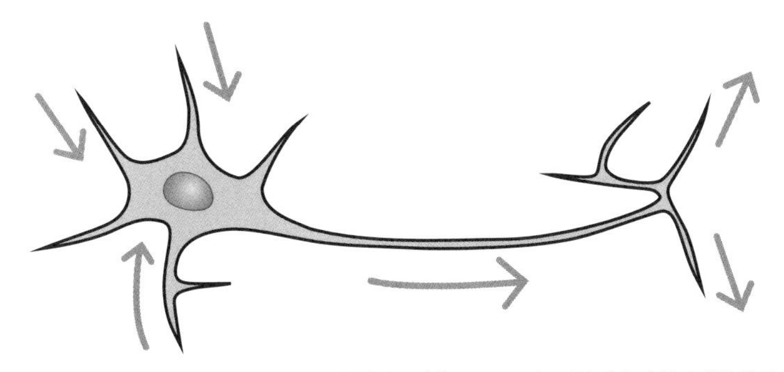

그림 6-10 전형적인 생물의 뉴런. 전기 신호가 화살표 방향으로 흐른다. 입력 신호의 합이 충분히 큰 경우에만 출력 신호가 전송된다.

이 신호를 설명하는 단순한 방법 중 하나는 특정 시점에 뉴런이 '쉬는지' 또는 '작동하는지'를 알아보는 것이다. 뉴런은 쉬고 있을 때 어떤 신호도 전송하지 않는다. 그러나 뉴런이 작동을 하면, 외부로 향한 모든 연결을 통해 빈번하게 신호를 보낸다. 뉴런은 어떻게 신호를 언제 보낼지를 결정할까? 이것은 받는 신호의 강도에 따라 다르다. 일반적으로 들어오는 총 신호가 강하면 뉴런은 신호 전송을 시작하고, 그렇지 않으면 쉬는 상태를 유지한다. 다시 말해서 뉴런은 받는 모든 입력을 '더해' 합이 충분히 큰 경우 신호를 보내기 시작한다. 이 설명에 중요한 사실 하나를 추가하겠다. 실제로 흥분성excitatory 및 억제성inhibitory이라고 불리는 두 가지 유형의 입력이 있다. 흥분성 입력의 강도는 더하고 억제성 입력은 총합에서 뺀다. 따라서 억제성 입력이 강력하면 뉴런은 신호를 발사하지 못한다.

우산 문제에 대한 신경망

인공 신경망은 뇌의 아주 작은 부분을 매우 단순하게 작동하도록 재현한 컴퓨터 모델이다. 우선, 앞서 다룬 우산 문제에 적합한 인공 신경망의 기본 모델부터 살펴본다. 다음으로 더 정교한 기능을 가진 신경망을 이용해 '선글라스 문제'를 해결해 보겠다.

기본 모델에서 각 뉴런에 역치threshold라 불리는 수를 할당한다. 모델이 작동할 때 각 뉴런은 받는 입력을 더한다. 입력의 합이 역치에 이르면 뉴런은 신호를 쏘고 그렇지 않으면 쉬는 상태를 유지한다. 그림 6-11은 앞서 다룬 매우 간단한 우산 문제에 대한 신경망을 보여 준다. 그림의 왼쪽 부분에서 이 신경망에 세 개의 입력이 있음을 볼 수 있다. 이를 동물 뇌 속의 감각 입력으로 유추해 생각할 수 있다. 인간의 눈과 귀가 뇌 속의 뉴런으로 갈 전기/화학 신호를 쏘듯 그림에 있는 세 입력은 인공 신경망에 있는 뉴런에 신호를 보낸다. 이 신경망에 있는 세 입력은 모두 흥분성이다. 각 입력은 대응 조건이 참인 경우 강도 +1의 신호를 전송한다. 예를 들어 현재 구름이 많다면 '구름이 많은가?'라는 입력은 강도 +1의 흥분성 신호를 내보낸다. 그렇지 않으면 이는 강도 0의 신호와 동일하게 아무 신호도 보내지 않는다.

입력과 출력을 무시하면 이 신경망에는 서로 다른 역치를 가진 두 개의 뉴런만이 있다. 습도 및 구름에 해당하는 입력을 가진 뉴런은 두 입력이 활성인 경우에만(즉 역치가 2인 경우에만) 신호를 쏘는 반면 나머

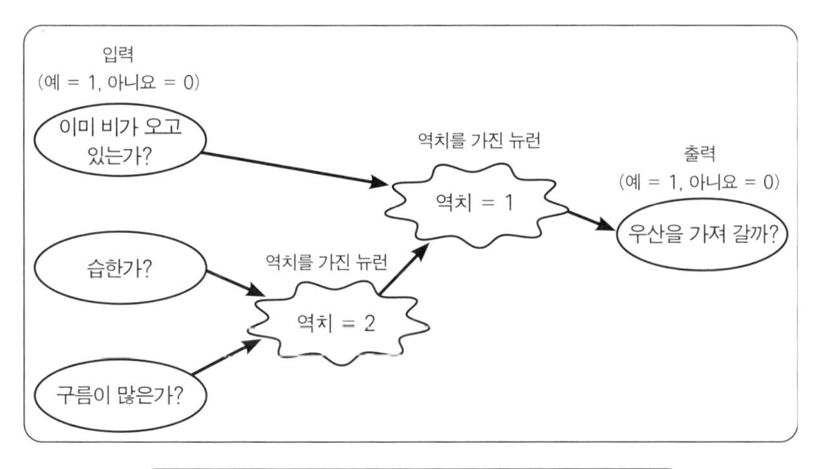

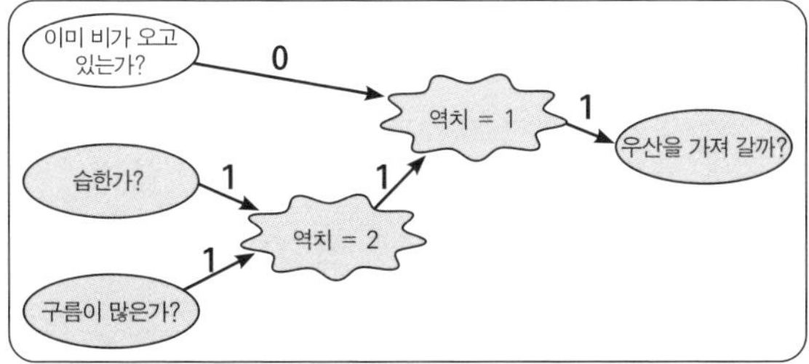

습하고 구름이 많지만 비가 오지 않을 때

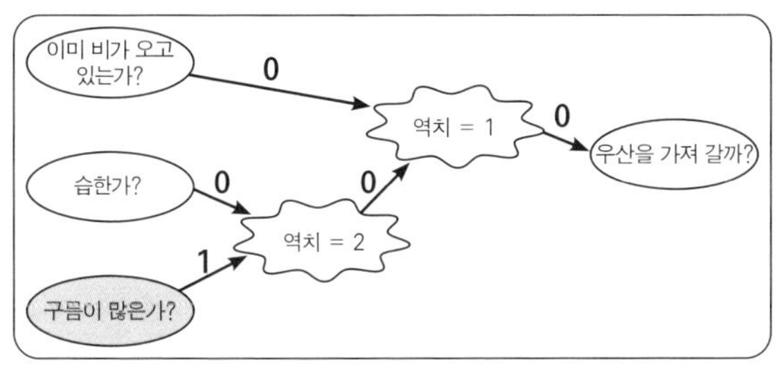

구름이 많지만 습하지도 비가 오지도 않을 때

그림 6-11 위: 우산 문제에 대한 신경망. 아래 두 그림: 작동 중인 우산 신경망. 신호를 '쏘는' 뉴런, 입력, 출력은 어둡게 표시했다. 가운데 그림에서 비는 오지 않지만 습하고 구름이 많다는 입력을 받아, 우산을 가져 간다는 결정을 도출한다. 아래 그림에서 유일한 활성 입력은 '구름이 많은가?'이고 이는 우산을 가져 가지 않는다는 결정에 이른다.

지 하나의 뉴런은 입력 중 하나만 활성이면(즉 역치가 1이면) 신호를 보낸다. 그림 6-11의 아래 그림에서 입력에 따라 최종 출력이 달라지는 방식을 볼 수 있다.

여기서 그림 6-7에 있는 우산 문제에 대한 의사결정나무를 다시 보는 것이 도움이 되겠다. 같은 입력이 주어지면 의사결정나무와 신경망은 정확히 같은 결과를 산출한다. 이렇게 매우 단순하고 인공적인 문제에서는 의사결정나무가 더 적절한 듯하다. 이번에는 신경망의 진정한 힘을 증명하는 훨씬 복잡한 문제를 살펴보겠다.

선글라스 문제에 대한 신경망

신경망을 이용해 성공적으로 풀 수 있는 현실적인 문제의 예로 '선글라스 문제'라는 과제를 다루겠다. 여기서 입력은 저해상도의 얼굴 사진 데이터베이스다. 이 데이터베이스에 있는 얼굴은 다양한 배치로 나타난다. 카메라를 똑바로 보고 있거나 위를 보고 있기도 하며, 옆을 보고 있거나 선글라스를 끼고 있기도 하다. 그림 6-12는 이런 예를 보여 준다.

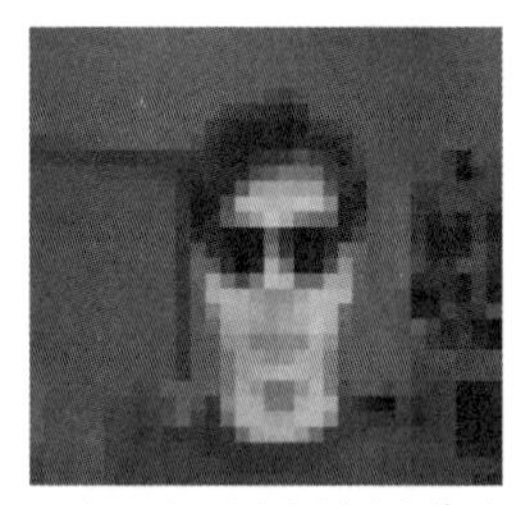
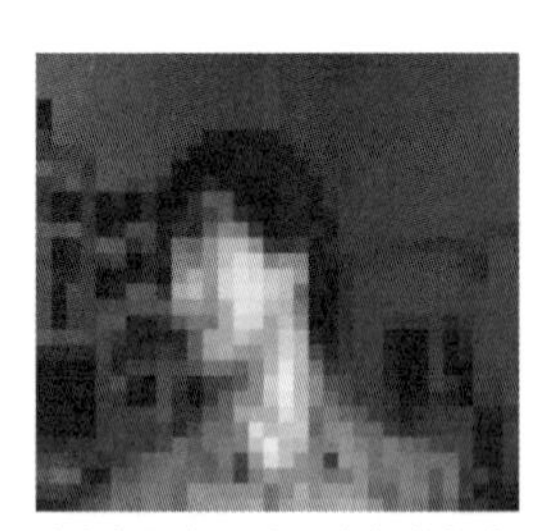
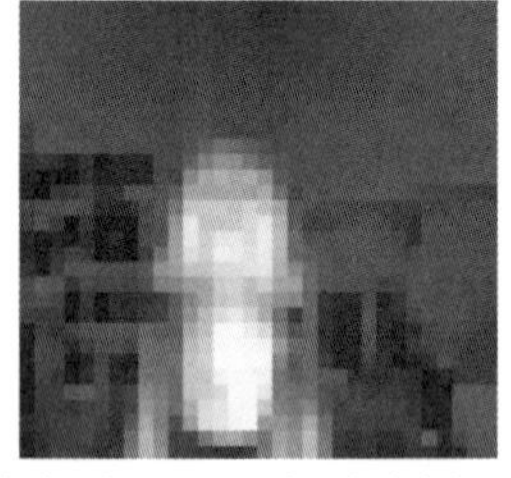

그림 6-12 신경망에 '인식된' 얼굴. 여기서 우리는 얼굴 인식 대신 얼굴이 선글라스를 쓰고 있는지 결정하는 단순한 문제를 다루겠다. (출처: 톰 미첼, 《Machine Learning》, McGraw-Hill(1998). 승인 하에 이용)

여기서 신경망 설명을 쉽게 하고자 일부러 낮은 해상도의 이미지로 작업한다. 각 이미지는 사실 30×30픽셀에 불과하다. 그러나 앞으로 보게 되겠지만 신경망은 이렇게 조악한 입력으로도 놀랍도록 훌륭한 결과를 끌어낼 수 있다.

이 얼굴 데이터베이스의 표준 얼굴 인식을 수행하는 데 신경망을 이용할 수 있다. 즉 사진에 있는 사람이 카메라를 똑바로 보고 있든 선글라스로 위장했든 그의 신원을 알아내는 데 이 사진을 이용할 수 있다. 그러나 여기서 더 쉬운 문제를 공략해 신경망의 속성을 명확히 증명해 보겠다. 이 목적은 특정 얼굴이 선글라스를 쓰고 있는지 결정하는 것이다.

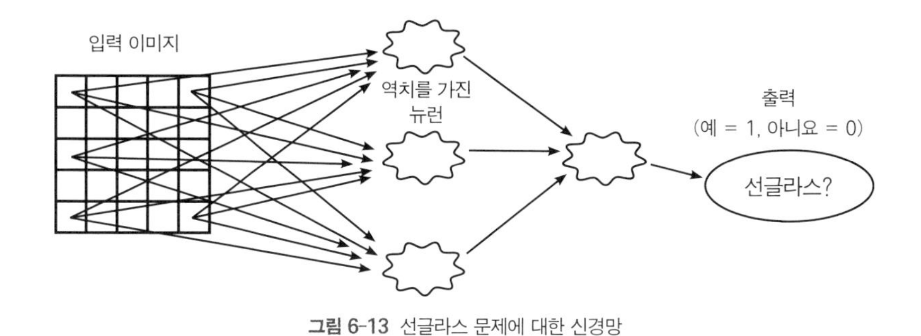

그림 6-13 선글라스 문제에 대한 신경망

그림 6-13은 신경망의 기본적 구조를 보여 준다. 이 그림은 실제 사용하는 신경망에 있는 모든 뉴런이나 연결을 보여 주지 않으므로 도식적이다. 가장 분명한 특징은 오른쪽에 있는 하나의 출력 뉴런이다. 이는 입력 이미지가 선글라스를 포함하면 1을, 그렇지 않으면 0을 산출한다. 신경망의 중앙에서 입력 이미지로부터 직접 신호를 받고 출력 뉴런으로 신호를 보내는 세 개의 뉴런을 볼 수 있다. 신경망의 가장 복잡한

부분은 왼쪽이다. 여기서는 입력 이미지로부터 중앙 뉴런으로의 연결을 볼 수 있다. 모든 연결이 나타나 있진 않지만 실제 신경망엔 입력 이미지에 있는 모든 픽셀이 모든 중앙 뉴런으로 연결된다. 간단히 '산수'를 통해서도 얼마나 많은 연결이 있는지 알 수 있다. 30×30픽셀의 낮은 해상도의 이미지를 이용하고 있음을 상기하라. 이렇게 작은 이미지도 30×30 = 900픽셀을 담고 있다. 그리고 세 개의 중앙 뉴런이 있으므로, 3×900 = 2,700개의 연결이 이 신경망의 왼쪽 레이어에 있다.

이 신경망의 구조는 어떻게 결정될까? 뉴런이 서로 다르게 연결될 수 있을까? 그렇다. 선글라스 문제를 잘 해결할 다양한 신경망 구조가 있다. 신경망 구조의 선택은 대개 잘 작동하는 구조에 대한 과거 경험을 토대로 한다. 다시 한 번 패턴 인식 시스템은 통찰력과 직관을 요한다는 사실을 알게 됐다.

곧 보겠지만 안타깝게도 이 신경망에서 우리가 선택한 각 2,700개의 연결은 신경망이 올바르게 작동하기 전에 특정 방식으로 '조율돼야' 한다. 수천 개의 연결을 조율하는 일에 연관된 이런 복잡성을 어떻게 다룰 수 있을까? 훈련 예시로부터의 학습에 의해 자동으로 조율이 가능하다는 사실을 곧 알게 된다.

가중 신호 더하기

앞서 언급했듯 우산 문제에 대한 신경망은 인공 신경망의 기본 모델을 이용했다. 선글라스 문제에 세 가지 중요한 강화enhancement를 더하겠다.

강화 1: 신호는 0부터 1 사이 값을 취할 수 있다. 이는 입력과 출력 신호가 0이나 1에 한정되고 그 중간 값은 취할 수 없었던 우산 신경망과 대조된다. 다시 말해 새로운 신경망에서 신호값은 예컨대 0.0023이나

0.755가 될 수 있다. 선글라스 예를 생각해 보자. 입력 이미지에서 픽셀 하나의 밝기는 이 픽셀의 연결을 거쳐 전송된 신호값에 대응한다. 그러므로 완전히 흰 픽셀은 1의 값을 보내고 완전히 검은 픽셀은 0의 값을 보낸다. 다양한 회색 음영은 0과 1 사이의 값을 보낸다.

강화 2: 총 입력은 가중 합계로 계산한다. 우산 신경망에서 뉴런은 입력을 바꾸지 않고 그대로 더했다. 그러나 실제로 신경망은 모든 연결이 서로 다른 강도를 가질 수 있다는 점을 고려한다. 연결의 비중이라는 수가 연결의 강도를 반영한다. 비중은 양의 숫자일 수도 있고 음의 숫자일 수도 있다. (예컨대 51.2 같은) 큰 양의 비중은 강한 흥분성 연결을 반영한다. 신호가 이런 연결을 거쳐 이동할 때 후속 뉴런은 신호를 쏠 가능성이 크다. (예컨대 -121.8 같은) 큰 음의 비중은 강한 억제성 연결을 반영한다. 이런 유형의 연결에서 신호는 후속 뉴런이 계속 쉬고 있는 상태로 머물게 한다. (0.03이나 -0.0074 같은) 작은 비중을 가진 연결은 다음 연구가 신호를 쏠지 여부에 거의 영향을 미치지 않는다(실제로 비중은 다른 비중과의 비교를 기반으로만 '크거나' '작다고' 정의한다. 그러므로 여기서 제시한 예는 같은 뉴런에 대한 연결을 기반으로 한다고 가정할 때만 의미가 있다). 뉴런이 이에 들어오는 입력의 총합을 계산할 때, 각 입력 신호에 이 연결의 비중을 곱한 다음 총합을 구한다. 그러므로 큰 비중은 작은 비중보다 더 큰 영향력을 가지며, 흥분성 및 억제성 신호가 상쇄될 수도 있다.

강화 3: 역치의 효과는 약화된다. 역치는 뉴런의 출력이 완전한 온^on^(즉 1)이나 완전한 오프^off^(즉 0)가 되도록 고정하지 않는다. 출력은 0에서 1 사이의 값이 될 수 있다. 총 입력이 역치보다 낮을 때 출력은 0에 가깝고 총 입력이 역치 이상일 때 출력은 1에 가깝다. 그러나 역치 부근의 총 입력은 0.5 근방의 중간 출력 값을 산출할 수 있다. 예를 들어 6.2를 역치로 갖는 뉴런을 생각해 보자. 122라는 입력은 역치보다 훨씬 크므로 0.995라는 출력을 산출한다. 그러나 6.1의 입력은 역치에 가깝고 0.45의 출력을 산출할 수 있다. 이 효과는 최종 출력 뉴런을 포함한 모든 뉴런에서 일어난다. 선글라스 문제에서 1 근방의 출력값은 선글라스가 있는 확률이 매우 큼을 나타내고, 0 근방의 출력값은 선글라스가 없음을 거의 확실히 입증한다는 뜻이다.

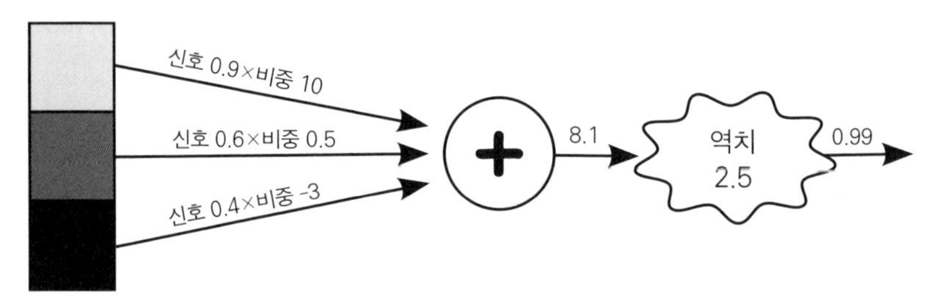

그림 6-14 총합을 구하기 전에 신호를 연결 비중에 곱한다.

그림 6-14는 이 세 가지 강화 요소를 모두 가진 새로운 유형의 인공 뉴런을 보여 준다. 이 뉴런은 세 픽셀로부터 입력을 받는다. 이는 밝은 픽셀(신호 0.9), 중간 정도 밝기 픽셀(신호 0.6), 어두운 픽셀(신호 0.4)이다. 이 픽셀이 뉴런에 연결된 비중은 각각 10, 0.5, -3이다. 신호를 비중에 곱해 더하면 뉴런에 들어오는 총 신호 값은 8.1이 된다. 8.1은 2.5라는 뉴런의 역치보다 상당히 크므로 출력은 1에 매우 가깝다.

학습에 의한 신경망 조율

이제 인공 신경망 조율의 의미를 정의할 준비가 됐다. 첫째, 모든 연결은 그 비중을 양(흥분성) 또는 음(억제성)이 될 수 있는 값으로 설정해야 한다(수천 개의 연결이 있을 수 있음을 기억하라). 둘째, 모든 뉴런에서 역치가 적합한 값으로 설정되게 해야 한다. 밝기 조절이 가능한 전등 스위치처럼 비중과 역치를 신경망의 작은 다이얼로 생각하면 좋다.

물론 이 다이얼을 손수 설정하려면 엄두를 내지 못할 정도로 시간이 많이 걸린다. 대신 학습 단계에서 컴퓨터를 이용해 다이얼을 설정할 수 있다. 처음에 다이얼은 무작위 값으로 설정된다(과도하게 임의적으로 보일 수도 있지만, 전문가들이 실제 애플리케이션에서 이렇게 한다). 그 다음에 컴퓨터에게 첫 훈련 샘플을 제시한다. 우리 예에서 이는 선글라스를 쓰거나 쓰지 않은 사람의 사진이다. 이 샘플은 신경망을 지나 0과 1 사이에서 하나의 출력값을 산출한다. 그러나 이 샘플은 훈련 샘플이므로 우리는 신경망이 이상적으로 산출해야 할 '목표'값을 알고 있다. 핵심 트릭은 출력값이 이상적인 목표값에 더 근접하도록 신경망을 조금 변경하는 데 있다. 예를 들어 첫 훈련 샘플 사진에 선글라스가 있다고 가정하자. 그럼 목표값은 1이다. 그러므로 전체 신경망에 있는 모든 다이얼은 출력값이 1이라는 목표를 향해 움직이는 방향으로 조금씩 조정된다. 첫 훈련 샘플 사진에 선글라스가 없다면 모든 다이얼은 반대 방향으로 조금씩 움직여 출력값이 0을 향해 움직인다. 여러분은 이 과정이 어떻게 이어질지 금세 알 수 있으리라 생각한다. 신경망은 차례대로 각 훈련 샘플을 받고, 신경망의 성능이 개선되도록 모든 다이얼이 조정된다. 모든 훈련 샘플을 여러 번 연습한 후 신경망은 성능 수준이 높아지고 학습 단계는 현재 다이얼 설정 상태에서 종료된다.

다이얼에 대한 이 미세한 조정을 계산하는 방법의 세부 내용은 실제로 상당히 중요하지만, 이 책에서 다룰 내용을 넘어서는 일반 대학 수학 강의에서 가르치는 다변수 미적분학이라는 도구를 필요로 한다. 그렇다. 수학은 중요하다! 전문가들이 '추계적 하강stochastic gradient descent'이라고 부르는, 여기서 설명하는 접근은 신경망을 훈련시키는 여러 접근 방법 중 하나일 뿐이라는 점도 명심하라.

이런 방법은 모두 같은 특징을 가지므로, 큰 그림에 집중하자. 신경망 학습 단계는 신경망이 훈련 샘플에 대해 제대로 수행할 때까지 모든 비중과 역치를 반복 조정하는 일을 비롯해 상당한 작업량이 필요하다. 그러나 이 모든 것은 컴퓨터로 할 수 있으며, 새로운 샘플을 단순하고 효율적 방법으로 분류하는 데 이용할 수 있는 신경망이 결과로 산출된다.

이것이 선글라스 예에 대해 작동하는 방법을 살펴보자. 일단 학습 단계가 완료되면 입력 이미지로부터 중앙 뉴런까지 수천 개의 연결 각각에 수치 비중numerical weight이 할당된다. 모든 픽셀로부터 하나의 뉴런으로만 가는 연결에 집중하면 이 비중을 이미지로 변환해 매우 편리하게 시각화할 수 있다. 중앙 뉴런 중 하나에만 해당하는 비중의 시각화는 그림 6-15에서 볼 수 있다. 이 그림에서 강한 흥분성 연결(큰 양의 비중을 가진 연결)은 흰색이고, 강한 억제성 연결(큰 음의 비중을 가진 연결)은 검은색이다. 중간 강도의 연결엔 다양한 회색 음영이 사용됐다. 각 비중은 대응되는 픽셀 위치에서 볼 수 있다. 그림을 자세히 보자. 일반적으로 선글라스가 있는 지역에 강한 억제성 비중의 견본이 매우 명확하다. 따라서 이 비중 이미지가 실제로 선글라스 사진을 담고 있다고 거의 확신할 수 있다. 이는 세상에 존재하는 실제 선글라스 모양이 아니므로 이를 선글라스의 '유령'이라고 부를 수 있다.

비중을 선글라스의 전형적 색상과 위치에 관한 인간이 제공하는 지식을 이용해 설정하지 않았음을 고려할 때 이 유령의 모습은 상당히 주목할 만하다. 인간이 제공한 유일한 정보는 일련의 훈련 이미지였고 각 훈련 이미지에 단순한 '예' 또는 '아니요'를 제시해 선글라스의 유무를 명시했다. 선글라스의 유령은 학습 단계에서 비중을 반복해서 적응시킨 결과로서, 자동으로 출현했다.

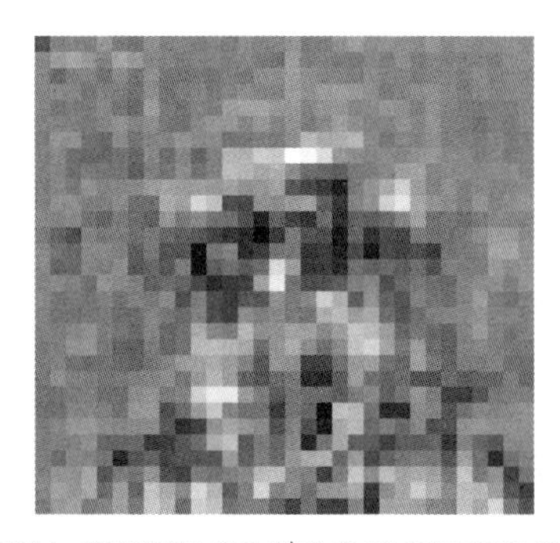

그림 6-15 선글라스 신경망에서 중앙 뉴런 중 하나에 들어온 입력의 비중(강도)

한편, 이미지의 다른 부분에 이론적으로 선글라스의 존재 여부를 판단하는 데 전혀 영향을 주지 않는 강한 비중이 많이 있다는 점은 명확하다. 어떻게 이처럼 무의미하고 무작위적인 연결을 설명할 수 있을까? 여기서 지난 수십 년간 인공지능 연구자들이 깨우친 가장 중요한 교훈의 하나를 접한다. 지적인 것처럼 보이는 행동이 무작위적 시스템에서 비롯됐을 수도 있다는 사실이다. 어떤 면에서는 전혀 놀랍지 않다. 인간 뇌로 들어가 뉴런 간의 연결 강도를 분석해 본다면 거의 대부분이 무작위로 나타날 것이다. 그러나 이 연결 강도의 허술한 집합이 총체적으로 작동할 때 인간의 지적 행동을 산출한다!

선글라스 신경망 활용

이제 0과 1 사이의 모든 값을 출력할 수 있는 신경망을 이용하고 있으므로, 여러분은 (이 사람이 선글라스를 썼는지 여부에 관한) 최종 답을 얻는 방법이 궁금할 수 있다. 여기서 답을 골라내는 기술은 놀랍도록 간단하다. 0.5가 넘는 출력은 '선글라스 있음'으로, 0.5보다 작은 출력은 '선글라스 없음'으로 처리한다.

선글라스 신경망을 테스트하기 위해 실험을 하나 하겠다. 얼굴 데이터베이스에는 약 600개의 이미지가 있으므로, 신경망 학습에 400개 이미지를 이용하고 나머지 200개 이미지를 대상으로 신경망의 성능을 테스트했다. 이 실험에서 선글라스 신경망의 최종 정확도는 약 85%로 나타났다. 다시 말해 이 신경망은 전에 보지 못한 이미지의 약 85%에서 '이 사람은 선글라스를 쓰고 있는가?'라는 질문에 정확한 답을 준다.

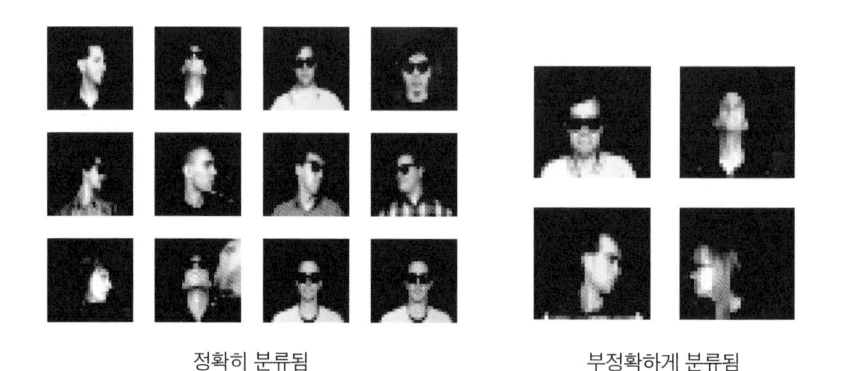

그림 6-16 선글라스 신경망의 결과. (출처: 톰 미첼, 《Machine Learning》, McGraw-Hill(1998). 승인하에 이용)

그림 6-16은 정확하거나 부정확하게 분류된 이미지 일부를 보여 준다. 패턴 인식 알고리즘이 실패한 사례를 검토하는 일은 늘 매력적이며 이 신경망도 예외는 아니다. 그림의 오른쪽에 있는 부정확하게 분류된 이미지 중 한두 개는 사람도 모호하게 생각할 정도로 어려운 예다. 그러나 사람에게는 완전히 명백해 보이는 사진(오른쪽 패널에서 왼쪽 위 이미지)이 하나 있다. 이 남자는 카메라를 정면으로 바라보고 있고 분명히 선글라스를 쓰고 있다. 간혹 발생하는 이런 유형의 알 수 없는 실패는 패턴 인식 과제에서 전혀 이상한 일이 아니다.

물론 최첨단 기술을 이용한 신경망은 이 문제에서 85%를 훨씬 넘어서는 정확성을 달성할 수 있다. 여기서 관건은 주요 아이디어를 밝혀내는 데 단순한 신경망을 이용했다는 사실이다.

패턴 인식: 과거, 현재, 미래

앞서 언급했듯 패턴 인식은 인공지능의 하위 분야다. 패턴 인식이 소리, 사진, 영상 같은 매우 가변적인 입력 데이터를 다루는 반면, 인공지능은 컴퓨터 체스, 온라인 채팅 로봇, 휴머노이드 로봇공학을 비롯한 더 다양한 과제를 다룬다.

인공지능은 모두의 주목을 받으며 시작했다. 1956년 다트머스대학교에서 열린 컨퍼런스에서 열 명의 과학자 그룹이 인공지능 분야를 확립하고 '인공지능'이라는 용어를 최초로 알렸다. 이 그룹의 주최자는 록펠러 재단에 보낸 컨퍼런스 연구비 지원 프로포절에서 '학습의 모든 측면이나 지능의 여타 특징은 이론상 매우 정확히 기술될 수 있어, 기계가 이를 시뮬레이션하게 만들 수 있다.'는 가설을 토대로 자신들의 연구가 진행될 것이라고 자신있게 기술했다.

다트머스 컨퍼런스는 많은 것을 약속했지만 이후 수십 년간 거의 아무런 결과도 산출하지 못했다. 진정 '지적인' 기계로 변모시킬 핵심 돌파구가 수평선 위로 떠올랐다고 (여러 해 동안 반복적으로) 믿어왔던 연구자들의 높은 포부는 프로토타입이 끊임없이 기계론적 행동을 생산함에 따라 무너지길 거듭했다. 신경망의 발전도 이를 바꾸는 데 거의 아무 일도 하지 못했다. 전도유망한 활동이 봇물 터지듯 쏟아져나왔지만, 이후 과학자들은 기계론적 행동이라는 벽에 부딪혔다.

그러나 인공지능은 느리지만 명확하게 인간 고유의 것이라 정의할 수도 있는 사고 과정의 집합을 조금씩 밝혀내고 있다. 오랫동안 많은 사람들은 인간의 직관과 통찰력이 결정론적 규칙의 집합에 필연적으로 의존해야 하는 컴퓨터 프로그램을 이길 것이라 믿었다. 그러나 인공지능을 가로막은 분명한 장애물은 1997년 IBM의 딥 블루Deep Blue 컴퓨터가 체스 세계 챔피언 게리 카스파로프를 이기면서 눈 녹듯 사라졌다.

한편 인공지능의 성공 이야기는 점차 일반인의 삶에도 스며들고 있다. 음성 인식을 토대로 고객을 응대하는 전화 자동안내 시스템도 보편화됐다. 비디오 게임에서 컴퓨터가 제어하는 상대는 성격과 약점을 지니고 인간다운 전략을 보여 주기 시작했다. 아마존과 넷플릭스 같은 온라인 서비스는 자동으로 추론한 개인 선호도를 토대로 상품을 추천하기 시작했고 이는 대개 놀랍도록 만족스러운 결과를 제공한다.

실제로 인공지능의 진보가 이런 업무에 대한 일반적 인식을 근본적으로 바꿨다. 1990년에 비행기 환승 여정을 계획하고 입력하는 것이 여행사 직원이 수기로 해야 하는 필수 업무였던 것을 떠올려 보자. 당시에는 훌륭한 인력을 많이 보유한 여행사가 비용이 저렴한 여행 일정을 찾아냄으로써 질 높은 서비스를 만들었다. 그러나 지금은 컴퓨터가 사람보다 이런 업무를 더 잘하게 됐다. 컴퓨터는 여행 일정을 계획하기 위해 여러 매력적인 알고리즘을 사용하며, 컴퓨터가 이를 달성하는 정확한 방법은 그 자체로 흥미로울 것이다. 그러나 이와 같은 업무 시스템이 우리의 인식 자체를 바꿔 놓았다는 사실이 훨씬 더 중요하다. 이제는 상당수의 사람이 여행 일정 계획이라는 업무는 순전히 기계적인 일이라고 인식하리라 단언할 수 있으며, 이는 20여 년 전의 인식과는 확연히 다르다.

이처럼, 직관이 좌우하는 업무에서 기계적인 업무로의 점진적 변화는 꾸준히 이어지고 있다. 인공지능과 패턴 인식은 서서히 범위를 확장하고 있으며 성능을 향상시키고 있다. 이 장에서 설명한 알고리즘(인접이웃 분류자, 의사결정나무, 신경망)을 방대한 범위의 실용적 문제에 적용할 수 있다. (이 중 소수만 언급하자면) 휴대전화 가상 키보드 철자 자동수정하기, 수많은 복잡한 검사 결과로부터 환자의 질병 진단하기, 고속도로 요금소에서 자동차 번호판을 자동 인식하기, 특정 컴퓨터 사용자에게 보여 줄 광고 결정하기 등을 들 수 있다. 그러므로 이 알고리즘은 패턴 인식 시스템의 주춧돌 중 일부다. 사람들이 이를 '진정한 지적 활동'이라고 생각하지 않을 수도 있지만, 향후에는 훨씬 더 많은 사례를 접하게 될 것이다.

7장

데이터 압축: 책 한 권을 종이 한 장에 담기

엠마는 기뻤다. 응접실에서 들려오는 엘튼 부인의 목소리에 억제되지만 않았더라면
이내 적지 않은 말을 쏟아 냈을 것이다. 그 대신 그녀는 다정한 마음과
축하의 뜻을 모두 담아 진심으로 악수를 하는 수밖에 없었다.

- 제인 오스틴, 《엠마》

우리 모두는 어떤 물건을 '압축한다'는 개념을 잘 알고 있다. 많은 옷을 작은 여행 가방에 넣으려 할 때 옷의 정상 크기로는 가방에 넘치더라도 꾹꾹 눌러 담으면 너끈히 모두 넣을 수 있다. 여러분은 옷을 압축했다가 나중에 가방에서 옷을 꺼내 압축을 풀어 (아마) 다시 원래 크기와 모양 대로 입을 수도 있다.

놀랍게도 정보로도 이와 똑같은 일을 할 수 있다. 컴퓨터 파일을 포함한 여러 종류의 데이터를 대개 저장이나 전송이 쉬운 더 작은 크기로 압축했다가 나중에 이 압축을 풀어 원래 형태로 이용할 수 있다.

대부분 컴퓨터엔 충분한 디스크 공간이 있어 사용자는 자기 파일의 압축에 신경 쓸 필요가 없다. 그래서 압축 기술은 우리와 별다른 상관이 없다고 생각하기 쉽지만 절대 그렇지 않다. 사실 압축은 컴퓨터 시스템의 보이지 않는 곳에서 꽤 자주 이용된다. 예를 들어 인터넷을 거쳐 전송되는 많은 메시지는 사용자조차 모르는 사이에 압축되고 거의 모든 소프트웨어는 압축된 형태로 다운로드된다. 이는 여러분의 다운로드와 파일 전송이 대개 압축 상태에서 그렇지 않은 상태보다 훨씬 더 빠르다는 뜻이다. 사람들이 수화기에 대고 말하는 목소리조차 압축된 채 전달된다. 목소리 데이터를 전송하기 전에 압축하면 전화 회사가 자원을 엄청나게 잘 활용할 수 있다.

더 눈에 잘 띄는 방식으로도 압축을 이용하기도 한다. 가장 보편적인 ZIP 파일 포맷은 이 장에서 설명할 기발한 압축 알고리즘을 이용한다. 그리고 디지털 영상을 압축하느냐 마느냐 사이에서 선택해야 할 때도 많을 것이다. 고화질 영상은 같은 영상의 저화질 버전보다 파일 크기가 훨씬 크기 때문이다.

무손실 압축: 최고의 공짜 점심

먼저 컴퓨터가 두 가지 유형의 압축을 이용한다는 점을 알아두자. 하나는 무손실 압축이고 다른 하나는 손실 압축이다. 무손실 압축은 정말로 거저 먹는 최고의 공짜 점심이다. 무손실 압축 알고리즘은 데이터 파일을 취해 원래 사이즈의 일부로 압축한 다음 나중에 정확히 같은 원본 파일로 압축을 푼다. 이와는 달리 손실 압축은 압축 해제 후 원본 파일에 약간 변화가 생긴다. 손실 압축은 나중에 이야기하고, 지금은 무손실 압축에만 집중하자. 무손실 압축의 예로 이 책의 본문을 담은 원본 파일이 있다고 하자. 압축과 압축 해제 후 받은 버전은 원본 파일과 정확히 같은 본문을 담고 있다. 단어, 빈칸, 구두점 등 어느 하나도 다르지 않다. 이 공짜 점심에 너무 흥분하기 전에 나는 중요한 경고 하나를 말해야겠다. 무손실 압축 알고리즘이 모든 파일에서 극적으로 공간 절약을 할 수 있는 것은 아니라는 사실이다. 그러나 좋은 압축 알고리즘은 대다수 유형의 파일에선 상당한 공간을 절약한다.

어떻게 이 공짜 점심을 손에 넣을 수 있을까? 도대체 어떻게 나중에 모든 것이 완벽히 재구성되도록 데이터나 정보를 파괴하지 않고 '진짜' 크기보다 더 작게 만들 수 있을까? 주간 일정의 예를 생각해 보자. 간단한 예로, 여러분이 주 5일, 하루 8시간씩 일하고 일정을 한 시간 단위로 나눈다고 하자. 그래서 각 5일은 8개의 칸을 가지며 일주일에 총 40개의 칸이 있다. 다시 말해서 여러분의 일정을 다른 사람에게 전하려면 40조각의 정보를 전해야 한다. 그러나 누군가가 다음 주 회의 일정을 잡으려고 여러분에게 연락한다면 여러분은 40개의 개별 정보 조각을 모두 열거해 시간이 있는지 여부를 설명하는가? 당연히 아니다! "월요일과 화요일은 꽉 찼고 목요일과 금요일엔 오후 1시에서 3시까지 선약이 있어요. 그 외 시간은 모두 가능합니다." 이렇게 말할 가능성이 가장 크다. 이것이 무손실 데이터 압축의 예다! 여러분과 대화하는 사람은 다음 주 40시간 중 가능한 시간을 정확히 재구성할 수 있으며, 여러분은 이를 명시적으로 낱낱이 열거할 필요가 없다.

여기서 일정의 큰 덩어리는 같다는 사실에 의존하기 때문에 이런 종류의 '압축'은 속임수라고 생각할 수도 있다. 구체적으로 말하자면 월요일과 화요일은 모두 일정이 잡혀 있으므로 이를 매우 빨리 설명할 수 있었고 나머지 요일은 역시 쉽게 설명할 수 있는 두 칸을 제외하곤 모두 비어 있었다. 아주 단순해 보이지만, 컴퓨터에서의 데이터 압축도 이런 방식으로 작동한다. 기본 개념은 서로 동일한 데이터의 부분을 찾아 일종의 트릭을 써서 더 효율적으로 기술하는 것이다.

데이터가 반복되는 내용을 포함하고 있을 때는 더 쉽다. 예를 들어 다음과 같은 데이터를 압축하는 좋은 방법을 생각해 볼 수 있다.

AAAAAAAAAAAAAAAAAAAAABCBCBCBCBCBCBCBCBCBCAAAAAADEFDEFDEF

이 예가 바로 이해되지 않는다면 전화로 다른 사람에게 이 데이터를 읽어준다고 생각해 보라. “A, A, A, A, … , D, E, F”라고 말하는 대신 “21개의 A 다음에 10개의 BC, 다시 A 6개, 마지막으로 DEF 3개”라고 말하리라 확신한다. 또는 종이 한 장에 이를 빨리 적고자 ‘21A, 10BC, 6A, 3DEF’라고 적을 수도 있다. 이 경우 56글자로 구성된 원본 데이터를 16글자 문자열로 압축했다. 이는 3분의 1이 안 되는 크기다. 나쁘지 않다! 컴퓨터과학자들은 이 트릭이 특정 ‘렝스length(길이)’를 가진 반복의 ‘런run’을 인코딩한다는 점에서 이를 런-렝스 인코딩run-length encoding이라 부른다.

안타깝게도 런-렝스 인코딩은 매우 특정한 유형의 데이터에만 유용하다. 실제로 이를 사용하기도 하지만 주로 다른 압축 알고리즘과 함께 쓴다. 예를 들어 팩스 기계는 나중에 접할 허프만 코딩Huffman coding과 런-렝스 인코딩을 결합해 이용한다. 런-렝스 인코딩의 주요 문제점은 데이터에 있는 반복이 인접해 있어야 한다는 점이다. 다시 말해 반복 부분 사이에 다른 데이터가 있어서는 안 된다. ABABAB를 런-렝스 인코딩을 이용해 (3AB로) 압축하기는 쉽지만 ABXABYAB를 같은 트릭으로 압축하기란 불가능하다.

팩스 기계가 런-렝스 인코딩을 이용할 수 있는 이유는 이렇다. 팩스는 검은색이나 흰색의 수많은 점으로 변환된 흑백 문서다. 여러분은 점을 순서대로 (왼쪽 위에서 오른쪽 아래로) 읽을 때 흰 점의 긴 런(배경)과 검은 점의 짧은 런(글)을 보게 된다. 이것이 런-렝스 인코딩을 효율적으로 사용할 수 있는 이유다. 그러나 앞서 언급했듯 제한된 특정 유형의 데이터만 이런 속성을 가진다.

그래서 컴퓨터과학자들은 이와 같은 기본적인 발상(반복을 찾아 이를 효율적으로 기술하는 아이디어)을 이용하지만 반복이 인접하지 않아도 잘 작동하는 더 정교한 트릭을 고안했다. 여기서 '전과 같음 트릭same-as-earlier trick'과 '더 짧은 심벌 트릭shorter-symbol trick' 두 가지만 다루겠다. 개인용 컴퓨터에서 가장 흔한 압축 파일 포맷인 ZIP 파일을 제작할 때 이 두 트릭만 이용하면 된다. 그러므로 이 두 트릭 이면의 기본 아이디어를 파악하면 컴퓨터가 압축을 이용하는 방식을 이해할 수 있다.

전과 같음 트릭

다음 데이터를 전화로 다른 사람에게 전하는 따분한 일을 한다고 하자.

VJGDNQMYLH-KW-VJGDNQMYLH-ADXSGF-O-
VJGDNQMYLH-ADXSGF-VJGDNQMYLH-EW-ADXSGF

전달해야 할 63개의 글자가 있다(대시는 데이터를 읽기 편하게 하려고 삽입했기 때문에 무시한다). 한 번에 하나씩 63개의 글자를 모두 읽는 것보다 더 나은 방법이 있을까? 이 데이터에 꽤 많은 반복이 있다는 사실을 인식하는 것이 첫 단계인 듯하다. 실제로 대시로 나눈 청크의 대부분은 최소한 한 번 이상 반복된다. 그러므로 이 데이터를 읽을 때 "이 부분은 내가 앞서 말한 글자와 같다."고 말하면 많은 노력을 줄일 수 있다. 조금 더 정확히 말해 반복 부분이 몇 자이고 몇 자 전에 나왔는지 말해야 한다. 예를 들면 "27자 돌아간 지점부터 8글자를 복사하라."라고 말하는 것과 같다.

이 전략의 실제 작동 원리를 보자. 첫 12글자에는 반복이 없으므로 이를 "V, J, G, D, N, Q, M, Y, L, H, K, W"라고 한 글자씩 읽어주는 수밖에 없다. 그러나 다음 10자는 앞선 부분의 일부와 같다. 그러므로 "12자 돌아가서 10글자를 복사하라."라고 말할 수 있다. 다음 7자는 새로우므로 "A, D, X, S, G, F, O"라고 한 글자씩 읽어야 한다. 그러나 그 다음 16글자는 통째로 반복인 부분이므로 "17자 돌아가서 16글자를 복사하라."라고 말할 수 있다. 다음 10글자도 앞서 나온 부분의 반복이므로 "16자 돌아가서 10글자를 복사하라."라고 하면 된다. 다음 두 글자는 반복되지 않으므로 "E, W"라고 말해야 한다. 마지막 6글자는 앞서 나온 부분의 반복이므로 "18자 돌아가서 6글자를 복사하라."라고 전달할 수 있다.

우리 압축 알고리즘을 요약해 보자. '돌아가라[back].'는 말은 b로, '복사하라[copy].'라는 말은 c로 축약하겠다. 그러므로 "18자 돌아가서 6글자 복사하라." 같은 '돌아가서 복사하라'는 지시는 b18c6로 축약한다. 그러면 위 받아쓰기 지시를 이렇게 요약할 수 있다.

VJGDNQMYLH-KW-b12c10-ADXSGF-O-b17c16-b16c10-EW-b18c6

이 문자열엔 44자만 있다. 원본엔 63자가 있었으므로 19자, 즉 원래 길이의 거의 3분의 1을 절약했다.

'전과 같음 트릭'엔 흥미로운 요령이 하나 더 있다. 여러분이라면 FG-FG-FG-FG-FG-FG-FG-FG란 메시지를 같은 트릭을 이용해 어떻게 압축할까?(이번에도 대시는 메시지의 일부가 아니고 가독성 때문에 추가했다.) 이 메시지에선 FG가 8번 반복된다. 그러므로 첫 네 글자를 개별적으로 받아 쓰고 FG-FG-FG-FG-b8c8이라고 '돌아가서 복사하기' 지시를 이용할 수 있다. 이렇게 해도 글자수를 꽤 줄일 수 있지만 더 좋은 방법이 있다. 이는 첫 눈엔 터무니없이 보일 수도 있는 '돌아가서 복사하기' 지시를 요한다. 이는 "2자 돌아가서 14글자 복사하라." 또는 우리의 축약 표기법에선 b2c14이다. 압축 메시지는 FG-b2c14이다. 복사할 글자가 두 자뿐일 때 14글자를 복사하는 일이 어떻게 가능할까? 압축된 메시지가 아닌 다시 생성된 메시지로부터 복사한다면 아무 문제도 발생하지 않는다. 이를 단계별로 해보자. 첫 두 글자를 받아 쓰면 FG가 있다. 그리고 b2c14이란 지시가 오면 두 자 돌아가서 복사를 시작한다. 두 자(FG)만 복사할 수 있으므로 이를 복사하자. 우리가 이미 가진 글자에 이를 추가하면 FG-FG가 된다. 이제 두 글자를 더 복사할 수 있게 됐다! 그러므로 이것도 복사해서 기존의 다시 생성된 메시지 다음에 추가하면 FG-FG-FG가 생긴다. 이번에도 두 글자가 더 생겼으므로 두 글자를 더 복사할 수 있다. 그리고 이는 요구 글자수(이 경우 14글자)를 다 복사할 때까지 이어진다. 여러분이 이를 이해했는지 확인하고 싶은가? 그렇다면 Ab1c250이란 압축 메시지의 압축되지 않은 버전이 무엇인지 맞춰보라.*

더 짧은 심벌 트릭

'더 짧은 심벌 트릭'이라고 부를 압축 트릭을 이해하려면 컴퓨터가 메시지를 저장하는 방법을 좀더 깊이 알아야 한다. 컴퓨터는 a, b, c 같은 글자를 저장하지 않는다. 모든 정보는 숫자로 저장된 다음 고정 테이블에 따라 글자로 해석된다(이 글자와 숫자 사이 변환 기법을 5장 체크섬에 관한 논의에서 언급했다). 예를 들어 우리는 27이 'a'를 의미하고 28은 'b'이며 29는 'c'라고 합의할 수도 있다. 그럼 'abc'라는 문자열은 컴퓨터에

* 해답: 251번 반복된 A

'272829'라 저장되지만 화면에 이를 띄우거나 종이에 출력하기 전에 쉽게 'abc'로 다시 번역될 수 있다.

표 7-1은 컴퓨터가 저장할 수도 있는 100가지 심벌의 완전한 리스트를 2자리 코드와 함께 제시한다. 이 2자리 코드 집합을 실제 컴퓨터 시스템에선 쓰지 않지만 실제로 쓰는 것과 유사하다. 주요 차이점은 컴퓨터는 사람이 쓰는 십진법 대신 (이미 알고 있듯) 이진법을 쓴다. 그러나 이런 세부 사항은 우리에게 중요치 않다. 더 짧은 심벌 압축 트릭은 십진법와 이진법에 모두 작동하므로 쉽게 설명하기 위해 컴퓨터가 십진법을 쓴다고 가정하겠다.

빈칸	00	T	20	n	40	(	60	á	80
A	01	U	21	o	41	)	61	à	81
B	02	V	22	p	42	*	62	é	82
C	03	W	23	q	43	+	63	è	83
D	04	X	24	r	44	,	64	í	84
E	05	Y	25	s	45	-	65	ì	85
F	06	Z	26	t	46	.	66	ó	86
G	07	a	27	u	47	/	67	ò	87
H	08	b	28	v	48	:	68	ú	88
I	09	c	29	w	49	;	69	ù	89
J	10	d	30	x	50	<	70	Á	90
K	11	e	31	y	51	=	71	À	91
L	12	f	32	z	52	>	72	É	92
M	13	g	33	!	53	?	73	È	93
N	14	h	34	"	54	{	74	Í	94
O	15	i	35	#	55	|	75	Ì	95
P	16	j	36	$	56	}	76	Ó	96
Q	17	k	37	%	57	-	77	Ò	97
R	18	l	38	&	58	Ø	78	Ú	98
S	19	m	39	'	59	ø	79	Ù	99

표 7-1 컴퓨터가 심벌을 저장하는 데 이용할 수 있는 숫자 코드

표 7-1을 자세히 보자. 표에서 첫 항목은 단어 사이의 빈칸에 대한 숫자 코드인 '00'을 제공한다. 그 다음에 대문자 A('01')부터 Z('26')가 있고 소문자 a('27')부터 z('52')가 있다. 다양한 구두 기호가 그 다음에 나오고 마지막 열엔 á('80')부터 Ù('99')까지 영어가 아닌 단어에 쓰는 글자가 나온다.

그럼 컴퓨터는 어떻게 이 2자리 코드를 이용해 'Meet your fiancé there.약혼녀를 거기서 만나라'라는 문장을 저장할까? 간단하다. 각 글자를 이에 해당하는 숫자 코드로 바꾼 다음 열거하면 된다.

M	e	e	t		y	o	u	r		f	i	a	n	c	é		t	h	e	r	e	.
13	31	31	46	00	51	41	47	44	00	32	35	27	40	29	82	00	46	34	31	44	31	66

컴퓨터 내부에선 숫자 사이 띄어쓰기가 없다는 점을 인식해야 한다. 그래서 이 메시지는 실제로 '1331314600514147440032352740298200463431443166'이라는 46자리 숫자의 연속 문자열로 저장된다. 물론 이는 사람이 해석하기에 조금 더 어렵지만, 이 숫자를 화면에 보여줄 글자로 번역하기 전에 쌍으로 쉽게 분리할 수 있는 컴퓨터에겐 아무런 문제가 없다. 핵심은 숫자 코드를 분리하는 방법에 전혀 애매함이 없다는 점이다. 이는 각 코드가 정확히 2자리 숫자를 쓰기 때문이다. 사실 이는 A가 '1'이 아닌 '01'로 나타나는 정확한 이유다. 같은 이유에서 B는 '2'가 아닌 '02'로 나타나고, 이것은 I를 '9'가 아닌 '09'가 대표할 때까지 지속된다. A='1', B='2'라고 하면 메시지를 명확히 해석하기란 불가능하다. 예를 들어 '1123'이라는 메시지는 (AAW로 번역되는) '1 1 23'으로 쪼갤 수도 있고 '11 2 3'(KBC)이나 '1 1 2 3'(AABC)으로도 나눌 수 있다. 그러므로 서로 분리되지 않은 채 숫자 코드가 저장된 경우에

도 숫자 코드와 글자 코드의 해석이 중의적이어서는 안 된다는 중요한 개념을 기억하라. 이 문제는 곧 우리를 다시 괴롭힐 것이다.

잠깐 '더 짧은 심벌 트릭'으로 돌아가자. 이 책에서 설명하는 많은 알고리즘과 마찬가지로 더 짧은 심벌 트릭도 사람들이 무의식적으로 늘 하는 일이다. 예를 들어, 많이 쓰이는 문구의 경우 축약어로 나타내는 편이 좋다. 누구나 'USA'가 'United States of America'의 줄임말이라는 사실을 알고 있다. 여기서 24자 구문 대신 이를 상징하는 3글자 코드인 'USA'를 입력하거나 말함으로써 많은 노력을 줄인다. 그러나 모든 24자 구문에 3글자 코드를 쓰진 않는다. 역시 24자인 'The sky is blue in color하늘은 파랗다.'라는 구문의 축약어를 아는가? 당연히 모른다! 왜? 'United States of America'와 'The sky is blue in color.'의 차이점은 무엇일까? 핵심적인 차이는 이 중 하나를 나머지 하나보다 훨씬 자주 쓴다는 점이고, 거의 쓰지 않는 구문보다는 자주 쓰는 구문을 줄이면 훨씬 많은 노력을 줄일 수 있다.

이 아이디어를 앞서 살펴본 코딩 시스템에 적용해 보자. 자주 쓰는 구문 또는 글자의 축약어를 쓰면 가장 많은 노력을 줄일 수 있다는 사실을 이미 알고 있다. 'e'와 't'는 영어에서 가장 많이 쓰는 글자다. 따라서 이 두 글자에 더 짧은 코드를 쓰자. 현재 'e'는 31이고 't'는 46이다. 그러므로 이 글자들을 대표하는 데 두 자리 숫자가 필요하다. 이를 한 자리 숫자로 줄이면 어떨까? 'e'는 8이, 't'는 9가 대표한다고 하자. 이는 좋은 생각이다! 'Meet your fiancé there.'라는 구문을 인코딩했던 방법을 기억해 보자. 앞에선 46자리 숫자 전체를 이용했지만 이제는 40자리 숫자만 쓰면 된다.

```
M  e  e  t     y  o  u  r     f  i  a  n  c  é     t  h  e  r  e  .
13 8  8  9  00 51 41 47 44 00 32 35 27 40 29 82 00 9  34 8  44 8  66
```

불행히도 이 계획엔 치명적인 결점이 있다. 컴퓨터는 개별 글자 사이의 빈칸을 저장하지 않는다는 점을 기억하라. 그래서 인코딩은 '138 8 9 00 51 …… 44 8 66'처럼 보이지 않는다. 대신 이는 '138890051 …… 44866'처럼 보인다. 문제를 알겠는가? 첫 다섯 숫자인 13889에만 집중해보자. 13은 'M', 8은 'e', 9는 't'를 대표한다는 점을 알아두라. 그러므로 13889란 숫자를 디코딩하는 방법 하나는 이를 13-8-8-9로 찢어 'Meet'이란 단어를 만드는 것이다. 그러나 88은 'ú'를 의미하므로 13889는 13-88-9로도 찢을 수 있으며 이는 'Múť'가 된다. 사실 상황은 더 나쁘다. 왜냐하면 89는 이와 약간 다른 'ù'를 의미하므로 13889는 'Meù'를 뜻하는 13-8-89가 될 수도 있기 때문이다. 이 세 가지 해석 중 정답을 찾아내는 방법은 전혀 없다.

이런! 이 코딩 시스템은 'e'와 't'에 더 짧은 코드를 쓰려는 교활한 계획이 전혀 작동하지 않는다. 다행히도 또 다른 트릭으로 이를 고칠 수 있다. 진짜 문제는 숫자 8 또는 9를 볼 때마다 이것이 ('e'나 't'를 상징하는) 한 자리 코드인지 ('á'와 'é' 같은 강조 기호가 있는 글자를 상징하는) 8이나 9로 시작하는 두 자리 코드의 일부인지 구별할 방법이 없다는 점이다. 이 문제를 풀려면 희생을 해야 한다. 코드 일부는 실제로 더 길어진다. 애매한 8이나 9로 시작하는 두 자리 숫자 코드는 8이나 9로 시작하지 않는 세 자리 코드가 된다. 그림 7-2의 표는 이를 달성하는 한 방법을 보여 준다. 구두 기호 일부도 영향을 받지만 결국 우리의 상황은 매우 좋아진다. 7로 시작하는 모든 코드는 세 자리 코드고, 8이나 9로 시작하는 모든 코드는 한 자리 코드이며 0, 1, 2, 3, 4, 5, 6 중 하나로 시작하는 모든 코드는 전과 같이 두 자리 숫자다. 그러므로 이제 13889를 찢는 방법은 하나밖에 없다('Meet'을 대표하는 13-8-8-9). 그리고 이는 정확하게 코딩된 연속 숫자에서 늘 참이다. 모든 모호함을 제거했고 원래 메시지를 이렇게 인코딩할 수 있다.

```
M e e t   y o u r   f i a n c é   t h e r e .
138 8 9 00 51 41 47 44 00 32 35 27 40 29 782 00 9 348 448 66
```

원래 인코딩은 46자리를 이용했지만 이는 41자리만 이용한다. 이는 작은 절약처럼 보일 수 있지만 아주 긴 메시지에선 매우 유의미한 절약이 될 수 있다. 예를 들어 이 책의 본문(그림을 제외한 글자)은 거의 500KB의 저장공간을 필요로 한다. 이는 50만 글자다! 그러나 방금 설명한 두 트릭을 이용해 압축하면 파일의 크기가 160KB 또는 원본 파일의 3분의 1로 줄어든다.

요약: 공짜 점심은 어디서 올까?

여기서 컴퓨터의 전형적인 ZIP 압축 파일 제작 배후에 있는 모든 중요한 개념을 이해하겠다. 압축 방식은 이렇다.

단계 1. 압축되지 않은 원본 파일을 '전과 같음 트릭'을 이용해 변형해서 파일에 있는 반복 데이터 대부분을 돌아가서 데이터를 복사하라는 훨씬 짧은 지시로 교체한다.

단계 2. 변형된 파일에서 어떤 심벌이 자주 등장하는지 검토한다. 예를 들어 원본 파일이 영어라면 컴퓨터는 'e'와 't'가 가장 흔한 심벌임을 발견하게 될 것이다. 그러면 컴퓨터는 표 7-2처럼 자주 쓰는 심벌엔 짧은 숫자 코드를, 거의 쓰지 않는 심벌엔 긴 숫자 코드를 부여한 표를 구축한다.

단계 3. 단계 2의 숫자 코드를 직접 번역해 다시 파일을 변형한다.

빈칸 00	T 20	n 40	(60	**á 780**
A 01	U 21	o 41	) 61	**à 781**
B 02	V 22	p 42	* 62	**é 782**
C 03	W 23	q 43	+ 63	**è 783**
D 04	X 24	r 44	, 64	**í 784**
E 05	Y 25	s 45	- 65	**ì 785**
F 06	Z 26	**t 9**	. 66	**ó 786**
G 07	a 27	u 47	/ 67	**ò 787**
H 08	b 28	v 48	: 68	**ú 788**
I 09	c 29	w 49	; 69	**ù 789**
J 10	d 30	x 50	**< 770**	**Á 790**
K 11	**e 8**	y 51	**= 771**	**À 791**
L 12	f 32	z 52	**> 772**	**É 792**
M 13	g 33	! 53	**? 773**	**È 793**
N 14	h 34	" 54	**{ 774**	**Í 794**
O 15	i 35	# 55	**| 775**	**Ì 795**
P 16	j 36	$ 56	**} 776**	**Ó 796**
Q 17	k 37	% 57	**– 777**	**Ò 797**
R 18	l 38	& 58	**Ø 778**	**Ú 798**
S 19	m 39	' 59	**ø 779**	**Ù 799**

표 7-2 더 짧은 심벌 트릭을 이용한 숫자 코드. 앞선 표에서 달라진 부분은 굵은 글씨로 표시했다. 가장 흔한 두 글자에 대한 코드를 줄였고 대신 잘 쓰지 않는 심벌에 대한 코드의 길이를 늘렸다. 이로써 대부분 메시지의 총 길이는 더 짧아질 수 있다.

2단계에서 계산된 숫자 코드 테이블도 ZIP 파일에 저장된다. 그렇지 않으면 나중에 ZIP 파일을 풀 수 없다. 압축되지 않은 파일이 다르면 숫자 코드 테이블도 달라진다는 점을 주의하라. 사실 실제 ZIP 파일의 숫자 코드 테이블은 각각 다르다. 이 모든 과정은 효율적이고 자동적으로 이뤄지고 많은 유형의 파일에서 훌륭한 압축을 달성한다.

손실 압축: 공짜 점심은 아니지만 매우 좋은 거래

지금까지 압축 파일을 한 글자나 단 하나의 구두점 변화도 없이 원본과 똑같은 파일을 정확히 재구성할 수 있는 무손실 압축의 유형에 관해 이야기했다. 그러나 압축 파일을 원본과 매우 유사하지만 똑같지는 않은 파일로 재구성할 수 있게 하는 손실 압축을 이용하는 편이 훨씬 유용할 때도 있다. 예를 들어 손실 압축은 이미지나 오디오 데이터를 담은 파일에 흔히 쓴다. 사람이 눈으로 보기에 똑같아 보이는 이미지라면 컴퓨터에 저장하는 파일이 카메라에 저장한 파일과 똑같을 필요는 없다. 오디오 데이터도 마찬가지다. 사람 귀에 똑같이 들리기만 하면 디지털 뮤직 플레이어에 저장한 노래 파일과 CD에 저장한 노래 파일이 정확히 같을 필요는 없다.

사실 때론 손실 압축을 훨씬 극단적인 방식으로 쓴다. 화질이 선명하지 않은 이미지나 음질이 상당히 나쁜 저품질의 영상을 인터넷에서 본 적이 있을 것이다. 이는 영상이나 이미지 파일 크기를 매우 작게 만들기 위해 더 공격적인 방식으로 손실 압축을 이용한 결과다. 여기서는 영상이 원본과 똑같아 보이는 것이 목적이 아니기 때문에 알아볼 수 있을 정도면 된다. 웹사이트 운영자는 압축의 '손실'량을 조절함으로써, 거의 완벽히 보이고 들리는 큰 고품질 파일과, 분명히 결점이 있지만 훨씬 작은 전송 대역폭을 요하는 저품질 파일 사이에서 균형을 찾을 수 있다. 여러분도 디지털 카메라로 이미지와 영상의 질을 다르게 설정하는 일을 해 봤을 것이다. 고품질 설정을 선택하면 카메라에 저장할 수 있는 사진이나 영상의 수는 저품질 설정을 선택할 때보다 줄어든다. 이는 고품질 미디어 파일이 저품질 파일보다 공간을 더 많이 차지하기 때문이다. 그리고 이것은 압축 손실량을 조절함으로써 가능하다. 이 절에서 조율 트릭 중 몇 가지를 알아 보겠다.

생략 트릭

간단하고 유용한 손실 압축 트릭은 단순히 데이터 일부를 생략하여 이뤄진다. 이 '생략' 트릭이 흑백 사진에서 어떻게 작동하는지 보자. 우선 흑백 사진이 컴퓨터에 저장되는 방식을 약간 이해해둬야 한다. 사진은 '픽셀'이라고 부르는 수많은 작은 점으로 구성된다. 각 픽셀은 정확히 한 색을 가지며 이는 검은색이나 흰색, 회색 음영일 수 있다. 물론 픽셀은 너무 작아서 일반적으로 사람의 눈이 인식하지 못한다. 그러나 모니터나 TV 화면을 자세히 들여다보면 각각의 픽셀을 볼 수 있다.

컴퓨터에 저장된 흑백 사진에서 각 픽셀 컬러는 숫자로 대표된다. 예를 들어 숫자가 크면 흰색에 가깝다. 100이 가장 흰색이라고 한다면, 0은 검은색을 대표하고, 50은 중간 회색 음영을, 90은 밝은 회색을 대표한다. 픽셀은 열과 행으로 구성된 사각형 안에 배열되며 각 픽셀은 사진의 매우 작은 부분의 색을 대표한다. 열과 행의 총 수는 이미지의 '해상도'를 나타낸다. 예를 들어 대다수 HDTV의 해상도는 1920×1080인데, 이는 1920열과 1080행의 픽셀이 있다는 뜻이다. 픽셀의 총 수는 1920에 1080을 곱해 알 수 있다. 곱하면 200만 픽셀이 넘는다! 디지털 카메라는 '메가픽셀'이라는 동일한 용어를 쓴다. 메가픽셀은 100만 픽셀을 전문적으로 부르는 이름이다. 그러므로 5메가픽셀 카메라는 행과 열을 곱하면 500만 개가 넘는 픽셀을 가진다. 컴퓨터에 저장되는 사진은 일련의 각 픽셀에 대한 숫자일 뿐이다.

그림 7-1 생략 트릭을 이용한 압축. 왼쪽 열에 있는 그림은 원본 이미지와 이로부터 줄인 두 개의 작은 이미지를 보여 준다. 이전 사진에 있는 열과 행의 절반을 생략해 압축 이미지를 연산한다. 오른쪽 열에 있는 그림은 압축 이미지를 원본과 같은 크기로 압축 해제했을 때의 효과다. 재구성은 완벽하지 않고 재구성한 사진과 원본 사진 사이에 확연한 차이가 있다.

그림 7-1 왼쪽 위의 집 사진의 해상도는 HDTV보다 훨씬 낮은 320×240에 불과하다. 그럼에도 픽셀 수(320×240 = 76,800)는 여전히 꽤 크

며, 이를 압축하지 않고 저장한 파일은 230KB 이상의 저장공간을 차지한다. 어쨌든 1KB는 약 1,000자에 맞먹는 크기로, 대강 이메일 한 단락 정도 분량이다. 그렇다면 이 사진은 파일로 저장될 때 약 200개의 짧은 이메일 메시지와 거의 같은 디스크 공간이 필요하다.

이 파일을 아주 단순한 기법으로 압축할 수 있다. 이는 짝수 번째 열과 행을 무시하거나 '생략하는' 방법이다. 생략 트릭은 정말로 간단하다! 이 예에서 생략 트릭을 쓰면 160×120이란 더 작은 해상도의 사진을 만들어내며 이는 원본 사진 아래에서 볼 수 있다. 이 파일의 크기는 원본 파일의 4분의 1에 불과하다(약 57KB). 이는 폭과 높이가 모두 반으로 줄어 전체 픽셀의 수가 4분의 1로 줄었기 때문이다. 실제로 이미지의 크기는 50%씩 (수직으로 한 번, 수평으로 한 번) 두 번 줄었고 이는 원본의 25%에 불과한 크기가 되었다.

이 트릭을 또 쓸 수 있다. 새로 만든 160×120 이미지에서 짝수 번째 열과 행을 생략하면 또 하나의 새로운 이미지를 얻을 수 있고 이는 80×60의 크기다. 결과 사진은 그림의 왼쪽 아래에서 볼 수 있다. 이미지 크기는 다시 75%가 줄었고 최종 파일의 크기는 14KB에 불과하다. 이는 원본의 약 6%에 불과한 크기이고 매우 인상적인 압축이라 할 수 있다.

그러나 손실 압축을 쓰는 중이므로 공짜 점심은 없다는 점을 기억하라. 점심 값은 싸지만 감수해야 할 점이 있다. 압축 파일의 하나를 원본 크기로 압축 해제했을 때 무슨 일이 일어나는지 보자. 픽셀의 열과 행 중 일부가 삭제됐기에 컴퓨터는 이 사라진 픽셀의 색을 추측해야 한다. 가장 단순한 추측은 근처 픽셀 중 아무 픽셀과 같은 색을 부여하는 방법이다. 주변에 있는 아무 픽셀이나 골라도 꽤 좋은 효과를 내지만 이 예에선 사라진 픽셀의 왼쪽 위 픽셀을 선택했다.

이 압축 해제 체계의 결과는 그림 7-1의 오른쪽 열에서 볼 수 있다. 시각적 특징 대부분이 유지됐지만 품질과 세부 묘사에서 명확한 손실이 있음을 볼 수 있다. 이런 손실은 특히 나무, 탑 꼭대기, 첨탑 끝에 새겨진 부조 같은 복잡한 영역에서 더 잘 드러난다. 특히 80×60 이미지의 압축 해제 버전에서 예컨대 지붕의 대각선 모서리가 꽤 불쾌하게 삐죽삐죽한 것을 볼 수 있다. 이를 '압축 가공물compression artifact'이라고 부른다. 이는 단지 세부 항목의 손실이 아니라 압축 해제 후 특정 손실 압축 방법으로 인한 눈에 띄는 새로운 특징을 말한다.

생략 트릭은 손실 압축의 기본 아이디어를 이해하는 데 유용하지만 실제로는 여기서 설명한 방식처럼 간단하게 이용하진 않는다. 컴퓨터는 실제로 정보를 '생략해' 손실 압축을 하지만, 생략할 정보를 훨씬 주의 깊게 선택한다. 이 기법의 흔한 예로는 JPEG 이미지 압축 포맷을 들 수 있다. JPEG는 세심하게 고안한 이미지 압축 기법으로 짝수 번째 열과 행을 생략하는 방법보다 훨씬 나은 성과를 보여 준다. 그림 7-2를 보고 이전 그림에 있던 이미지의 품질 및 크기와 비교해 보라. 이 그림의 맨 위에서 우리는 35KB 크기의 JPEG 이미지를 볼 수 있지만 원본 이미지와 구별이 거의 불가능하다. 계속 JPEG 포맷으로 더 많은 정보를 생략하면 중앙에 있는 19KB 이미지를 얻을 수 있다. 흐려진 부분과 집의 첨탑에서 세부 사항의 손실을 볼 수 있지만 여전히 훌륭한 품질을 유지하고 있다. 그러나 JPEG 포맷에서도 압축이 과하면 압축 가공물 문제가 발생한다. 맨 아래에 있는 그림에서 12KB로 압축한 JPEG 이미지를 볼 수 있고 하늘에 네모진 모양이 있는 점과 집의 대각선 옆 하늘에서 얼룩을 확인할 수 있다.

JPEG (35KB)

JPEG (19KB)

JPEG (12KB)

그림 7-2 손실 압축을 쓰면 압축율이 높을수록 품질이 낮아진다. 동일한 이미지를 세 가지 JPEG 품질 수준에서 압축했다. 맨 위 이미지가 품질이 가장 높고, 가장 많은 저장공간을 요한다. 맨 아래 이미지는 품질이 가장 낮으며, 맨 위 이미지의 절반도 안 되는 저장공간을 요한다. 그러나 이 이미지에선 (특히 하늘과 지붕의 경계선에서) 눈에 띄는 압축 가공물을 볼 수 있다.

JPEG 생략 기법의 세부 내용은 지나치게 전문적이라 여기서 완전히 설명할 수 없지만 이 기법의 기본 발상은 상당히 간단하다. JPEG는 우선 전체 이미지를 8×8픽셀 크기의 작은 정사각형으로 나눈다. 각 정사각형을 개별적으로 압축한다. 압축하지 않으면 각 사각형을 8×8 = 64개의 수가 대표한다는 점을 주목하라(우리는 흑백 사진이라고 가정한다. 컬러 이미지일 경우 세 가지 서로 다른 색이 있고 따라서 수는 세 배가 된다. 그렇기 때문에 여기서 이런 세부 내용을 신경 쓰지 않겠다). 우연히 정사각형 안에 있는 색이 모두 같다면 단 하나의 수가 이 사각형 전체를 대표할 수 있고 컴퓨터는 63개의 수를 '생략할' 수 있다. (예컨대 거의 같은 회색 음영인 하늘 지역처럼) 정사각형이 약간의 차이만 있고 거의 동일한 색이라면 컴퓨터는 하나의 숫자로 대체할 수 있고, 압축을 해제했을 때 매우 작은 오류만이 드러나는 괜찮은 압축 결과를 낳는다. 앞 그림의 맨 아래 이미지에서 정확히 이 방식으로 압축해 같은 색의 작은 정사각형 블록을 만든 8×8 블록을 하늘에서 볼 수 있다.

8×8 정사각형이 한 색에서 다른 색으로(예컨대 왼쪽의 어두운 회색에서 오른쪽의 밝은 회색으로) 점차 변한다면 64개의 수를 두 수로 압축할 수 있다. 하나는 어두운 회색을 대표하는 값이고 다른 하나는 밝은 회색을 대표하는 값이다. JPEG 알고리즘이 정확히 이렇게 작동하진 않지만 유사한 아이디어를 기반으로 한다. 8×8 정사각형이 단색이나 그라디언트처럼 이미 알려진 패턴의 조합에 충분히 가깝다면 정보 대부분을 버릴 수 있고 각 패턴의 수준이나 양만 저장하면 된다.

그림은 JPEG 등으로 잘 압축할 수 있지만, 소리나 음악 파일은 어떨까? 이 역시 손실 압축을 이용해 압축하고, 최종 산물에 거의 영향을 주지 않는 정보를 생략하는 유사한 기본 철학을 토대로 한다. MP3와 AAC 같은 흔한 음악 압축 포맷은 일반적으로 JPEG 같은 고도의 접근을 이용한다. JPEG와 마찬가지로 예측 가능한 방식으로 변하는 청크는 몇 개의 수만으로 기술할 수 있다. 그러나 오디오 압축 포맷은 인간 귀에 관한 사실도 이용할 수 있다. 특히 특정 유형의 소리는 인간에게 거의 또는 전혀 영향을 주지 않고, 압축 알고리즘으로 산출물의 품질을 떨어뜨리지 않으면서도 이를 제거할 수 있다.

압축 알고리즘의 기원

이 장에서 설명한 (ZIP 파일에서 이용하는 주 압축 방법의 하나인) '전과 같음 트릭'은 컴퓨터과학자들에게 LZ77 알고리즘으로 알려져 있다. 이는 이스라엘 컴퓨터과학자 아브라함 렘펠과 제이콥 지프가 고안해 1977년에 발표했다.

그러나 압축 알고리즘의 기원을 추적하려면 이보다 30년 전의 과학사로 더 들어가야 한다. 우리는 1948년 논문으로 정보이론 분야를 창립한 벨 전화 연구소 과학자 클로드 섀넌을 이미 만났다. 섀넌은 오류 정정 코드(5장)에 관한 우리 이야기의 주인공 중 하나였지만 그와 그의 1948년 논문은 압축 알고리즘의 출현에서도 중요한 역할을 했다.

이는 우연이 아니다. 사실 오류 정정 코드와 압축 알고리즘은 동전의 양면과 같다. 이는 모두 5장에서 꽤 많이 다룬 리던던시redundancy라는 개념으로 압축된다. 파일이 리던던시를 가지면 이는 필요 이상으로 길어진다. 5장에서 다룬 예를 그대로 반복하자면 이 파일은 숫자 '5' 대신 'five'라는 단어를 쓸 수도 있다. 이런 식으로 'fivq' 같은 오류를 쉽게 인식해 정정할 수 있다. 그러므로 오류 정정 코드를 메시지나 파일에 리던던시를 더하는 원칙에 입각한 방식으로 볼 수 있다.

압축 알고리즘은 정반대의 작업을 한다. 이는 메시지나 파일에서 리던던시를 제거한다. 오류 정정 인코딩 과정과는 정반대로 파일에서

'five'란 단어가 자주 사용되고 있음을 알아채고 이를 ('5'란 심벌보다도 더 짧을 수도 있는) 더 짧은 심벌로 교체하는 압축 알고리즘을 상상하면 된다. 실제로 압축과 오류 정정이 이렇게 서로 상쇄하지는 않는다. 대신 좋은 압축 알고리즘은 비효율적 유형의 리던던시를 제거하고 오류 정정 인코딩은 이와 다른 더 효율적 유형의 리던던시를 더한다. 그러므로 메시지를 먼저 압축한 뒤 오류 정정 코드를 더하는 일이 일반적이다.

섀넌으로 돌아가 보자. 다수의 탁월한 기여를 한 그의 기념비적인 1948년 논문은 최초의 압축 기법 중 하나를 설명한다. MIT 교수인 로버트 파노도 비슷한 시기에 이 기법을 발견했기에 이는 섀넌-파노 코딩으로 알려져 있다. 사실 섀넌-파노 코딩은 '더 짧은 심벌 트릭'을 실행하는 특수한 방법의 하나다. 곧 보겠지만, 또 다른 알고리즘이 곧 섀넌-파노 코딩을 대체했음에도 이 방법은 매우 효과적이어서 ZIP 파일 포맷에서 선택적 압축 방법의 하나로 지금까지 남아 있다.

섀넌과 파노는 모두 이들의 접근이 실용적이고 효율적이지만 최선책은 아니라는 점을 인식하고 있었다. 섀넌은 이보다 훨씬 나은 압축 기법이 틀림없이 존재한다는 사실을 수학적으로 증명했지만 이를 달성하는 방법을 발견하지 못했다. 반면 파노는 MIT에서 정보이론 대학원 강의를 시작했고 학기말 논문 주제 중 하나로 '최적의 압축을 달성하는 법'이라는 문제를 제기했다. 놀랍게도 그의 학생 중 하나가 이 문제를 풀었고 개별 심벌에 대한 최적의 압축을 산출하는 방법을 만들었다. 이 학생이 (허프만 코딩으로 알려진) 데이비드 허프만이고 그의 기법은 더 짧은 심벌 트릭의 또 다른 예다. 허프만 코딩은 본질적인 압축 알고리즘으로, 통신과 데이터 저장 시스템에서 널리 쓰인다.

8장

데이터베이스: 일관성을 향한 여정

"자료! 자료! 자료!" 그는 성급하게 소리쳤다.
"난 진흙 없이 벽돌을 만들 수 없네."
- 아서 코난 도일의 《너도밤나무집》에서 셜록 홈즈

일종의 비밀스런 의식을 치른다고 생각해 보자. 한 사람이 책상에서 (수표책이라 알려진) 특수 출력한 종이 묶음을 가져와 이에 숫자를 쓰고 화려하게 서명을 한다. 그 다음에 이 사람은 묶음에서 가장 위에 있는 종이 한 장을 찢어 봉투에 넣고 (우표로 알려진) 또 다른 종이를 봉투 앞에 붙인다. 마지막으로 이 사람은 봉투를 들고 나가 봉투를 보관하는 큰 상자에 넣는다.

21세기가 도래하기 전까지만 해도 이런 의식은 전화 요금, 전기 요금, 신용카드 요금 등 각종 고지서 금액을 내는 누구나가 매달 했던 일이었다. 21세기에 들어서면서 온라인 청구서 지불 시스템과 온라인 뱅킹이 진화했고, 이 시스템은 매우 단순하고 편리해서, 과거 종이 기반 시스템을 터무니없이 힘들고 비효율적인 방법으로 전락시켰다.

어떤 기술이 이런 변화를 가능케 했을까? 가장 분명한 답은 인터넷의 출현이다. 인터넷이 없다면 어떤 형태의 통신도 불가능했을 테니 말이다. 또 다른 중요한 기술은 우리가 이미 4장에서 논한 공개 키 암호화다. 공개 키 암호화 없이 민감한 금융 정보를 인터넷상에서 안전하게 전송하기는 불가능하다. 그러나 온라인 거래에 핵심적인 기술이 적어도 하나 더 있다. 바로 데이터베이스다. 컴퓨터를 사용하는 우리 대부분이 속 편하게도 잘 알지 못하지만, 거의 모든 온라인 거래는 1970년대 이래 개발된 정교한 데이터베이스 기법을 이용해 처리된다.

데이터베이스는 거래 과정에서 두 가지 주요 사안을 처리한다. 이는 효율성과 신뢰성이다. 데이터베이스는 수천 명의 고객이 충돌이나 모순 없이 동시에 거래를 수행하게 하는 알고리즘을 기반으로 효율성을 제공한다. 또한 데이터베이스는 일반적으로 심각한 데이터 손실을 낳는 (디스크 드라이브 같은) 컴퓨터 부품의 문제가 발생해도 데이터를 보전하는 알고리즘을 기반으로 신뢰성을 제공한다. 온라인 뱅킹은 (오류나 모순 없이 많은 고객을 한 번에 대응하는) 탁월한 효율성과 완벽한 신뢰성을 요하는 애플리케이션의 전형적인 예다. 따라서 이 장에서는 온라인 뱅킹의 예를 종종 이용하겠다.

이 장에서는 데이터베이스 이면의 근본적 (그리고 아름다운) 알고리즘 세 가지를 다루겠다. 이는 미리 쓰기 로그write-ahead logging, 2단계 커밋2-phase commit*, 관계형 데이터베이스relational database다. 이 세 가지 알고리즘은 특정 유형의 중요 정보를 저장하는 데이터베이스 기술의 확고한 우위를 창출했다. 앞에서와 마찬가지로 각 알고리즘 이면의 핵심 인사이트에 집중해 이를 작동하게 하는 하나의 트릭을 알아 보겠다. '할 일 목록 트릭'으로 요약할 수 있는 미리 쓰기 로그를 우선 다룬다. 그리고 2단계 커밋 프로토콜로 넘어가 단순하지만 강력한 '준비 후 커밋 트릭

* 커밋(commit): 데이터베이스 트랜잭션에서 커밋은 갱신 내용을 실제로 수행하고 트랜잭션을 종료하라는 명령이다. – 옮긴이

prepare-then-commit trick'을 기반으로 이를 기술하겠다. 마지막으로 '가상 테이블 트릭'을 배워 관계형 데이터베이스의 세계를 들여다보겠다.

그러나 이런 트릭을 배우기 전에 데이터베이스가 실제로 무엇인지에 관한 미스터리부터 풀자. 사실 전문 컴퓨터과학 문헌에서도 '데이터베이스'라는 단어는 다양한 의미로 쓰인다. 따라서 단 하나의 정확한 정의를 제시하기란 불가능하다. 그러나 정보를 저장하는 여타 방식으로부터 데이터베이스를 구별하는 핵심 속성은 데이터베이스에 있는 정보가 사전에 정의된 구조를 가진다는 점이라는 데 전문가 대부분은 동의할 것이다.

여기서 '구조'가 뜻하는 바를 이해하려면 이와 상반되는 개념부터 봐야 한다. 즉 구조화되지 않은 정보의 예를 보자.

로시나는 35세고 26세인 맷과 친구다. 징이는 37세고 수딥은 31세다. 맷과 징이, 수딥은 서로 친구다.

이는 페이스북이나 마이스페이스 같은 소셜 네트워킹 사이트가 저장하는 회원 정보의 유형이다. 그러나 당연히 정보를 이런 구조화되지 않은 방식으로 저장하진 않는다. 이 정보를 구조화된 양식으로 표현해 보자.

이름	나이	친구
로시나	35	맷
징이	37	맷, 수딥
맷	26	로시나, 징이, 수딥
수딥	31	징이, 맷

컴퓨터과학자들은 이런 유형의 구조를 테이블table이라고 부른다. 테이블의 각 행은 하나의 대상(이 예에선 사람)에 관한 정보를 담고 있다. 테이블의 각 열은 사람의 나이나 이름 같은 특정 유형의 정보를 담고 있다. 데이터베이스는 대개 여러 테이블로 구성되지만 이 예에선 쉬운 이해를 돕고자 하나의 테이블만 이용한다.

이 예에서처럼 구조화되지 않은 글보다 구조화된 양식의 테이블에 있는 데이터를 사람과 컴퓨터가 조작하기 훨씬 효율적이라는 점은 분명하다. 그러나 데이터베이스는 단지 사용의 편의를 훌쩍 넘어선다.

데이터베이스 세계로의 여행은 새로운 개념과 함께 시작한다. 이는 일관성consistency이다. 곧 알겠지만 데이터베이스 실무자들은 (합당한 이유에서) 일관성에 집착한다. 간단히 말해 '일관성'은 데이터베이스에 있는 정보가 모순되지 않음을 뜻한다. 데이터베이스에 모순이 있다면 이는 데이터베이스 관리자에게 최악의 악몽이 된다. 이는 불일치inconsistency다. 그렇다면 불일치는 어떻게 일어나는가? 이 테이블의 첫 두 행에 약간의 변화를 주자.

이름	나이	친구
로시나	35	맷, 징이
징이	37	맷, 수딥

문제점을 알겠는가? 첫 행에 따르면 로시나는 징이와 친구다. 그러나 두 번째 행에 따르면 징이는 로시나와 친구가 아니다. 이는 두 사람이 동시에 서로 친구가 돼야 하는 친구 관계의 기본 개념을 위반한다. 이는 분명히 그렇게 나쁘지 않은 불일치의 예다.

상황을 더 나쁘게 만들기 위해 '친구 관계'라는 개념을 '결혼'이라는 개념으로 바꾸자. 그러면 A는 B와 결혼했고 B는 C와 결혼했다는 결론에 이른다. 실제로 많은 국가에서 불법인 상황이다.

사실 데이터베이스에 새로운 데이터를 추가할 때 이런 유형의 불일치는 쉽게 피할 수 있다. 컴퓨터는 규칙을 따르는 데 탁월하므로 'A가 B와 결혼했다면 B도 A와 결혼했어야 한다.'라는 규칙을 따르도록 데이터베이스를 설정하기란 쉽다. 누군가 이 규칙을 위반하는 새로운 행을 입력하려 하면 컴퓨터는 오류 메시지를 띄우고 입력은 실패한다. 그러므로 간단한 규칙을 기반으로 한 일관성 보장은 어떤 기발한 트릭도 요하지 않는다.

그러나 훨씬 기발한 해결책을 요하는 불일치의 유형이 있다. 지금부터 이 중 하나를 살펴보겠다.

트랜잭션과 할 일 목록 트릭

트랜잭션transaction은 데이터베이스 세계에서 가장 중요한 개념일 것이다. 그러나 트랜잭션의 정의와 필요성을 이해하려면 컴퓨터에 관한 두 가지 사실을 받아들여야 한다. 첫 번째는 누구에게나 익숙한 사실이다. 이는 프로그램이 충돌한다는 점이다. 그리고 프로그램은 충돌하면, 기존에 하던 모든 일을 잊는다. 컴퓨터 파일 시스템에 직접 저장한 정보만 보존된다. 두 번째 사실은 잘 알려져 있지 않지만 매우 중요하다. 이는 하드 드라이브와 플래시 메모리 스틱 같은 컴퓨터 저장 장치는 적은 양의 데이터만을 동시에 쓸 수 있다는 점이다. 이는 약 500자 정도에 해당한다(기술 용어로 말하자면 일반적으로 512바이트인 하드 디스크의 '섹터 크기'에 해당하며, 플래시 메모리에서는 수백 또는 수천 바이트의 '페이지 크기'에 해당한다). 컴퓨터 사용자는 한 번에 저장하는 데이터의 양에 이렇게 작은 크기의 제한이 있다는 사실을 눈치채지 못한다. 이는 오늘날 드라이브가 이런 500자 쓰기를 1초에 수백, 수천 번을 실행할 수 있기 때문이다. 그러나 디스크의 내용은 한 번에 수백 글자만 바뀐다는 사실에는 변함이 없다.

도대체 이 두 사실이 데이터베이스와 무슨 관계가 있을까? 이는 매우 중요한 결과를 의미한다. 일반적으로 컴퓨터는 한 번에 데이터베이스의 한 행만을 업데이트할 수 있다. 불행히도 앞에서 제시한 매우 작고 단순한 예는 이를 보여주지 못한다. 앞 테이블 전체의 내용이 200자가 채 안 되기 때문에 컴퓨터가 한 번에 두 행을 업데이트하는 일이 가능하다. 그러나 일반적인 크기의 데이터베이스에서 두 행을 바꾸려면 각각 두 번의 디스크 연산이 필요하다.

이 배경지식을 토대로 문제의 핵심에 이를 수 있다. 겉보기에 간단해 보이는 많은 데이터베이스 변화는 두 행 이상의 변화를 요한다. 그리고 방금 설명했듯 두 행의 변화를 한 번의 디스크 작업으로 달성할 순 없다. 그래서 데이터베이스 업데이트는 두 번 이상의 연속적인 디스크 작업을 초래한다. 그러나 컴퓨터는 언제든 충돌할 수 있다. 두 번의 디스크 작업 사이에 컴퓨터가 충돌하면 어떻게 될까? 컴퓨터를 재부팅할 수 있지만 컴퓨터는 수행하려 했던 모든 작업을 잊어버린다. 따라서 필수적인 변화가 일부 이뤄지지 않았을 수 있다. 다시 말해 데이터베이스는 일관성 없는 상태로 남을 수도 있다.

이 단계에서 충돌 후 불일치는 꽤 학구적인 문제로 보일 수도 있다. 그래서 이 지극히 중요한 문제의 예 두 가지를 들어 보겠다. 앞에서 다른 예보다도 더 간단한 예로 시작하자.

이름	**친구**
로시나	없음
징이	없음
맷	없음

이 재미없고 우울한 데이터베이스는 세 명의 외로운 사람을 나열하고 있다. 이제 로시나와 징이가 친구가 됐고, 이 기쁜 소식을 반영해 데이터베이스를 업데이트하려 한다고 하자. 보다시피 이는 첫 행과 둘째 행에 변화를 요한다. 그리고 앞서 논했듯 이는 일반적으로 두 번의 개별 디스크 작업을 요한다. 1행을 우선 업데이트했다고 하자. 이 업데이트 직후, 그리고 컴퓨터가 2행을 업데이트하는 두 번째 디스크 작업을 수행하기 직전의 데이터베이스의 모양을 보자.

이름	**친구**
로시나	징이
징이	없음
맷	없음

지금까진 좋다. 이제 데이터베이스 프로그램은 2행을 업데이트하기만 하면 되고 이는 곧 실행된다. 그러나 잠깐만! 컴퓨터가 이를 수행하기 전에 충돌을 일으킨다면? 그럼 컴퓨터를 재시작한 뒤 2행을 업데이트해야 한다는 사실을 컴퓨터는 잊을 테고, 데이터베이스는 위 테이블의 형태로 남게 된다. 즉 로시나는 징이의 친구지만 징이는 로시나의

친구가 아니다. 이는 무서운 불일치다.

데이터베이스 실무자들이 일관성에 집착한다는 점을 이미 언급했지만 여기서 이는 그렇게 큰 문제는 아닌 듯하다. 즉 징이를 한 곳에선 친구가 있다고, 다른 곳에선 친구가 없다고 기록하면 정말 문제가 되는가? 우리는 데이터베이스 전체를 자주 스캔하며 이런 불일치를 찾아 고치는 자동화 도구를 생각할 수도 있다. 자동화 도구는 실제로 존재하므로, 일관성이 부차적으로 중요한 데이터베이스에 이를 이용할 수 있다. 여러분도 자동화 도구의 예를 접했을 수도 있다. 왜냐하면 일부 운영체제는 충돌 후 재부팅할 때 전체 파일 시스템의 불일치를 점검하기 때문이다.

그러나 불일치가 진짜 문제가 될 뿐 아니라, 자동화 도구가 정정할 수 없는 상황이 있다. 이에 관한 전형적인 예는 은행 계좌 간 송금이다. 또 다른 간단한 데이터베이스를 보자.

계좌 이름	계좌 유형	계좌 잔액
제이디	당좌예금	$800
제이디	보통예금	$300
페드로	당좌예금	$150

제이디가 당좌예금 계좌에서 보통예금 계좌로 $200 이체를 요청했다고 하자. 앞선 예에서와 마찬가지로 이는 두 번의 개별적인 연속 디스크 작업을 이용한 두 행의 업데이트를 요한다. 제이디의 당좌예금 계좌 잔액이 우선 $600로 줄고 보통예금 계좌 잔액이 $500로 늘어난다. 그리고 운 나쁘게도 이 두 작업 사이에 충돌이 일어난다면 데이터베이스는 다음과 같이 바뀐다.

계좌 이름	계좌 유형	계좌 잔액
제이디	당좌예금	$600
제이디	보통예금	$300
페드로	당좌예금	$150

다시 말해 이는 제이디에게 재앙이다. 충돌 전 제이디의 두 계좌 잔액은 $1,100이었지만 이제 $900만 남았다. 그녀는 한 푼도 인출한 적 없지만 어쨌든 $200가 사라졌다! 그리고 충돌 이후 데이터베이스는 완벽히 일관적이므로 이를 탐지할 방법이 없다. 여기서 훨씬 미묘한 유형의 불일치를 접했다. 새로운 데이터베이스는 충돌 전 상태와 불일치를 이룬다.

이 중요한 점을 더 자세히 다룰 필요가 있다. 불일치에 관한 첫 번째 예에선 자명하게 불일치한 데이터베이스가 도출됐다. 즉 A는 B와 친구지만 B는 A와 친구가 아닌 상황이 발생했다. (데이터베이스가 수백만 개의 [혹은 수십 억 개의] 기록을 담고 있다면 검출 과정이 매우 오래 걸릴 수 있지만) 이런 유형의 불일치는 데이터베이스를 검토하기만 하면 쉽게 검출할 수 있다. 불일치에 관한 두 번째 예에서의 데이터베이스는 특정 시점의 스냅샷이라고 간주하면 충분히 개연성이 있는 상황이다. 계좌 잔액이나 계좌 잔액 간 관계에 관해 말해주는 규칙은 없다. 그럼에도 우리는 시간을 두고 데이터베이스의 상태를 검토하면 일관되지 않은 행동을 관찰할 수 있다. 이와 관련한 세 가지 사실이 발견된다. (i) 제이디는 이체 실행 전 $1,100를 갖고 있었다. (ii) 충돌 후 제이디에겐 $900만 남았다. (iii) 제이디가 중도에 돈을 인출한 적은 없다. 이 세 가지 사실을 한데 놓으면 일관성 없음이 분명하지만, 이 불일치는 특정 시점에 데이터베이스를 검토한다고 해서 발견될 리 없다.

이 두 유형의 불일치를 모두 피하고자 데이터베이스 연구자들은 '트랜잭션'이라는 개념을 제시했다. 이는 데이터베이스가 일관적인 경우 모두 일어나야 하는 데이터베이스 변화의 집합이다. 전체가 아닌 일부의 변화가 트랜잭션에서 수행된다면 데이터베이스는 불일치 상태로 남을 수 있다. 이는 간단하지만 매우 강력한 개념이다. 데이터베이스 프로그래머는 "트랜잭션을 시작하라." 같은 명령을 발행하고 데이터베이스에 상호의존적인 변화들을 가한 다음 "트랜잭션을 종료하라."라는 명령으로 마무리할 수 있다. 트랜잭션 중 데이터베이스를 실행 중인 컴퓨터가 충돌을 일으켜 재시작된 경우에도 데이터베이스는 프로그래머의 변화를 모두 성취하게 된다.

정확성을 기하기 위해, 또 다른 가능성이 있다는 점도 인식해야 한다. 충돌 및 재시작 후 데이터베이스가 트랜잭션 시작 전과 같은 상태로 돌아갈 수 있다. 그러나 이런 일이 일어날 경우 프로그래머는 트랜잭션이 실패했으므로 재실행해야 한다는 공지를 받게 된다. 그러므로 피해는 발생하지 않는다. 트랜잭션 '복귀rollback'('롤백'이라고도 부름)에 관한 절에서 이 가능성을 더 자세히 논하겠다. 지금 중요한 점은 데이터베이스는 트랜잭션이 완료되든 복귀되든 상관없이 일관성을 유지한다는 사실이다.

애플리케이션 프로그램을 구동하는 오늘날 운영체제에서는 충돌이 거의 드물기 때문에 충돌 가능성에 불필요하게 집착하는 듯 보일 수도 있다. 이에 대한 두 가지 답을 주겠다. 첫째, 여기서 쓰는 '충돌'이라는 개념은 상당히 일반적이다. 이는 컴퓨터의 기능을 멈춰 데이터 손실을 야기할 수 있는 모든 사고를 아우른다. 전원 차단, 디스크 오류 등 하드웨어 고장과 운영체제나 애플리케이션 프로그램에서의 버그를 포괄한다. 둘째, 이런 일반적인 충돌조차 꽤 드물다 해도 일부 데이터베이스는 이 정도의 위험도 감수할 수 없다. 예를 들어 은행, 보험사 등 데이터가 실제 돈을 반영하는 모든 조직은 어떤 상황에서도 기록에서의 불일치를 감수해서는 안 된다.

위에서 설명한 해결책(트랜잭션을 시작해 필요한 만큼 많은 작업을 수행하고 트랜잭션을 끝내기)은 너무 단순하고 좋아서 믿어지지 않을 수도 있다. 사실 이는 이제 설명할 상대적으로 간단한 '할 일 목록' 트릭을 이용해 달성할 수 있다.

할 일 목록 트릭

모든 사람이 체계적이지는 않다. 하지만 체계적인지 여부와 상관없이 매우 체계적인 사람이 가진 훌륭한 무기 중 하나는 알고 있을 것이다. 바로 '할 일' 목록이다. 목록 만드는 일을 좋아하는 사람이 아닐지라도 이런 목록의 유용함을 부인하기는 어렵다. 하루에 처리해야 할 10가지 일이 있다면, (가능하면 효율적인 순서로) 적은 후에 일을 시작할 수 있다. 할 일 목록은 하루 중 주의가 산만할 때 특히 유용하다(이런 주의 산만한 상황을 '충돌'이라고 하는 것도 좋겠다). 어떤 이유에서든 남은 일을 잊을 경우 목록을 재빨리 보면 이를 상기할 수 있다.

특수한 종류의 할 일 목록을 이용해 데이터베이스 트랜잭션을 할 수 있다. 그래서 이 책에서 이를 '할 일 목록' 트릭이라고 부른다. 컴퓨터과학자들도 유사한 개념으로 '미리 쓰기 로그write-ahead logging'란 용어를 쓴다. 기본 개념은 데이터베이스가 수행하려는 동작의 로그를 유지하는 것이다. 로그는 하드 드라이브 같은 영구적 저장 장치에 저장된다.

그래서 로그에 있는 정보는 충돌과 재시작 후에도 살아남게 된다. 특정 트랜잭션에서 동작이 수행되기 전에, 모든 동작은 로그에 기록되고 디스크에 저장된다. 트랜잭션이 성공적으로 완료되면 우리는 로그에서 트랜잭션의 할 일 목록을 삭제해 디스크 공간을 늘릴 수 있다. 따라서 위에서 기술한 제이디의 이체 트랜잭션은 두 단계로 일어난다. 우선 데이터베이스 테이블은 건드리지 않고 트랜잭션의 할 일 목록을 로그에 쓴다.

계좌 이름	계좌 유형	계좌 잔액
제이디	당좌예금	$800
제이디	보통예금	$300
페드로	당좌예금	$150

미리 쓰기 로그

1. 이체 트랜잭션 시작
2. 제이디의 당좌예금 계좌 잔액을 $800에서 $600로 변경
3. 제이디의 보통예금 계좌 잔액을 $300에서 $500로 변경
4. 이체 트랜잭션 종료

로그 엔트리를 디스크 같은 영구 저장 장치에 확실히 저장한 다음 테이블 자체에 계획한 변화를 준다.

계좌 이름	계좌 유형	계좌 잔액
제이디	당좌예금	$600
제이디	보통예금	$500
페드로	당좌예금	$150

미리 쓰기 로그

1. 이체 트랜잭션 시작
2. 제이디의 당좌예금 계좌 잔액을 $800에서 $600로 변경
3. 제이디의 보통예금 계좌 잔액을 $300에서 $500로 변경
4. 이체 트랜잭션 종료

테이블의 변화가 디스크에 저장되면 로그 엔트리를 삭제할 수 있다.

그러나 이는 쉬운 사례였다. 컴퓨터가 예상과 달리 트랜잭션 도중에 충돌하면 어떻게 할까? 전과 마찬가지로 제이디의 당좌예금 계좌에서 돈이 빠져나갔지만 보통예금 계좌에 돈이 들어가기 전에 충돌이 일어났다고 하자. 컴퓨터는 재부팅하고 데이터베이스는 재시작해 다음과 같은 정보를 하드 드라이브에서 찾는다.

계좌 이름	계좌 유형	계좌 잔액
제이디	당좌예금	$600
제이디	보통예금	$300
페드로	당좌예금	$150

미리 쓰기 로그

1. 이체 트랜잭션 시작
2. 제이디의 당좌예금 계좌 잔액을 $800에서 $600로 변경
3. 제이디의 보통예금 게좌 잔액을 $300에서 $500로 변경
4. 이체 트랜잭션 종료

이제 로그에 정보가 남아 있으므로, 컴퓨터는 충돌이 일어났을 때 트랜잭션 도중이었음을 알 수 있다. 그러나 로그에는 네 가지 계획한 동작이 있다. 데이터베이스에서 어떤 동작이 수행됐고 어떤 동작이 수행되지 않았는지 어떻게 구별할 수 있을까? 이 질문에 대한 답은 간단하다. 전혀 구별할 필요가 없다! 왜냐하면 데이터베이스 로그에 있는 모든 엔트리는 몇 번 수행되든 상관없이 같은 효과를 내도록 고안됐기 때문이다.

이를 가리키는 전문 용어는 멱등idempotent이므로 컴퓨터과학자는 로그에 있는 모든 동작은 멱등이어야 한다고 말한다. 예를 들어 2번 '제이디의 당좌예금 계좌 잔액을 $800에서 $600로 변경'을 보자. 제이디의

잔액을 $600로 설정하는 횟수와 관계없이 최종 결과는 늘 같다. 그래서 데이터베이스가 충돌 후 복구한 다음 로그에서 이 엔트리를 보면 이를 충돌 전에도 수행했는지 걱정하지 않고 안전하게 수행할 수 있다.

그러므로 데이터베이스는 충돌로부터 복구한 다음 이미 완료된 트랜잭션의 로그 동작을 다시 할 수 있다. 그리고 완료되지 않은 트랜잭션도 처리하기 쉽다. '트랜잭션 종료'라는 엔트리로 마무리되지 않은 모든 로그 동작은 역순으로 원상태로 복원돼 트랜잭션이 시작되지 않은 데이터베이스 상태로 돌아간다. 중복 데이터베이스replicated database에 관한 논의에서 트랜잭션 '복귀'란 개념으로 돌아가겠다.

크고 작은 원자성

트랜잭션을 이해하는 또 다른 방법이 있다. 데이터베이스 사용자의 관점에서 모든 트랜잭션은 원자성atomicity을 띤다. '원자적atomic'이라는 단어는 '쪼갤 수 없는'이란 뜻의 그리스어에서 유래했다. 수십 년 전 물리학자들에 의해 원자도 분리할 수 있음이 밝혀졌지만, 컴퓨터과학자들이 '원자적'이라고 말할 때 이는 쪼갤 수 없다는 원래 뜻을 지칭한다. 따라서 원자적 트랜잭션은 더 작은 작업으로 쪼갤 수 없다. 즉 트랜잭션 전체가 성공적으로 완료되거나 데이터베이스는 트랜잭션이 시작조차 되지 않은 원래 상태로 남아 있어야 한다.

할 일 목록 트릭은 원자적 트랜잭션을 제공해 일관성을 보장한다. 이는 효율적이고 완벽히 신뢰할 수 있는 온라인 뱅킹 데이터베이스라는 전형적인 예의 핵심 요소다. 그러나 우리는 아직 효율성과 신뢰성까지 도달하지 못했고, 일관성 자체가 적합한 효율성이나 신뢰성을 낳지 못한다. 할 일 목록은 이하에서 짧게 설명할 잠금locking(로킹) 기법과 결합할 때 수천 명의 고객이 동시에 데이터베이스에 접속하더라도 일관성을 유지할 수 있다. 또한 많은 고객에 대응할 수 있으므로 엄청나게 효율적이다. 할 일 목록 트릭은 불일치를 예방하므로 신뢰성의 좋은 척도이기도 하다. 구체적으로 말하자면 할 일 목록 트릭은 데이터 오염을 사전에 차단하지만 데이터 손실을 제거하진 못한다. 지금부터 다룰 트릭(준비 후 커밋 트릭)은 데이터 손실 예방이라는 목표를 향한 중요한 진보를 이룰 것이다.

중복 데이터베이스를 위한 준비 후 커밋 트릭

'준비 후 커밋'이라 부를 알고리즘과 함께 기발한 데이터베이스 기법으로의 여행을 지속하겠다. 이 트릭을 이해하려면 데이터베이스에 관한 두 가지 이상의 사실을 이해해야 한다. 첫째, 데이터베이스는 복제될 수 있다. 이는 서로 다른 장소에 복수의 데이터베이스 사본을 저장할 수 있다는 뜻이다. 둘째, 때론 데이터베이스 트랜잭션이 취소돼야 한다. 이를 트랜잭션 '복귀' 또는 '중단'이라고도 부른다. 준비 후 커밋 트릭을 설명하기 앞서 이 두 개념부터 간략히 다루겠다.

중복 데이터베이스

데이터베이스는 할 일 목록 트릭 덕분에 충돌 시점에 진행 중이던 트랜잭션을 완료하거나 복귀시켜 특정 유형의 충돌을 회복시킬 수 있다. 그러나 이는 충돌 전 저장된 모든 데이터가 여전히 그대로 남아 있을 경우를 상정한다. 컴퓨터의 하드 드라이브가 다시 쓸 수 없게 망가져서 데이터의 일부 또는 전체가 손실됐다면 어떻게 해야 할까? 이는 컴퓨터가 영구적 데이터 손실로부터 피해를 입을 수 있는 다양한 방식 중 하나일 뿐이다. 여타 원인으론 (데이터베이스 프로그램 자체 또는 운영체제의) 소프트웨어 버그와 하드웨어 고장이 있다. 이런 문제 때문에 컴퓨터는 사용자가 하드 드라이브에 안전하게 저장했다고 생각한 데이터를 덮어써서overwrite 원래 데이터를 파괴하고 쓰레기 데이터로 교체한다. 여기서 할 일 목록 트릭은 도움이 안 된다.

그러나 데이터 손실은 특정 상황에서 선택할 수 있는 권한의 문제가 아니다. 은행에서 여러분의 계좌 정보를 잃어버린다면 고객은 극도로 화가 날테고 은행은 심각한 법적 처벌과 벌금을 당면하게 된다. 고객의 주문을 실행한 뒤 이 매매의 세부 정보를 잃어버린 증권 중개업 회사도 같은 상황에 직면한다. 실제로 (이베이와 아마존으로 대표되는) 온라인 쇼핑몰은 절대로 고객 정보를 손실하거나 훼손해선 안 된다. 그러나 수천 대의 컴퓨터를 구비한 데이터 센터엔 매일 많은 장치(특히 하드 드라이브)가 고장나고, 이런 장치에 저장돼 있던 데이터도 매일 손실된다. 어떻게 은행은 이런 맹공에 맞서 데이터를 안전하게 지킬 수 있을까?

명백하고 널리 이용되는 해결책은 두 개 이상의 데이터베이스 사본 유지다. 데이터베이스의 사본 하나를 복제본replica이라 부르고 모든 사본의 집합을 중복 데이터베이스replicated database라 칭한다. 대개 복제본들은 서로 지리적으로 떨어져 있다(서로 수백 마일 떨어진 서로 다른 데이터 센터에 각 복제본을 보관한다). 이 중 하나가 자연 재해로 인해 삭제되더라도 또 다른 복제본이 남아 있기 때문이다.

나는 2001년 9월 11일 뉴욕 세계무역센터(쌍둥이 빌딩) 테러 이후 한 컴퓨터 회사의 간부로부터 고객이 겪은 일에 대해 들었다. 이 컴퓨터 회사는 쌍둥이 빌딩에 다섯 곳의 주요 고객사가 있었고 모두 지리적으로 떨어진 중복 데이터베이스를 운영하고 있었다. 네 고객은 파괴되지 않은 데이터베이스 복제본을 토대로 끊김 없이 작업을 지속할 수 있었다. 불행히도 다섯 번째 고객은 두 개의 복제본을 쌍둥이 빌딩 건물 두 곳에 각각 보관했고 테러 이후 모두 잃어버렸다. 이 고객은 외부 보관 백업 자료를 통해 데이터베이스를 복원한 후에야 작업을 재개할 수 있었다.

중복 데이터베이스는 데이터의 '백업backup' 유지라는 친숙한 개념과 조금은 다르게 작동한다는 점을 주의하라. 백업은 특정 시점 데이터의 스냅샷이다. 수동 백업을 하는 경우 백업 프로그램을 실행할 때 스냅샷을 찍는 반면, 자동 백업은 매일 오전 2시처럼 주 또는 하루 단위로 특정 시점에 시스템의 스냅샷을 찍는다. 다시 말해 백업은 파일이나 데이터베이스 등 여분의 사본이 필요한 모든 정보의 완벽한 사본duplicate이다.

그러나 백업은 반드시 최신 상태를 유지하진 않는다. 백업 이후 변화가 발생하면 이 변화는 다른 장소에 저장되지 않는다. 이와 달리 중복 데이터베이스는 데이터베이스의 모든 사본을 늘 동기화한다. 데이터베이스의 어떤 엔트리에라도 아주 작은 변화가 있을 때마다 모든 복제본은 즉시 같은 변화를 반영해야 한다.

분명히 복제는 데이터 손실로부터 데이터를 지킬 수 있는 훌륭한 방법이다. 그러나 복제에도 위험이 있다. 이는 또 다른 유형의 불일치를 가져온다. 한 복제본이 다른 복제본과 동일하지 않은 데이터를 갖게 되면 어떻게 해야 할까? 이런 복제본들은 서로 모순되고, 정확한 데이터를 가진 복제본을 알아내는 일은 어렵거나 불가능할 수 있다. 트랜잭션 복귀 방법을 다룬 후 이 사안으로 돌아가겠다.

트랜잭션 복귀

트랜잭션의 정확한 정의를 상기하자. 트랜잭션은 데이터베이스의 일관성을 보장하기 위해 반드시 수반되어야 하는 데이터베이스에 대한 일련의 처리 동작이다. 트랜잭션에 관한 앞선 논의에서 트랜잭션 도중 데이터베이스가 충돌을 일으킨 경우에도 트랜잭션이 확실히 완료되게 하는 문제를 주로 다뤘다. 그러나 어떤 이유에서 트랜잭션을 완료할 수 없을 때도 있다. 예를 들어 트랜잭션은 데이터베이스에 많은 양의 데이터를 추가하므로 트랜잭션 도중 컴퓨터의 디스크 공간이 부족할 수 있다. 이는 매우 드물지만 중요한 시나리오다.

이보다 훨씬 흔한 트랜잭션 완료 실패의 이유는 잠금lock이라는 데이터베이스 개념과 관련된다. 바쁜 데이터베이스에선 대개 동시에 실행 중인 트랜잭션이 많다(은행이 한 번에 한 고객만 이체할 수 있게 한다면 어떤 일이 벌어질지 생각해 보라. 이런 온라인 뱅킹 시스템의 성능은 정말로 끔찍하다). 그러나 데이터베이스의 일부는 트랜잭션 중에 그대로 유지돼야 한다. 예를 들어 트랜잭션 A가 로시나가 징이의 친구가 됐다고 기록하는 엔트리를 업데이트하는 동시에 실행 중인 트랜잭션 B가 데이터베이스에서 징이를 삭제한다면 끔찍한 결과가 초래된다. 그러므로 트랜잭션 A는 징이의 정보를 담고 있는 데이터베이스의 부분을 '잠근다'. 이는 데이터가 그대로 고정돼 있고 어떤 다른 트랜잭션도 이를 바꿀 수 없다는 뜻이다. 대부분 데이터베이스에서 트랜잭션은 개별 행이나 열 또는 테이블 전체를 잠근다. 한 번에 한 트랜잭션만 데이터베이스의 특정 부분을 잠글 수 있다는 점은 분명하다. 트랜잭션이 성공적으로 완료되면 잠가놨던 모든 데이터가 '열리고' 이 시점 이후로 다른 트랜잭션은 고정되었던 데이터를 자유롭게 바꿀 수 있다.

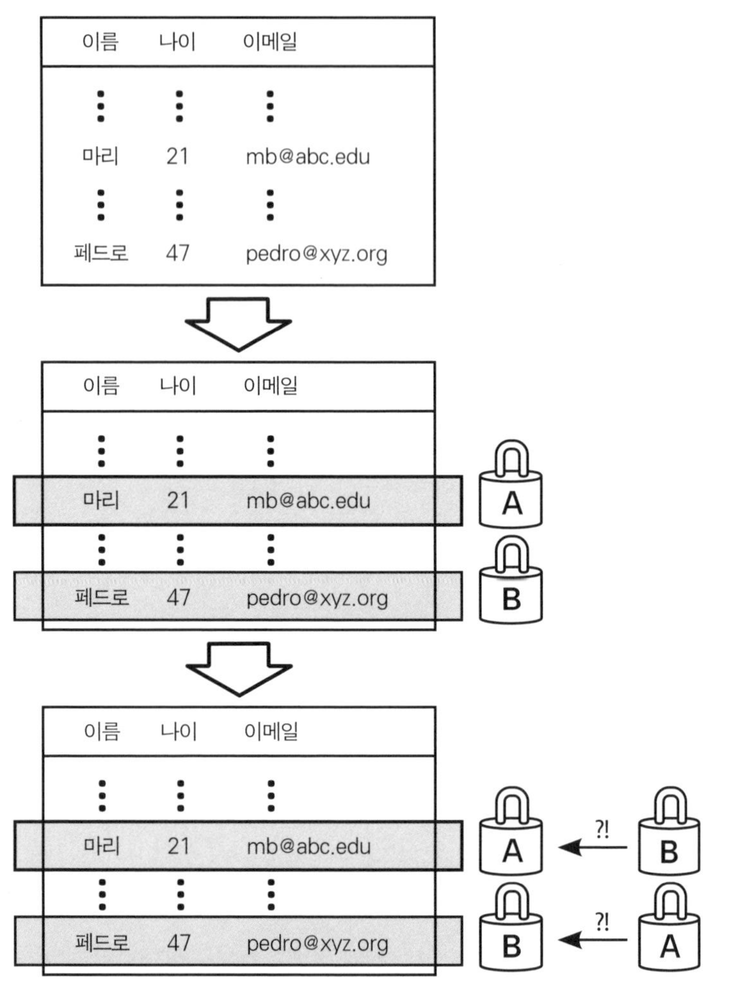

그림 8-1 교착상태(deadlock): 트랜잭션 A와 B가 같은 행을 (서로 반대 순서로) 잠그려 할 때 이 둘은 교착상태가 돼 어떤 트랜잭션도 진행될 수 없다.

이는 훌륭한 해결책처럼 보이지만 그림 8-1에서 보듯 컴퓨터과학자들이 교착상태deadlock(데드록)라 부르는 매우 심각한 상황을 초래할 수 있다. 두 개의 긴 트랜잭션 A와 B가 동시에 실행 중이라고 하자. 처음엔 이 그림의 맨 위 테이블에서처럼 데이터베이스의 어떤 행도 잠겨 있지 않다. 이후에 중간 테이블에서 볼 수 있듯 A가 마리의 정보를 포함한 행을 잠그고 B는 페드로의 정보가 포함된 행을 잠근다. 잠시 후 A는 페드로의 행을 잠글 필요가 있음을 발견하고 B는 마리의 행을 잠가야 함을 발견한다. 그림의 마지막 테이블이 이 상황을 반영한다. 지금 A는 페드로의 행을 잠글 필요가 있지만 한 번에 하나의 트랜잭션만 특정 행을 잠글 수 있으며 B가 이미 페드로의 행을 잠갔다는 점에 주목하라! 그러므로 A는 B가 마무리할 때까지 기다려야 한다. 그러나 B는 현재 A가 잠가 놓은 마리의 행을 잠그지 않고 마무리될 수 없다. 그래서 B도 A가 마무리될 때까지 기다려야 한다. A와 B는 서로의 마무리를 기다렸다 진행해야 하므로 교착상태에 빠졌다. 이 둘은 영원히 이 상태에 머물게 되므로 이 트랜잭션은 절대 완료될 수 없다.

컴퓨터과학자들은 교착상태를 매우 상세히 연구했고 많은 데이터베이스는 교착상태 검출 절차를 주기적으로 실행한다. 교착상태가 발견되면 교착상태에 있는 트랜잭션 중 하나가 취소돼 나머지 트랜잭션을 진행할 수 있다. 그러나 트랜잭션 도중 디스크 공간이 부족할 땐 부분적으로 완료된 트랜잭션을 중단하거나 '복귀하는' 능력이 필요하다. 그래서 이제 트랜잭션 복귀의 필요성을 최소한 두 가지 알게 됐다. 많은 다른 이유가 있지만 이에 관해 상세히 다룰 필요는 없다. 핵심은 트랜잭션은 예상치 못한 이유로 완료되지 않을 때가 많다는 사실이다.

할 일 목록을 약간 변형하면 복귀를 달성할 수 있다. 이는 미리 쓰기 로그가 필요한 경우 각 작업을 원상복귀할 추가 정보를 담고 있어야 한다는 것이다(이는 각 로그 엔트리가 충돌 후 작업을 다시 할 정보를 담고 있어야 한다는 점을 강조한 앞선 설명과 대조된다). 그다지 어렵지 않다. 사실 앞서 검토한 단순한 예에서 취소 정보와 재개 정보는 똑같다. '제이디의 당좌예금 계좌 잔액을 $800에서 $600로 변경' 같은 엔트리는 (제이디의 당좌예금 계좌 잔액을 $600에서 $800로 바꿔서) 쉽게 '취소'될 수 있다. 요컨대 트랜잭션이 복귀돼야 한다면, 데이터베이스 프로그램은 미리 쓰기 로그(즉 할 일 목록)를 통해 트랜잭션에 있는 작업을 역순으로 되돌릴 수 있다.

준비 후 커밋 트릭

이제 중복 데이터베이스에서 트랜잭션 복귀 문제를 생각해 보자. 여기서 중요한 사안은 복제본 중 하나가 다른 복제본에선 발생하지 않은 복귀를 요하는 문제에 당면할 수 있다는 점이다. 예를 들어 다른 복제본의 디스크 공간은 충분하지만 한 복제본만 디스크 공간이 부족한 상황을 쉽게 생각할 수 있다.

이해에 도움을 주는 간단한 비유를 하나 들겠다. 당신과 세 친구가 최근 개봉한 영화를 함께 보고 싶어 한다고 하자. 상황을 흥미롭게 하고자 이 이야기의 배경을 이메일이 등장하기 전이라 전화로 영화 관람 계획을 짜야 했던 1980년대로 설정하자. 당신은 어떻게 하겠는가? 한 가지 가능한 방법을 보자. 당신이 가능하고 (당신이 아는 한) 친구들에게도 적합할 듯한 영화 시간을 결정한다. 당신이 화요일 오후 8시를 선택했다고 하자. 다음 단계엔 친구 중 한 명에게 전화해 화요일 8시가 괜찮은지 물어야 한다. 친구가 괜찮다고 하면 당신은 "좋아! 일단 그때 영화를 보기로 하고 나중에 확실히 정해서 전화해 줄게."라고 말한다. 그 다음에 당신은 또 다른 친구에게 전화해서 같은 일을 한다. 마지막으로 세 번째 친구에게 같은 제안을 한다. 화요일 8시가 모두 괜찮다면, 당신은 일정을 확정하고 친구들에게 다시 전화해 이를 알린다.

이는 일이 쉽게 풀리는 경우였다. 한 친구가 화요일 8시는 어렵다면 없다면 어떨까? 이 경우 당신은 지금까지 진행한 작업을 모두 '복귀'시키고 재시작해야 한다. 현실에서 당신은 각 친구에게 전화를 해서 즉시 새로운 시간을 제안할 것이다. 그러나 여기선 예를 최대한 단순화하고자 당신이 각 친구에게 전화를 해 "미안하지만 화요일 8시는 안 될 듯하니 달력에서 이 약속을 지워라. 곧 새로운 약속 시간을 정해서 다시 전화할게."라고 말한다고 하자. 이렇게 하고 나면 당신은 모든 절차를 처음부터 다시 시작할 수 있다.

영화 관람 약속을 잡는 전략에 두 단계가 있음을 주목하라. 우선 날짜와 시간을 제안하지만 이는 100% 확실하진 않다. 당신은 모두로부터 해당 날짜와 시간이 가능하다는 회신을 받으면, 이 날짜와 시간은 이제 100% 확실하다는 점을 알게 되지만 다른 친구는 아직 모른다. 그러므로 약속을 확정하는 전화를 친구들에게 다시 하는 두 번째 단계가 있다. 또는 한 명 이상의 친구가 이 약속 시간을 맞출 수 없다면 두 번째 단계는 기존 약속을 취소하는 통화가 된다. 컴퓨터과학자들은 이를 2단계 커밋 프로토콜이라고 칭한다. 이 책에서는 이를 '준비 후 커밋 트릭prepare-then-commit trick'이라 부르겠다. 첫 단계는 '준비' 단계다. 두 번째 단계는 최초 제안을 모두가 수용했는지 여부에 따라 '결정' 또는 '중단' 단계가 된다.

흥미롭게도 이 비유에는 데이터베이스 잠금 개념이 있다. 명시적으로 논하진 않았지만 각 친구는 영화 관람 약속을 일단 예정할 때 암묵적으로 화요일 8시에 다른 일정을 잡지 않기로 약속한 셈이다. 당신으로부터 이들이 확정 또는 취소 전화를 다시 받을 때까지 달력에서 이 칸은 '잠기고' 다른 '트랜잭션'이 이를 변경할 수 없다. 예를 들어 첫 단계와 둘째 단계 사이에 다른 사람이 당신의 친구에게 전화해서 화요일 8시에 농구 경기를 보러 가자고 제안한다면 어떤 일이 일어날까? 당신의 친구는 "미안하지만 그 시간엔 다른 약속이 잡혀 있어. 약속이 확정되기 전엔 농구 경기 관람에 대한 확답을 줄 수 없어." 같은 말을 해야 한다.

이제 준비 후 커밋 트릭이 중복 데이터베이스에 작용하는 원리를 검토하자. 그림 8-2는 이 개념을 보여 준다. 일반적으로 복제본 중 하나는 트랜잭션을 조정하는 '마스터master'다. 구체적으로 A, B, C 세 개의 복제본이 있고 A가 마스터라고 가정하자. 데이터베이스는 테이블에 새로운 데이터 행을 삽입하는 트랜잭션을 실행해야 한다고 하자. 준비 단계는 A가 이 테이블을 잠그고 새로운 데이터를 A의 미리 쓰기 로그에 쓰는 것이다. 동시에 A는 새로운 데이터를 B와 C로 보내고 이 두 복제본은 각자의 테이블 사본을 잠그고 로그에 새로운 데이터를 쓴다. 그러고 나서 B와 C는 이 작업의 성공 여부를 A에게 보고한다. 이제 둘째 단계가 시작한다. A, B, C 중 하나가 (디스크 공간이 부족하거나 테이블 잠그기에 실패하는) 문제에 직면하면 마스터 A는 이 트랜잭션을 처음으로 복귀해야 한다는 점을 알고 모든 복제본에게 이를 알린다(그림 8-3 참고). 그러나 그림 8-2에서 보듯 모든 복제본이 준비 단계에서 성공했다고 보고하면 A는 각 복제본에 트랜잭션을 확정하는 메시지를 보내고 복제본은 이를 완료한다.

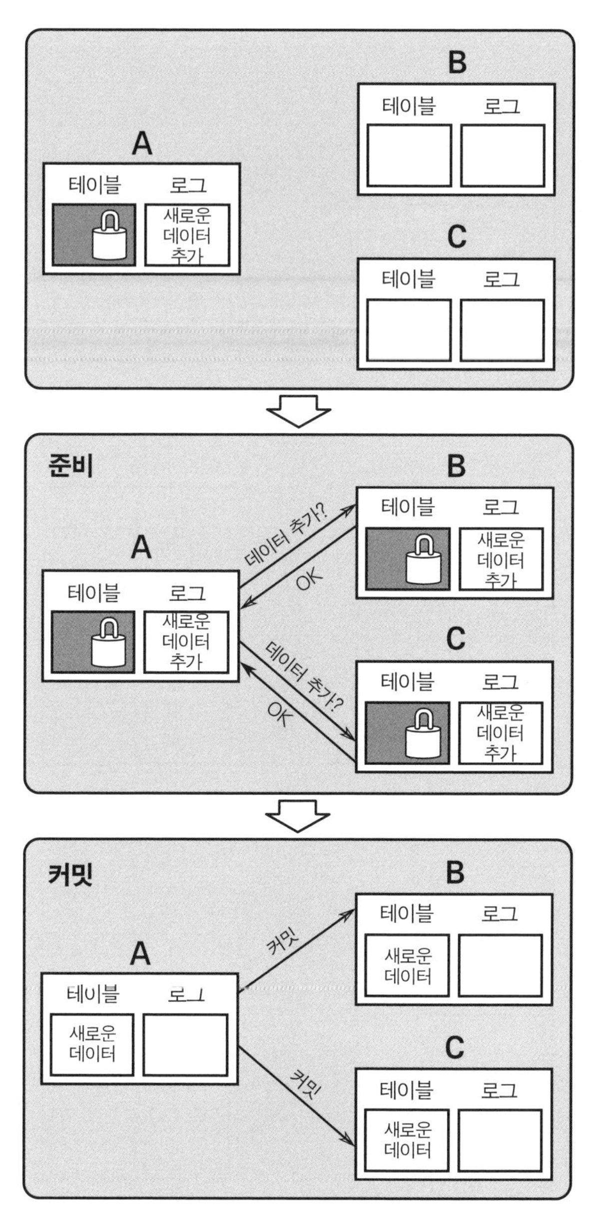

그림 8-2 준비 후 커밋 트릭: 마스터 복제본 A는 두 개의 다른 복제본(B, C)을 조정해 테이블에 새로운 데이터를 추가하게 한다. 준비 단계에서 마스터는 모든 복제본이 트랜잭션을 완료할 수 있는지 확인한다. 모두 완료됐다고 하면 마스터는 이 데이터를 완료하고 계속 보관하라고 모든 복제본에게 말한다.

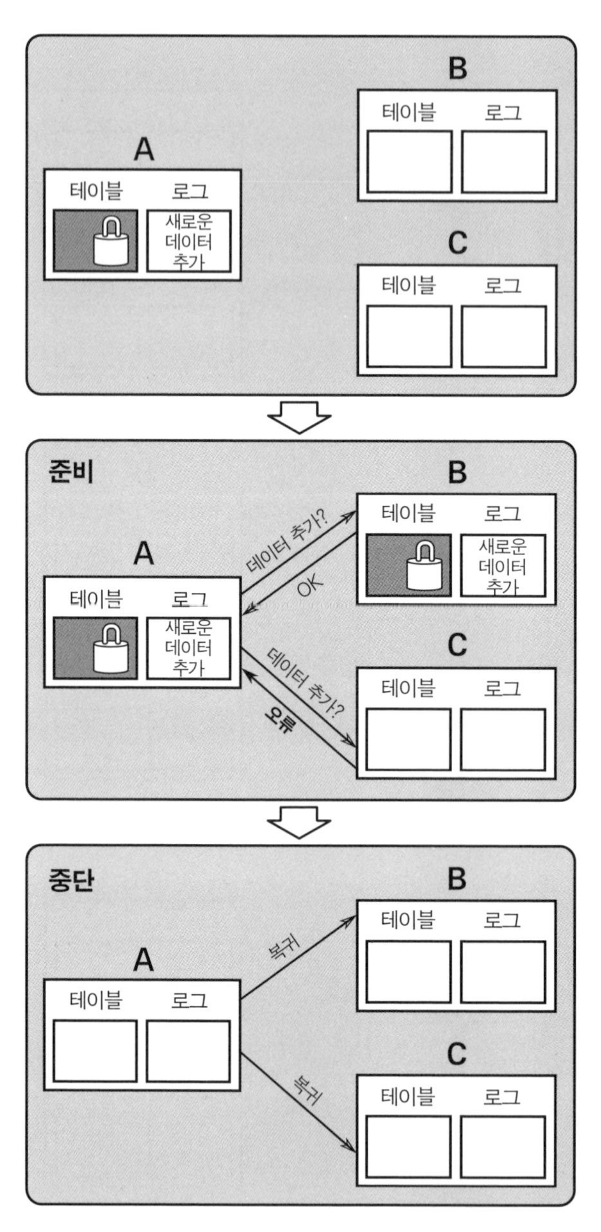

그림 8-3 준비 후 커밋 트릭에서 복귀: 맨 위 그림은 앞선 그림과 똑같다. 그러나 준비 단계에서 한 복제본에서 오류가 발생한다. 그래서 마지막 그림은 각 복제본에서 트랜잭션을 복귀해야 하는 '중단' 단계가 된다.

이제 우리는 마음대로 할 수 있는 데이터베이스 트릭 두 개를 알게 됐다. 이는 할 일 목록과 준비 후 커밋 트릭이다. 이는 우리에게 무엇을 해줄까? 이 두 트릭을 결합하면 은행이 (그리고 여타 온라인 개체가) 원자적 트랜잭션으로 중복 데이터베이스를 실행할 수 있으며, 동시에 접속한 수천 명의 고객을 불일치나 데이터 손실 가능성이 전혀 없는 상태에서 응대할 수 있다. 그러나 아직 데이터베이스의 핵심을 보지는 않았다. 이는 데이터 구조화 방식과 쿼리에 답하는 방식이다. 이 장에서 다룰 마지막 데이터베이스 트릭은 이 질문에 답을 준다.

관계형 데이터베이스와 가상 테이블 트릭

지금까지 모든 예에서 데이터베이스는 테이블 하나만으로 구성됐다. 그러나 오늘날 데이터베이스 테크놀로지의 진짜 힘은 복수의 테이블을 가진 데이터베이스에서 촉발됐다. 기본 아이디어는 각 테이블이 서로 다른 정보의 집합을 저장하지만 다양한 테이블에 있는 대다수 개체는 어떤 식으로든 서로 연결된다는 것이다. 그래서 회사 데이터베이스는 고객 정보, 공급자 정보, 제품 정보 각각에 대한 개별 테이블로 구성될 수 있다. 그러나 고객이 제품을 주문하기 때문에 고객 테이블은 제품 테이블에 있는 항목을 언급할 수도 있다. 그리고 제품 테이블은 공급자 테이블에 있는 항목을 언급하게 된다. 제품을 공급자의 상품으로부터 제조하기 때문이다.

작지만 현실적인 예로, 대학에서 어떤 학생이 무슨 강의를 듣는지 자세히 기록해 저장한 정보를 생각해 보자. 쉽게 설명하기 위해 이 예에서는 소수의 학생과 강의만 있다고 가정하겠지만 훨씬 많은 데이터가 있을 때도 분명히 같은 원리를 적용한다.

우선 지금까지처럼 단순한 테이블 하나만 이용해 데이터를 저장하는 방법을 보자. 이는 그림 8-4의 위쪽 테이블에서 볼 수 있다. 보다시피 이 데이터베이스엔 10행과 5열이 있다. 데이터베이스에 10×5=50개 항목이 있다고 하면 데이터베이스에 있는 정보를 간단히 측정할 수 있다. 이 테이블을 조금 더 자세히 보라. 이 데이터를 저장한 방식에서 짜증나는 점이 있지 않은가? 예를 들어 데이터가 불필요하게 반복되지는 않는가? 같은 정보를 저장하는 더 효율적인 방법이 떠오르는가?

각 강의에 관한 많은 정보가 이 강의를 듣는 모든 학생에 해당하는 행에서 중복되고 있음을 볼 수 있다. 예를 들어 ARCH101을 수강하는 학생이 3명인데, 이 강의에 관한 상세 정보(강의 제목, 강사, 강의실 등)가 세 학생의 행에서 반복된다. 이 정보를 훨씬 효과적으로 저장하려면 2개의 테이블을 쓰면 된다. 하나는 학생이 수강하는 강의를 저장하고 다른 하나는 각 강의에 관한 상세 정보를 저장한다. 이 두 테이블 접근을 그림 8-4의 아래쪽 테이블에서 볼 수 있다.

이 복수 테이블 접근의 이점 하나를 즉시 알 수 있다. 즉 저장해야 하는 정보의 양이 줄어든다. 이 새로운 접근은 10행과 2열짜리(10×2=20항목) 테이블 하나와 3행과 4열짜리(3×4=12항목) 테이블 두 개를 이용하며 따라서 총 32항목을 저장한다. 이와 달리 단일 테이블 접근은 똑같은 정보를 저장하는 데 50항목을 필요로 했다.

어떻게 이렇게 간추릴 수 있었을까? 이는 반복되는 정보를 제거했기 때문이다. 각 강의에 해당하는 강의 제목, 강사, 강의실을 반복하는 대신 각 강의에 한 번씩만 이 정보를 나열했다. 그럼에도 이를 달성하고자 희생한 것이 있다. '강의 번호' 필드가 두 테이블에 모두 있으므로

학생 이름	강의 번호	강의 제목	강사	강의실
프란체스카	ARCH101	고고학 개론	블랙	610
프란체스카	HIST256	유럽사	스미스	851
수잔	MATH314	미분 방정식	커비	560
에릭	MATH314	미분 방정식	커비	560
루이지	HIST256	유럽사	스미스	851
루이지	MATH314	미분 방정식	커비	560
빌	ARCH101	고고학 개론	블랙	610
빌	HIST256	유럽사	스미스	851
로즈	MATH314	미분 방정식	커비	560
로즈	ARCH101	고고학 개론	블랙	610

학생 이름	강의 번호
프란체스카	ARCH101
프란체스카	HIST256
수잔	MATH314
에릭	MATH314
루이지	HIST256
루이지	MATH314
빌	ARCH101
빌	HIST256
로즈	MATH314
로즈	ARCH101

강의 번호	강의 제목	강사	강의실
ARCH101	고고학 개론	블랙	610
HIST256	유럽사	스미스	851
MATH314	미분 방정식	커비	560

그림 8-4 위: 학생이 수강하는 강의에 대한 단일 테이블, 아래: 두 테이블에 나눠 더 효율적으로 저장한 같은 데이터

이제 강의 번호는 두 군데서 나타난다. 따라서 (강의 상세 정보라는) 많은 반복을 (강의 번호라는) 적은 반복과 맞바꿨다. 전반적으로 이는 득이 된다. 이 작은 예에서 득은 크지 않지만 각 강의를 수강하는 수백 명의 학생이 있을 경우 이 접근에서 거둘 수 있는 저장공간 절약의 효과는 막대하다.

복수 테이블 접근엔 또 다른 큰 장점이 있다. 테이블을 정확히 설계한다면 데이터베이스에 쉽게 변화를 줄 수 있다. 예를 들어 MATH314의 강의실 번호가 560에서 440으로 바뀌었다고 하자. 단일 테이블 접근(그림 8-4의 위쪽)에서는 네 개의 개별 행을 업데이트해야 한다. 그리고 앞서 언급했듯 데이터베이스 일관성을 유지하려면 한 번에 트랜잭션에서 네 개의 업데이트를 끝내야 할 것이다. 그러나 복수 테이블 접근(그림 8-4의 아래쪽)에선 강의 상세 정보에 관한 테이블에서 단 하나의 엔트리만 업데이트하면 된다.

키

방금 살펴본 간단한 학생-강의 예는 두 개의 테이블만 이용해도 가장 효율적으로 반영할 수 있지만 실제 데이터베이스는 대개 많은 테이블을 포함한다. 학생-강의 예를 새로운 테이블을 이용해 확장하는 상상을 하면 쉽다. 예를 들어 학번, 전화 번호, 주소 같은 각 학생에 관한 상세 정보를 담은 테이블이 있을 수 있다. 강사의 이메일 주소, 사무실 위치, 근무 시간 등을 담은 테이블이 있을 수도 있다. 각 테이블의 열 대부분이 다른 곳에서 반복되지 않는 데이터를 저장하도록 테이블을 설계한다. 여기서 기본 개념은 특정 대상에 관한 상세 정보가 필요할 때마다 이 정보를 적합한 테이블에서 '찾아볼' 수 있다는 것이다.

테이블에 있는 상세 정보를 '찾아보는' 데 이용하는 열을 데이터베이스 용어로 키key라고 한다. 예를 들어 루이지가 듣는 역사 수업의 강의실 번호를 찾는 방법을 생각해 보자. 단일 테이블 접근(그림 8-4의 위쪽)을 이용하면 루이지의 역사 수업을 찾을 때까지 행을 검색하고 강의실 열과 이 행의 교차점을 보고 851호란 답을 얻는다. 그러나 복수 테이블 접근(그림 8-4의 아래쪽)에선 우선 첫 테이블에서 루이지의 역사 강의 번호를 찾는다. 이는 'HIST256'이다. 이제 'HIST256'을 다른 테이블에서 키로 이용한다. 'HIST256'의 정보를 포함한 행을 찾아 이 행에서 강의실 번호(851)를 찾을 수 있다. 이 과정은 그림 8-5에서 볼 수 있다.

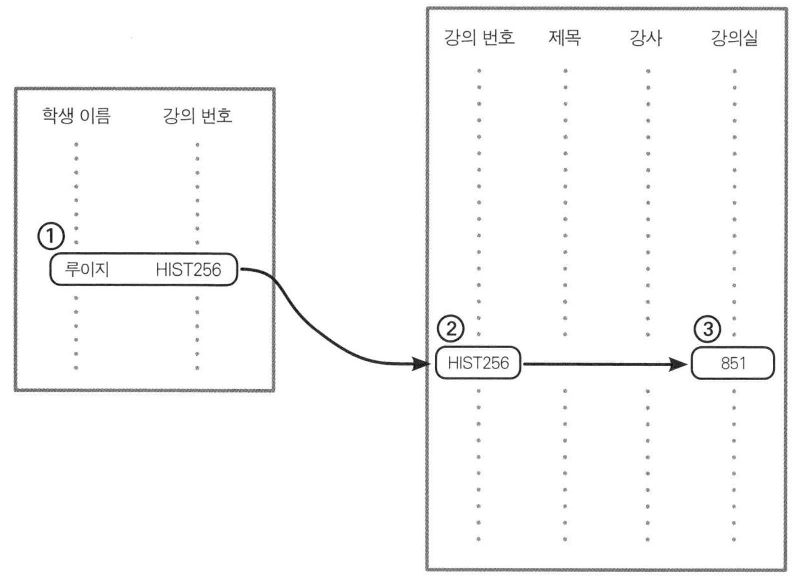

그림 8-5 키를 이용해 데이터 찾기: 루이지의 역사 수업 강의실 번호를 찾아보려면 우선 왼쪽 테이블에서 적합한 강의 번호를 찾는다. 그리고 'HIST256'라는 이 값을 오른쪽 테이블에서 키로 쓴다. 강의 번호가 알파벳 순서로 정리돼 있으므로 우리는 정확한 행을 매우 빨리 찾아 이에 대응하는 강의실 번호(851)를 입수할 수 있다.

이처럼 키 활용의 아름다움은 데이터베이스가 키를 매우 효율적으로 찾을 수 있다는 데 있다. 이는 사람이 사전에서 단어를 찾는 방식과 유사하다. '인식론epistemology'이라는 단어를 종이 사전에서 찾을 방법을 생각해 보자. 아무도 1쪽부터 시작해 모든 항목을 검색해서 '인식론'을 찾지는 않을 것이다. 대신 쪽에 있는 표제heading를 보고 'ㅇ'로 시작하는 페이지를 펼친다. 처음엔 여러 쪽을 한꺼번에 넘기다가 목표에 근접해 질수록 조금씩 넘긴다. 데이터베이스는 이와 같은 기법을 이용해 키를 찾지만 인간보다 훨씬 효율적으로 이를 수행한다. 이는 데이터베이스가 넘겨야 할 페이지 '묶음'을 사전에 계산하고 각 묶음의 처음과 끝에 있는 표제를 기록할 수 있기 때문이다. 빠르게 키를 찾고자 사전에 계산된 묶음의 집합을 컴퓨터과학에선 B-트리B-tree라 한다. B-트리는 오늘날 데이터베이스를 뒷받침하는 또 하나의 중요하고 기발한 개념이지만, 여기서 B-트리에 관해 상세하게 이야기하지는 않겠다.

가상 테이블 트릭

이제 복수 테이블 데이터베이스 이면에 있는 주요 기발한 트릭을 이해할 준비가 됐다. 기본 아이디어는 간단하다. 데이터베이스의 모든 정보는 고정된 테이블에 저장되지만 데이터베이스는 필요할 때마다 완전히 새로운 테이블을 일시적으로 생성할 수 있다. 이렇게 일시적으로 추가하는 테이블은 어디에도 실제로 저장되지 않는다는 점을 강조하기 위해 이를 '가상 테이블'이라고 부르겠다. 데이터베이스는 데이터베이스에 대한 쿼리에 답할 필요가 있을 때마다 이를 만들고 즉시 삭제한다.

가상 테이블 트릭을 보여줄 간단한 예가 있다. 사용자가 그림 8-4의 데이터베이스에서 커비 교수의 강의를 수강하는 모든 학생의 이름을 요청하는 쿼리를 입력한다고 하자. 실제로 데이터베이스는 다양한 방법으로 이 쿼리를 실행할 수 있다. 우리는 이 중 하나만 검토하겠다. 첫 단계는 모든 강의의 학생과 강사를 나열한 새로운 가상 테이블의 제작이다. 두 테이블의 조인join이라는 데이터베이스 연산을 이용하면 가능하다. 조인 연산의 기본 아이디어는 두 테이블에 모두 있는 키를 이용해 한 테이블의 각 행을 다른 테이블에서 대응하는 행과 결합하는 것이다. 예를 들어 그림 8-4의 아래쪽 두 테이블을 '강의 번호' 열을 키로 써서 조인하면 위쪽 그림과 똑같은 가상 테이블이 나온다. 각 학생 이름이 두 번째 테이블에 있는 적합한 강의의 세부 내용 전체와 결합되고 이 세부 내용은 '강의 번호'를 키로 이용해 찾는다. 물론 원래 쿼리는 학생 이름과 강사에 관한 내용이므로 우리는 그 밖의 다른 열은 필요하지 않다. 다행히도 데이터베이스는 우리가 관심 없는 열을 버릴 수 있게 하는 프로젝션projection 연산을 포함한다. 그러므로 데이터베이스는 두 테이블을 결합하는 조인 연산 후엔 불필요한 열을 제거하는 추출 연산을 하고 다음과 같은 가상 테이블을 산출한다.

학생 이름	강사
프란체스카	블랙
프란체스카	스미스
수잔	커비
에릭	커비
루이지	스미스
루이지	커비
빌	블랙
빌	스미스
로즈	커비
로즈	블랙

이제 데이터베이스는 셀렉트select라는 또 하나의 중요한 연산을 이용한다. 셀렉트 연산은 특정 기준을 기반으로 테이블에서 일부 열을 선택하고 나머지 행을 버려 새로운 가상 테이블을 만든다. 이 예에서 우리는 커비 교수의 강의를 듣는 학생을 찾고 있으므로 강사가 '커비'인 행만을 고르는 '셀렉트' 연산을 실행해야 한다. 그러면 다음과 같은 가상 테이블을 얻는다.

학생 이름	강사
수잔	커비
에릭	커비
루이지	커비
로즈	커비

쿼리가 거의 완료됐다. 이젠 프로젝션 연산을 한 번 더 해서 '강사' 열을 버리면 원래 쿼리에 답하는 가상 테이블이 나온다.

학생 이름
수잔
에릭
루이지
로즈

여기서 조금 더 기술적인 내용을 추가하면 좋겠다. SQL이라는 데이터베이스 쿼리 언어에 익숙하다면 상기 '셀렉트' 연산의 정의를 이상하게 느낄 수도 있다. SQL에서 '셀렉트' 명령은 일부 행의 선택만을 뜻

하진 않기 때문이다. 여기서의 '셀렉트'는 관계 대수라는 데이터베이스 연산에 관한 수학 이론에서 행을 선택하는 데만 이용하는 용어에서 가져왔다. 관계 대수는 우리가 커비 교수의 학생을 찾는 쿼리에서 이용한 '조인'과 '프로젝션' 연산도 포함한다.

관계형 데이터베이스

지금까지 이용한 것과 같은 상호 연결된 테이블에 있는 모든 데이터를 저장하는 데이터베이스를 관계형 데이터베이스라 부른다. IBM 연구원 E. F. 코드가 매우 영향력 있는 그의 1970년 논문 〈대규모 공유 데이터 뱅크를 위한 관계 모형A Relational Model of Data for Large Shared Data Banks〉에서 관계형 데이터베이스를 주장했다. 과학의 많은 위대한 발상이 그러하듯 관계형 데이터베이스도 돌이켜 보면 간단해 보인다. 그러나 그 당시 이는 효율적 저장과 정보 처리의 엄청난 진보를 의미했다. 이 덕분에 관계형 데이터베이스에 대한 쿼리에 답하는 가상 테이블을 생성하려면 (앞서 본 '셀렉트', '조인', '프로젝션'이라는 관계 대수 연산 같은) 몇 가지 연산만 하면 된다. 그러므로 관계형 데이터베이스를 쓰면 효율적으로 조직된 테이블에 데이터를 저장할 수 있으며, 가상 테이블 트릭을 써서 서로 다른 양식으로 존재하는 데이터를 필요로 하는 듯한 쿼리에 답할 수 있다.

따라서 관계형 데이터베이스는 상당수의 전자상거래에 이용된다. 사람들은 온라인에서 물건을 살 때마다 제품과 고객, 개인 구입에 관한 정보를 저장하는 많은 관계형 데이터베이스 테이블과 데이터를 주고받는다. 사이버 공간에서 우리가 인식하진 못하지만 늘 관계형 데이터베이스에 둘러 싸여 있는 셈이다.

데이터베이스의 인간적 측면

일반인에게 데이터베이스가 이 책에서 가장 재미 없는 주제라 해도 무리는 아니다. 그러나 조금 더 들어가면 데이터베이스를 작동하게 한 기발한 아이디어는 완전히 다른 이야기를 들려준다. 데이터베이스는 연산 도중에 하드웨어가 망가질 염려 때문에 만들어졌지만, 우리가 온라인 뱅킹 예제 등에서 밝힌 바와 같이 효율성과 높은 신뢰성을 지닌다. 할 일 목록 트릭 덕분에 수천 명의 고객이 동시에 데이터베이스와 데이터를 주고받을 때도 일관성을 유지하는 원자적 트랜잭션이 가능하다. 이런 대규모 일시 처리는 가상 테이블 트릭을 기반으로 한 올바른 쿼리 응답과 함께 대용량 데이터베이스를 효율적으로 만든다. 또 할 일 목록 트릭은 실패 상황에서도 일관성을 보장한다. 이를 중복 데이터베이스에서 '준비 후 커밋 트릭'과 결합하면 데이터의 일관성과 내구성을 확보할 수 있다.

'장애 허용fault tolerance*'이라고 알려진 신뢰할 수 없는 부품에 대한 데이터베이스의 엄청난 승리는 수십 년에 걸쳐 수많은 연구자가 연구해 온 작업의 결과다. 그러나 가장 중요한 기여자 중 한 명은 트랜잭션 처리에 관해 책으로 쓴 천재 컴퓨터과학자 짐 그레이다(1992년 출간된 《트랜잭션 처리: 개념과 기법Transaction Processing: Concepts and Techniques》). 슬프게도 그레이의 경력은 일찍 막을 내렸다. 2007년 어느 날, 그는 샌프란시스코 베이에서 골든 게이트 다리 아래를 지나 근처 섬으로 가는 요트 일주를 나섰으나 그 날 이후 그레이와 그의 배를 다신 볼 수 없었다. 이 비극적인 이야기에, 가슴 따뜻한 미담을 하나 더하겠다. 데이터베이스 커뮤니

* 구성 부품의 일부가 고장나도 정상적으로 처리를 수행하는 시스템 – 옮긴이

티의 많은 친구들이 그레이를 구하려고 그가 만든 도구를 이용했다. 바로 샌프란시스코 근해의 최근 위성 사진을 데이터베이스에 업로드해 친구와 동료들이 실종된 데이터베이스 개척자의 흔적을 찾을 수 있게 했다. 그러나 불행히도 검색은 실패했고, 컴퓨터과학계는 권위자 한 명을 잃었다.

9장

디지털 서명: 진짜 누가 이 소프트웨어를 작성했을까?

당신이 얼마나 잘못 판단했고 당신의 가정이 얼마나 근거 없는지,
나는 이 증명서를 당신 앞에 놓을 테니 …… 봐라!
손으로 만져봐도 된다. 이건 위조가 아니다.
- 찰스 디킨스, 《두 도시 이야기》

이 책에서 접하는 모든 알고리즘 중 '디지털 서명'이라는 개념이 가장 역설적이다. '디지털digital'이라는 단어를 문자 그대로 해석하면 '숫자 열로 구성된'이란 뜻이다. 그러므로 정의상 디지털인 모든 대상을 복사할 수 있다. 숫자를 한 번에 하나씩 복사하기만 하면 된다. 읽을 수 있다면 복사할 수 있다! 반면 '서명signature'의 핵심은 서명한 사람 이외의 사람이 읽을 순 있지만 복사(위조)할 수 없다는 데 있다. 디지털 서명을 어떻게 만들 수 있을까? 그리고 어떻게 이를 복사하지 못하게 할 수 있을까? 이 장에서 이 흥미로운 역설의 해결책을 발견하게 된다.

디지털 서명의 실제 목적은?

디지털 서명은 어디에 쓸까? 이런 질문은 불필요해 보일 수도 있다. 많은 이가 종이 서명과 같은 방법으로 디지털 서명을 쓸 것이라고 생각할지도 모른다. 즉 수표나 주택 임대차 계약서 같은 법적 문서에 서명할 때 디지털 서명을 사용한다고 생각한다. 그러나 디지털 서명에 관해 잠깐 생각하면 그렇지 않다는 사실을 알게 된다. 신용카드나 온라인 뱅킹을 이용해 물건 값을 온라인으로 결제할 때마다 어떤 종류의 서명을 하는가? 아니다. 일반적으로 온라인 신용카드 결제는 어떤 서명도 요하지 않는다. 온라인 뱅킹 시스템은 신원을 확인하기 위해 암호를 이용한 로그인을 요구하므로 이와 약간 다르다. 그러나 로그인 후 온라인 뱅킹을 이용하는 중 결제를 할 때는 어떤 서명도 필요하지 않다.*

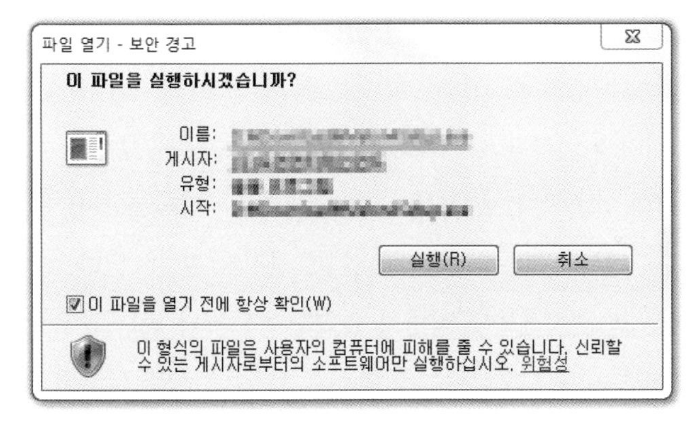

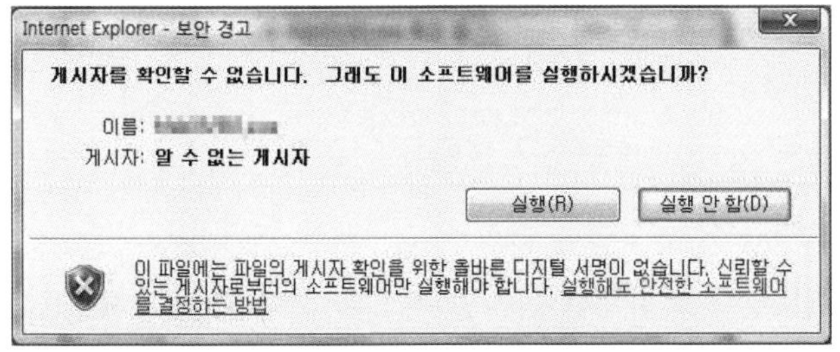

그림 9-1 컴퓨터는 디지털 서명을 자동으로 확인한다. 위: 유효한 디지털 서명이 있는 프로그램을 다운로드해서 실행하려 할 때 웹브라우저가 보여 주는 메시지. 아래: 디지털 서명이 유효하지 않거나 없을 경우.

* 한국에서 온라인 뱅킹을 이용할 경우 저자의 설명과 약간 달리 로그인할 때뿐 아니라 모든 거래 단계에서 사용자의 신원을 확인하는 디지털 서명의 일종인 공인인증서가 필요하다. – 옮긴이

그러면 디지털 서명을 실제론 어디에 쓸까? 답은 일반적 종이 서명과 정반대다. 종이 서명에서는 여러분이 상대방에게 보낼 내용에 서명을 하지만, 디지털 서명에서는 상대방이 여러분에게 내용을 보내기 전에 서명을 한다. 사람들이 잘 인식하지 못하는 이유는 컴퓨터가 디지털 서명을 자동으로 확인하기 때문이다. 예를 들어 프로그램을 다운로드해서 실행하려 할 때마다 웹브라우저는 프로그램이 디지털 서명을 갖고 있는지 그리고 이 서명이 유효한지 확인한다. 그리고 컴퓨터는 그림 9-1과 같은 적절한 경고를 띄운다.

보다시피 두 가지 가능성이 있다. (그림 9-1의 상단 경고창에서처럼) 소프트웨어가 유효한 서명을 갖고 있으면 컴퓨터는 이 소프트웨어를 작성한 회사의 이름을 확실하게 말할 수 있다. 물론 그렇다고 해서 소프트웨어의 안전성이 보장되는 것은 아니지만, 적어도 사용자가 이 회사에 갖고 있는 신뢰 정도를 기반으로 결정을 할 수 있다. 반면 (그림 9-1의 하단 경고창에서처럼) 서명이 유효하지 않거나 없는 경우 소프트웨어가 실제로 어디서 작성됐는지 확신할 수 없다. 유명 회사의 소프트웨어를 다운로드한다고 생각할 때도 해커가 이를 악성 소프트웨어로 바꿨을 가능성도 있다. 또는 유효 디지털 서명을 제작할 시간이나 필요가 없는 아마추어가 제작한 소프트웨어일 수 있다. 이런 상황에서 소프트웨어를 신뢰할지 결정하는 일은 사용자에게 달려 있다.

소프트웨어 서명에서 디지털 서명을 가장 쉽게 볼 수 있긴 하지만 이외의 영역에서도 디지털 서명을 쓴다. 사실 컴퓨터는 의외로 자주 디지털 서명을 받고 확인한다. 흔히 쓰는 인터넷 프로토콜 일부가 디지털 서명을 이용해 사용자가 상호작용하는 컴퓨터의 신원을 확인하기 때문이다. 예를 들어 주소가 'https'로 시작하는 안전한 서버는 일반적으로 암호화 세션을 착수하기 전에 디지털 서명을 한 인증서를 여러분의 컴퓨터로 보낸다. 브라우저 플러그인 같은 소프트웨어 요소의 진본성authenticity을 검증하는 데도 디지털 서명을 이용한다. 웹 서핑 중 이런 것에 관한 경고 메시지를 봤을 것이다.

일반 사용자가 접했을 수도 있는 또 다른 유형의 디지털 서명이 있다. 일부 웹사이트는 사용자에게 온라인 양식에 서명 역할을 하는 이름을 입력하라고 요청한다. 예를 들어 나는 때때로 내 학생의 온라인 추천서를 쓸 때 이렇게 해야 한다. 그러나 이는 컴퓨터과학자가 말하는 디지털 서명이 아니다! 당연하게도 이런 유형의 이름을 입력한 서명은 사용자의 이름을 알면 누구나 힘들이지 않고 위조할 수 있다. 이 장에서는 위조할 수 없는 디지털 서명을 제작하는 방법을 배우겠다.

종이 서명

디지털 서명에 관한 설명은 종이 서명이라는 친숙한 상황에서 시작해 진짜 디지털 서명으로 조금씩 다가갈 예정이다. 그러므로 우선 컴퓨터가 없던 시절로 돌아가자. 문서를 인증하는 유일한 방법은 종이에 손으로 쓴 서명밖에 없다. 이 이야기에서 서명된 문서 단독으로는 인증될 수 없음을 주의하라. 예를 들어 그림 9-2에서처럼 "나는 프랑수아즈Francoise에게 $100를 지급하기로 약속한다. 서명, 라비Ravi"라고 쓴 종이를 찾았다고 하자. 어떻게 이 문서에 라비가 실제로 서명했음을 증명할 수 있을까? 라비의 서명이 진짜임을 확인할 수 있는 신뢰할 만한 저장소가 필요하다. 실 세계에서 은행이나 관공서 같은 기관이 이 역할을 한다. 이들은 실제로 고객의 서명이 저장된 파일을 갖고 있고 필요한 경우 이 파일을 물리적으로 확인할 수 있다. 이 가상 시나리오에선 '종이 서명 은행'이라는 신뢰할 만한 기관이 모든 사람의 서명을 파일에 보관하고 있다고 하자. 종이 서명의 도식적 예를 그림 9-3에서 볼 수 있다.

그림 9-2 손으로 쓴 서명이 있는 종이 문서

그림 9-3 은행에서 고객 정보와 함께 파일로 저장하는 수기 서명

프랑수아즈에게 돈을 주기로 약속한 라비의 서명을 검증하려면 종이 서명 은행에 가서 라비의 서명을 열람하겠다고 요청해야 한다. 여기

서는 두 가지 중요한 가정을 하고 있다. 첫째, 은행이 믿을 만하다고 상정한다. 이론상 은행 직원이 다른 사람을 사칭하는 사기꾼을 도우려고 라비의 서명을 바꿨을 수도 있지만 여기서 이런 가능성은 배제하겠다. 둘째, 사기꾼이 라비의 서명을 위조할 수 없다고 가정한다. 물론, 모두 알다시피 이 가정은 완전히 틀렸다. 숙련된 위조범은 쉽게 서명을 위조할 수 있고 아마추어도 상당히 그럴듯하게 서명을 베낄 수 있기 때문이다. 그림에도 위조 불가능성이라는 가정이 필요하나. 이 가정이 없으면 종이 서명은 무용지물이 된다. 나중에 디지털 서명의 위조가 불가능한 이유를 알게 된다. 이는 디지털 서명이 종이 서명보다 유용한 큰 장점 중 하나다.

자물쇠로 서명하기

디지털 서명으로 가는 첫 단계는 종이 서명을 모두 폐기하고 문서를 인증하는 새로운 방법을 채택하는 것이다. 이는 자물쇠, 키key(열쇠), 금고다. 새로운 체계에 참여하는 모든 사람(여기서 라비, 타케시, 프랑수아즈)은 자물쇠를 많이 갖고 있다. 한 사람에게 속한 자물쇠는 동일해야 한다는 점이 중요하다. 그러므로 라비의 자물쇠는 모두 똑같다. 또 각 참여자의 자물쇠는 서로 배타적이어야 한다. 누구도 라비의 자물쇠와 같은 자물쇠를 만들거나 입수할 수 없다. 마지막으로 모든 자물쇠는 소유자만 자물쇠를 열 수 있게 하는 독특한 생체 인증 센서가 달려 있다. 따라서 프랑수아즈가 라비의 열린 자물쇠를 발견했다 해도 이를 다른 것을 잠그는 데 쓸 수 없다. 물론 라비도 자기 자물쇠를 열 키를 갖고 있다. 그의 자물쇠가 모두 같으므로 키도 모두 같다. 지금까지의 상황을 그림 9-4

에서 도식적으로 보여 준다. 이는 이 책에서 '물리적 자물쇠 트릭'이라고 부르는 방법에서 처음으로 설정해야 할 내용이다.

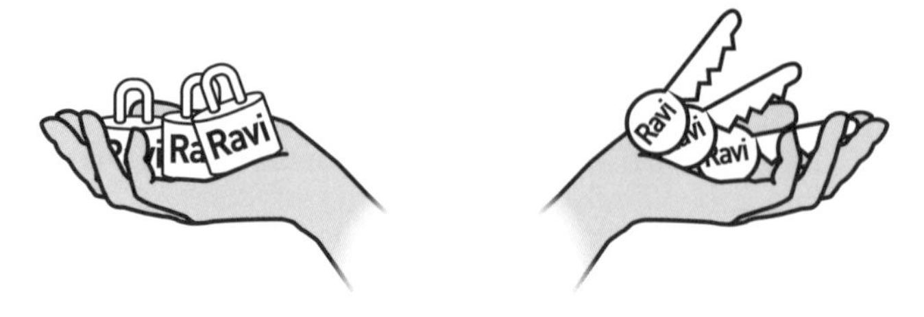

그림 9-4 물리적 자물쇠 트릭에서 각 참여자는 서로 배타적인 자물쇠와 키를 갖고 있고, 한 사람의 자물쇠와 키는 모두 같다.

이제 앞선 예에서와 마찬가지로 라비가 프랑수아즈에게 $100을 빚졌고 프랑수아즈는 증명 가능한 방법으로 이 사실을 기록하고 싶어 한다. 다시 말해 프랑수아즈는 앞선 예에서 나온 문서와 동등한 기능을 하지만 손으로 쓴 서명이 아닌 새로운 인증 방식을 원한다. 여기서 우리 트릭이 개입한다. 라비는 "라비는 프랑수아즈에게 $100를 지급하기로 약속한다."라고 적은 문서를 만들지만 여기에 서명하지 않는다. 그는 이 문서의 사본을 만들고 이 문서를 금고(자물쇠로 잠글 수 있는 튼튼하게 만든 상자)에 넣는다. 마지막으로 라비는 상자를 그의 자물쇠로 잠그고 금고를 프랑수아즈에게 준다. 그림 9-5에서 완성된 패키지를 볼 수 있다. 앞으로 더 명확해지겠지만, 금고는 문서에 대한 서명인 셈이다. 라비가 서명을 제작하는 동안 프랑수아즈나 다른 믿을 만한 증인이 보는 편이 좋다는 점에 주의하라. 그렇게 하지 않으면 라비는 다른 문서를 상자에 넣어 속일 수도 있다.(거의 틀림없이 금고가 투명할 경우 이 체계는 훨씬 좋은 효과를 낸다. 결국 디지털 서명은 비밀이 아닌 진본성을 제공한다. 그러나 투명한 금고는 다소 직관적이지 않으므로 여기서 이 가능성을 고려하진 않겠다.)

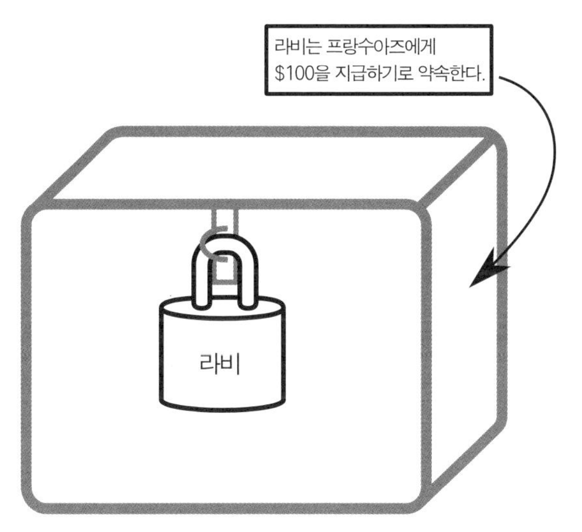

그림 9-5 물리적 자물쇠 트릭을 이용해 증명 가능한 서명을 만들고자 라비는 금고에 문서 사본을 넣고 자신의 자물쇠 하나로 이를 잠근다.

라비의 문서를 인증하는 방법을 이미 눈치챘을 수 있다. 누군가 또는 라비 자신이 문서의 진본성을 부정하려 할 경우 프랑수아즈는 "좋아. 라비. 잠깐만 네 키 하나만 빌려줘. 지금 네 키로 이 금고를 열겠다." 라고 말할 수 있다. 라비와 다른 증인 앞에서 (또는 법원의 판사 앞에서) 프랑수아즈는 자물쇠를 열고 금고의 내용을 보여 준다. 그리고 프랑수아즈는 이렇게 말할 수 있다. "라비, 이 키만 작동하는 자물쇠를 열 수 있는 사람은 당신밖에 없으니 다른 사람에겐 이 금고의 내용에 대한 책임이 없다. 따라서 당신만이 이 문서를 작성해서 금고 안에 넣었다는 뜻이다. 당신은 내게 $100를 빚졌다."

이 인증 방법을 처음 들으면 복잡하게 들리지만 이는 실용적이고 강력하다. 그러나 이 방법엔 결점이 있다. 가장 큰 문제는 이 방법이 라비의 협력을 요한다는 점이다. 프랑수아즈는 어떤 것을 증명하기에 앞서 라비를 설득해 그의 키 하나를 빌려야 한다. 그러나 라비는 거절할 수도 있고, 협력하는 척하고는 그의 자물쇠를 열 수 없는 다른 키를 건네줄 수도 있다. 그렇게 되면 프랑수아즈가 금고를 열지 못할 때 라비는 "봐라. 이건 내 자물쇠가 아니다. 그러므로 나도 모르게 위조범이 문서를 만들어서 이 상자에 넣었을지도 모른다."라고 말할지도 모른다.

라비의 이런 교활한 접근을 예방하고자 은행 같은 신뢰할 만한 제3자에 의존할 필요가 있다. 그림 9-3의 종이 서명과 달리 새로운 은행은 키를 보관한다. 그러므로 참여자들은 은행에 서명 사본을 주는 대신 자기 자물쇠를 여는 키를 맡긴다. 키 은행을 그림 9-6에서 볼 수 있다.

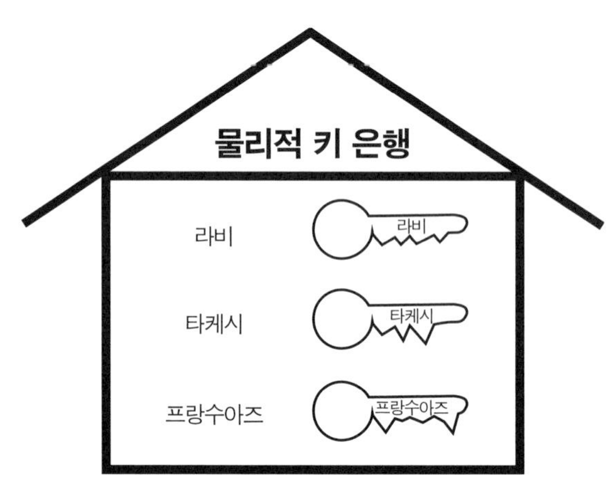

그림 9-6 키 은행은 각 참여자의 자물쇠를 여는 키를 보관하고 있다. 키가 서로 다르다는 점에 주목하라.

이 은행이 물리적 자물쇠 트릭에 관한 설명의 마지막 퍼즐 조각이다. 라비가 차용증을 썼다는 사실을 프랑수아즈가 증명할 필요가 있을 경우 증인과 함께 은행에 금고를 가져가 라비의 키를 열면 된다. 자물쇠가 열린다는 사실은 라비만이 상자의 내용에 책임이 있다는 뜻이고, 상자에는 프랑수아즈가 입증하려는 문서 사본이 들어 있다.

곱셈 자물쇠로 서명하기

지금까지 구축한 키 및 자물쇠 기반은 디지털 서명에 필요한 접근과 똑같다. 그러나 물리적인 자물쇠와 키를 디지털로 전송돼야 하는 서명에 쓸 수는 없다. 그래서 이제 자물쇠와 키를 디지털 방식으로 해석할 수 있는 수학적 대상과 교체할 단계다. 구체적으로 수가 자물쇠와 키를 의미하고, 시계 연산에서의 곱셈이 잠금 및 잠금 해제를 의미한다. 시계 연산에 익숙하지 않다면 4장에서 설명한 내용(93쪽)을 다시 읽어 보라.

위조가 불가능한 디지털 서명을 제작하기 위해 컴퓨터는 매우 큰 시계 크기를 이용한다. 이는 일반적으로 수십 또는 수백 자리 숫자의 길이다. 그러나 이 설명에서 계산을 단순화하기 위해, 비현실적으로 작은 시계 크기를 이용하겠다.

구체적으로 이 절에 있는 모든 예에선 11이라는 시계 크기를 이용하겠다. 이 시계 크기를 이용해 수를 꽤 많이 곱할 예정이기에 나는 11 미만의 수를 곱한 결과를 나열한 표를 제시한다(표 9-1 참고). 예를 들어 7×5를 계산하자. 표를 이용하지 않고 이를 계산하려면 우선 일반 곱셈 연산을 이용해 이를 계산한다. 7×5 = 35. 그리고 이를 11로 나눠 나머지를 취한다. 35를 11로 나누면 몫이 3이고 2가 남는다. 그러므로 최종 답은 2가 돼야 한다. 표 9-1을 보면 7행과 5열에 있는 항목이 실제로 2라는 사실을 알 수 있다(5행과 7열을 써도 무방하다. 보다시피 순서는 상관없다). 몇 가지 곱셈 예를 더 풀어서 확실히 이해해두자.

	1	**2**	**3**	**4**	**5**	**6**	**7**	**8**	**9**	**10**
1	1	2	3	4	5	6	7	8	9	10
2	2	4	6	8	10	1	3	5	7	9
3	3	6	9	1	4	7	10	2	5	8
4	4	8	1	5	9	2	6	10	3	7
5	5	10	4	9	3	8	2	7	1	6
6	6	1	7	2	8	3	9	4	10	5
7	7	3	10	6	2	9	5	1	8	4
8	8	5	2	10	7	4	1	9	6	3
9	9	7	5	3	1	10	8	6	4	2
10	10	9	8	7	6	5	4	3	2	1

표 9-1 시계 크기 11에 대한 곱셈표

설명을 계속하기 전에 문제를 약간 바꿀 필요가 있다. 이전 예에서 라비가 프랑수아즈에게 쓴 메시지(실제로는 차용증)에 '서명하는' 방법을 찾고 있었다. 여기선 문자로만 메시지를 썼다. 그러나 지금부터 숫자로만 작업해야 훨씬 편하다. 그러므로 컴퓨터는 라비가 서명한 문자 메시지를 일련의 숫자로 번역하기가 쉬울 것이라는 점에 동의해야 한다. 나중에 누군가가 이 일련의 숫자로 구성된 라비의 디지털 서명을 인증할 필요가 있을 경우 이 번역을 뒤집어서 숫자를 문자로 변환하는 일은 간단한 문제다. 체크섬과 더 짧은 심벌 트릭에 관해 설명할 때 이와 같은 문제를 접했다. 이 사안을 더 자세히 이해하고 싶으면 더 짧은 심벌 트릭에 관한 설명을 다시 한 번 읽어 보라. 7장의 표 7-1은 글자와 숫자 사이 번역에 대한 간단하고 명시적인 가능성을 제시한다.

따라서 라비는 영어로 쓴 메시지 대신 494138167543 . . . 83271696129149 같은 숫자열에 서명해야 한다. 그러나 간단한 설명을 위해, 서명해야 할 메시지가 터무니없이 짧다고 가정하겠다. 사실 라비의 메시지는 '8'이나 '5' 같은 하나의 숫자로 구성된다. 걱정하지 말라. 차후에 우리는 현실적인 길이의 메시지에 서명하는 법도 배울 예정이다. 그러나 지금은 한 자리 숫자 메시지를 이용하는 편이 낫다.

이 예비 과정을 마치고 나면 '곱셈 자물쇠 트릭'이란 새로운 트릭의 핵심을 이해할 준비가 된 셈이다. 물리적 자물쇠 트릭을 이용할 때와 마찬가지로 라비는 자물쇠와 이를 열 키를 필요로 한다. 자물쇠를 손에 넣기란 놀랍도록 쉽다. 라비는 우선 시계 크기를 선택하고 이 시계 크기보다 작은 숫자를 그의 숫자 '자물쇠'로 고른다(실제로 더 효과가 좋은 숫자가 있지만 너무 깊게 다루면 머리가 아파질 테니 넘어가자). 구체적으로, 라비가 시계 크기로 11을 골랐고 자물쇠로 6을 선택했다고 가정하자.

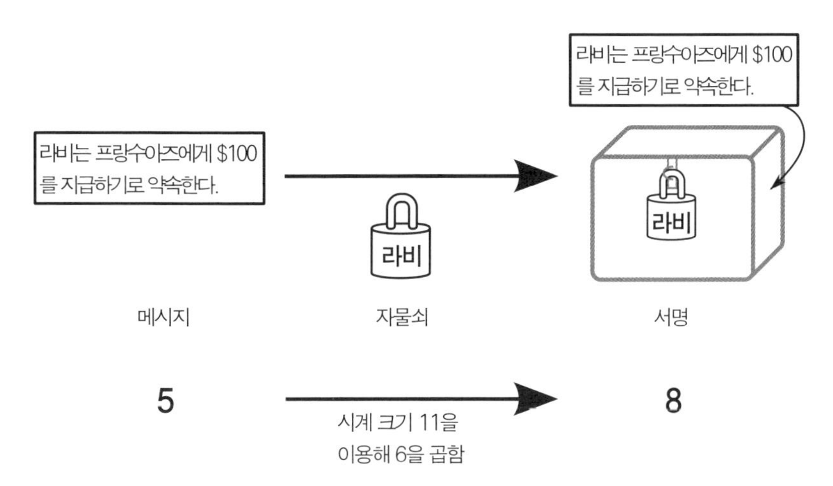

그림 9-7 '자물쇠'를 이용해 숫자 메시지를 '잠가' 디지털 서명을 제작하는 방법. 위 행은 물리적 자물쇠를 이용해 상자 안에 있는 메시지를 물리적으로 잠그는 방법을 보여 준다. 아래 행은 유사한 수학 계산을 보여 준다. 여기서 메시지는 숫자 5이고 자물쇠는 숫자 6이며 잠그는 과정은 주어진 시계 크기를 이용한 곱셈에 대응한다. 최종 결과인 8이 메시지에 대한 디지털 서명이다.

그러면 라비는 어떻게 이 자물쇠를 가지고 금고 안에 있는 그의 메시지를 '잠글' 수 있을까? 이상하게 들릴 수 있지만 곱셈을 이용한다. 그의 메시지의 '잠긴' 버전은 (당연히 시계 크기 11을 이용해) 메시지로 곱한 자물쇠가 된다. 지금 우리는 한 자리 숫자 메시지를 이용한 단순한 예를 다루고 있음을 기억하라. 그러므로 라비의 메시지를 '5'라고 하자. 그러면 그의 '잠긴' 메시지는 6×5 = 8(시계 크기 11)이 된다(앞선 곱셈표를 이용해 이를 이중 확인하라). 이 과정을 그림 9-7에서 요약했다. 최종 결과 '8'은 원본 메시지에 대한 라비의 디지털 서명이다.

물론 이런 유형의 수학적 '자물쇠'는 나중에 일종의 수학적 '키'를 이용해 풀 수 없다면 무의미하다. 다행히도 메시지를 풀 쉬운 방법이 있다. 이 트릭은 (시계 크기를 이용한) 곱셈을 다시 이용하는 것이다. 그러나 이번에는 (앞서 선택한 자물쇠 숫자를 풀고자 특별히 선택한) 다른 숫자를 곱하겠다.

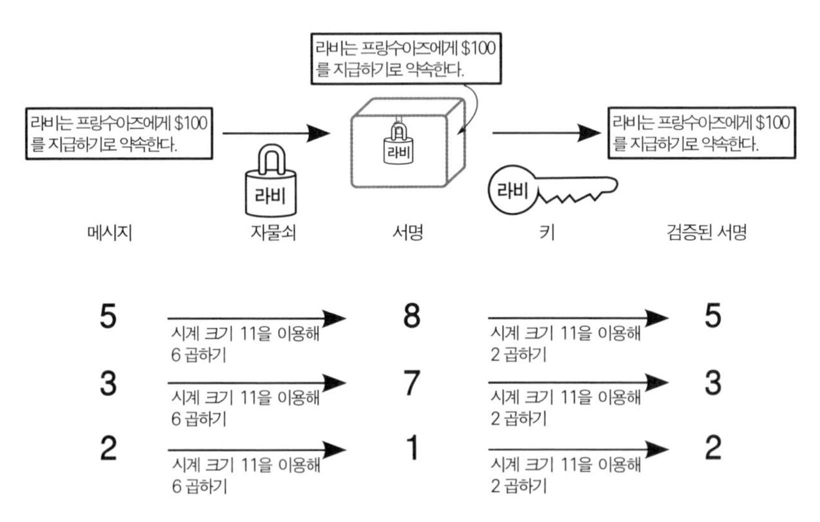

그림 9-8 숫자 자물쇠와 이에 대응하는 숫자 키를 이용해 메시지를 '잠그고' '여는' 방법. 맨 위 행은 물리적 잠금과 잠금 해제를 보여 준다. 다음 세 행은 곱셈을 이용해 숫자로 메시지를 잠그고 여는 예를 보여 준다. 잠그는 과정은 디지털 서명을 생산하는 반면, 여는 과정은 메시지를 생산한다는 점을 주목하라. 열린 메시지가 원본 메시지와 일치하면 디지털 서명은 검증되고 원본 메시지는 진짜다.

잠시 같은 예를 이용하자. 라비는 자물쇠 숫자 6을 갖고 시계 크기 11을 이용한다. 이에 대응하는 키는 2다. 이를 어떻게 알 수 있을까? 이 중요한 질문은 나중에 다루겠다. 지금은 다른 사람이 키의 숫자 값을 말해준 경우 이 키가 작동하는지 확인하는 더 쉬운 과제를 다루자. 앞서 언급했듯 자물쇠로 잠긴 메시지는 키를 곱해서 연다. 그림 9-7에서 이미 봤듯 라비는 메시지 5를 자물쇠 6으로 잠글 때 8이라는 잠긴 메시지(디지털 서명)를 얻었다. 이를 열고자 8에 키 2를 곱한다. 이 값에 시계 크기를 적용하면 5가 된다. 마법처럼 우리는 원본 메시지인 5를 얻게 됐다! 그림 9-8에서 이 과정 전체와 두 개의 다른 예를 볼 수 있다. 메시지 '3'을 잠그면 7이 되고 이에 키를 적용하면 다시 '3'이 된다. 이와 유사하게 '2'를 잠그면 '1'이 되지만 키는 이를 '2'로 변환한다.

그림 9-8은 디지털 서명을 검증하는 방법도 설명한다. 서명을 받아 서명자의 곱셈 키를 이용해 풀면 된다. 결과 메시지가 원본 메시지와 일치하면 이 서명은 진짜다. 그렇지 않으면 이는 위조된 서명이다. 이 검증 과정을 표 9-2에서 더 자세히 볼 수 있다. 이 표에서 우리는 시계 크기 11을 계속 이용하지만 지금까지 일부러 고른 숫자 자물쇠와 키를 이용한 것이 아님을 보여주고자 다른 값을 이용하겠다. 구체적으로 자물쇠 값은 9이고 이에 대응하는 키 값은 5이다. 표의 첫 번째 예에서 메시지는 '3'이라는 서명이 있는 '4'다. 다음 행은 서명 '6'이 있는 메시지 '8'에 해당하는 유사한 예를 제시한다. 그러나 마지막 행은 서명이 위조될 경우 어떻게 되는지 보여 준다. 여기서도 메시지는 '8'이지만 서명은 '7'이다. 이 서명을 풀면 '2'가 되고 이는 원본 메시지와 다르다. 그러므로 이 서명은 위조됐다.

메시지	디지털 서명 (진짜 서명을 만들려면 메시지에 자물쇠 값 9를 곱한다. 위조할 땐 무작위 수를 선택한다.)	열린 서명 (서명을 열려면 키 값 5를 곱한다.)	메시지가 일치하는가?	위조됐는가?
4	3	4	예	아니요
8	6	8	예	아니요
8	7	2	아니요!	예!

표 9-2 위조된 디지털 서명을 검출하는 방법. 이 예는 9라는 자물쇠 값과 5라는 키 값을 이용한다. 첫 두 서명은 진짜지만 세 번째 서명은 위조됐다.

물리적인 키와 자물쇠 시나리오로 돌아가 생각하면 자물쇠를 다른 사람이 이용하지 못하게 하는 생체인식 센서가 자물쇠에 있었던 것을 기억할 것이다. 그렇지 않으면 위조범이 라비의 자물쇠 중 하나를 이용해 메시지를 상자에 넣고 잠근 다음 이 메시지의 서명을 위조할 수도 있다. 같은 논증은 숫자 자물쇠에도 적용된다. 라비는 그의 자물쇠 번호를 비밀로 간직해야 한다. 메시지에 서명할 때마다 메시지와 서명을 노출할 수 있지만 서명을 제작하는 데 이용한 자물쇠 숫자를 노출할 수는 없다.

라비의 시계 크기와 숫자 키는? 이것도 비밀로 간직해야 할까? 아니다. 라비는 서명 검증 체계를 위태롭게 하지 않고도 그의 시계 크기와 키 값을 웹사이트에 발행해 대중에게 발표할 수 있다. 라비가 그의 시계 크기와 키 값을 발행하면 누구나 이 숫자를 입수해 그의 서명을 검증할 수 있다. 처음엔 이 접근이 매우 편리해 보일 수 있지만 여기엔 민감한 사항이 있다.

예를 들어 이 접근에선 종이 서명 기법과 물리적 자물쇠 및 키 기법에서 모두 필요했던 신뢰할 만한 은행이 필요 없을까? 아니다. 은행 같은 신뢰할 만한 제3자가 여전히 필요하다. 이것이 없으면 라비는 그의 서명을 유효하지 않게 만들 잘못된 키를 배포할 수도 있다. 심지어 라비의 적이 새로운 숫자 자물쇠와 이에 대응하는 숫자 키를 제작하고 이것이 라비의 키라고 발표하는 웹사이트를 만들어 최근 생성된 숫자 자물쇠를 이용해 원하는 어떤 메시지에도 디지털 서명을 할 수도 있다. 이 새로운 키를 라비의 것이라고 믿는 사람은 적의 메시지에 라비가 서명했다고 믿게 된다. 따라서 은행의 역할은 라비의 키와 시계 크기를 비밀로 유지하는 것이 아니다. 대신 은행은 라비의 숫자 키와 자물쇠 크기의 값에 대한 믿을 만한 기관이다. 그림 9-9가 이를 보여 준다.

그림 9-9 숫자 키 은행. 이 은행의 역할은 숫자 키와 시계 크기를 비밀로 유지하려는 것이 아니다. 대신 은행은 모든 개인의 진짜 키와 시계 크기를 입수하는 신뢰할 만한 기관이다. 은행은 이 정보를 요청하는 누구에게나 자유롭게 공개한다.

논의를 이렇게 요약하면 유용하다. 숫자 자물쇠는 '비공개적private'인 반면 숫자 키와 시계 크기는 '공개적public'이다. 당연히 키가 '공개적'이라는 이야기는 다소 이해하기 어렵다. 우리는 마치 집 열쇠 같은 물리적 키를 매우 조심스럽게 보호하는 데 익숙하기 때문이다. 이런 키의 예외적 이용을 명확히 하려면 앞서 설명한 물리적 자물쇠 트릭으로 돌아가서 생각하라. 거기서 은행은 라비의 키 사본을 보관하고 있었고 라비의 서명을 검증하려는 모든 사람에게 이를 기꺼이 빌려줬다. 그러므로 물리적 키도 어떤 의미에선 '공개적'이다. 같은 논증이 곱셈 키에도 적용된다.

중요한 실제 사안을 언급할 때다. 한 자리 숫자보다 긴 메시지에 서명하려면 어떻게 해야 할까? 이 질문엔 다양한 답이 가능하다. 가장 손쉬운 해결책은 훨씬 큰 시계 크기를 이용하는 것이다. 예컨대 100자리 시계 크기를 이용하면 똑같은 방법을 이용해 100자리 서명을 이용해 100자리 메시지에 서명할 수 있다. 이보다 긴 메시지에선 이를 100자리 청크로 나눠 각 청크에 별도로 서명할 수 있다. 그러나 컴퓨터과학자들은 이보다 더 좋은 방법을 갖고 있다. 암호학적 해시 함수라는 변환을 적용해 긴 메시지를 (예컨대 100자리 숫자로 이뤄진) 하나의 청크로 줄인다. (소프트웨어 패키지 같은) 큰 메시지의 내용이 정확한지 확인하기 위해 암호학적 해시 함수를 체크섬으로 이용했던 5장에서 이를 다뤘다(122쪽 참고). 여기서 아이디어는 이와 매우 유사하다. 긴 메시지에 서명하기 전에 이를 훨씬 작은 청크로 줄인다. 이는 소프트웨어 패키지처럼 극도로 큰 '메시지'에 효율적으로 서명할 수 있다는 뜻이다. 쉽게 이해할 수 있도록 지금부터 긴 메시지 문제는 다루지 않겠다.

또 다른 중요한 질문을 제기하겠다. 이런 숫자 자물쇠와 키를 어떻게 구할까? 앞서 언급했듯 참여자들은 기본적으로 자기 자물쇠로 어떤 숫자든 선택할 수 있다. 여기서 '기본적으로'라는 단어 이면에 있는 세부 내용은 불행히도 학부 수준의 정수론을 요한다. 여러분이 정수론을 공부할 기회가 없었다고 가정하고 간단한 맛보기 설명을 하겠다. 시계 크기가 소수素數라면 시계 크기보다 작은 모든 양의 값은 자물쇠로 작동한다. 그렇지 않으면 상황이 더 복잡해진다. 소수는 1과 자신 외에 약수가 없는 수다. 그러므로 이 장에서 지금까지 쓴 시계 크기인 11이 소수임을 알 수 있다.

그러므로 자물쇠 선택은 (특히 시계 크기가 소수일 경우) 쉽다. 그러나 자물쇠를 선택하고 나서도 이 자물쇠를 열 숫자 키를 떠올려야 한다. 이는 흥미로운 (그리고 매우 오래된) 수학 문제다. 실제로 해결책은 수 세기 전부터 알려져 있었고, 핵심 아이디어는 이보다 훨씬 오래 됐다. 이는 그리스 수학자 유클리드가 2,000년도 더 전에 작성한 '유클리드 알고리즘'이라는 기법이다. 그러나 키 생성에 관한 세부 내용을 여기서 다룰 필요는 없다. 자물쇠 값이 주어지면 컴퓨터가 유클리드 알고리즘이라는 유명한 수학 기법을 이용해 이에 대응하는 키 값을 떠올릴 수 있다는 사실만 알아도 된다.

이 설명도 그다지 만족스럽지 않았더라도, 내가 곧 알려줄 획기적인 방안에는 고개를 끄덕일 것이다. 자물쇠와 키에 대한 '곱셈' 접근에는 근본적인 결함이 있기에 이젠 버려야 한다. 다음 절에선 자물쇠와 키에 대한 약간 다른 숫자 접근 방식을 이용하겠다. 이는 실제로도 흔히 활용되는 접근 방법이다. 그럼 여기서 왜 결함이 있는 곱셈 시스템을 설명했을까? 주된 이유는 누구나 곱셈을 알고 있으므로 새로운 지식을 한꺼번에 알려주지 않고도 쉽게 설명할 수 있었기 때문이다. 또 다른 이유는 결함이 있는 곱셈 접근과 앞으로 다룰 정확한 접근 사이에 흥미로운 연결 고리가 있기 때문이다.

설명을 계속하기에 앞서 곱셈 접근에 있는 결함을 살펴보자. 자물쇠 값이 비공개적(즉 비밀)인 반면 키 값은 공개적이라는 사실을 상기하

라. 방금 이야기했듯 서명 체계의 참여자는 (공개적인) 시계 크기와 (비공개적인) 자물쇠 값을 자유롭게 고르고 컴퓨터를 이용해 (지금까지 본 곱셈 키 사례에서 유클리드 알고리즘을 통해) 자물쇠에 대응하는 키 값을 생성한다. 키를 신뢰할 만한 은행에 저장하고 은행은 키를 요청하는 누구에게나 공개한다. 키 곱하기의 문제는 같은 자물쇠로부터 키를 생성하는 데 이용한 트릭(기본적으로 유클리드 알고리즘)이 역으로도 완벽히 작동한다는 점이다. 즉 컴퓨터는 똑같은 기법을 이용해 주어진 키 값에 대응하는 자물쇠 값을 생성할 수 있다! 이 기법이 디지털 서명 체계 전체를 뒤흔드는 이유를 즉시 알 수 있다. 키 값은 공개적이기 때문에 누구나 비밀이어야 할 자물쇠 값을 계산할 수 있다. 그리고 다른 사람이 자물쇠 값을 알게 되면 이 사람의 디지털 서명을 위조할 수 있다.

지수 자물쇠로 서명하기

이 절에서 결함이 있는 곱셈 시스템을 실제로 이용하는 RSA라는 디지털 서명 체계로 업그레이드하겠다. 그러나 새로운 시스템은 곱셈 계산 자리에 지수라는 조금은 낯선 계산 방법을 이용한다. 사실 4장에서 공개 키 암호화에 관한 설명을 구축할 때와 같은 설명 단계를 따른다. 우선 곱셈이 사용된, 단순하지만 결함이 좀 있는 시스템을 살펴보고, 지수가 사용된 실제 버전을 알아 보자.

그러므로 5^9나 3^4 같은 거듭제곱 표기법에 친숙하지 않다면 94쪽으로 돌아가 내용을 다시 살펴보기 바란다. 귀찮은 이를 위해 간단히 여기서 한 줄로 요약해 보겠다. 3^4(3의 4제곱)은 $3 \times 3 \times 3 \times 3$을 뜻한다. 이 외에도 몇 가지 전문 용어가 더 필요하다. 3^4 같은 표현에서 4를 지수 또는 제곱이라고 부르고 3을 기저수라 부른다. 지수를 기저수에 적용하는 과정은 거듭제곱 또는 (더 공식적으로) 누승법이라 부른다. 4장에서처럼 우리는 누승법을 시계 연산과 결합하겠다. 이 절의 모든 예에선 시계 크기 22를 쓴다. 필요한 지수는 3과 7뿐이므로, 여기서는 (시계 크기가 22일 경우) 1부터 20 사이의 n값에 대한 n^3과 n^7의 값을 보여 주는 표를 제공해 보겠다(표 9-3 참고).

n	n^3	n^7	n	n^3	n^7
1	1	1	11	11	11
2	8	18	12	12	12
3	5	9	13	19	7
4	20	16	14	16	20
5	15	3	15	9	5
6	18	8	16	4	14
7	13	17	17	7	19
8	6	2	18	2	6
9	3	15	19	17	13
10	10	10	20	14	4

표 9-3 시계 크기가 22일 경우 3제곱과 7제곱을 한 값

이제 이 표에서 두 항목을 검토해 보자. n = 4에 해당하는 행을 보자. 시계 연산을 이용하지 않는다면 $4^3 = 4 \times 4 \times 4 = 64$가 된다. 그러나 시계 크기 22를 적용해서 64를 22로 나누면 몫은 2가 되고 20이 남는다. 이는 n^3에 해당하는 열에 있는 20이란 항목을 설명한다. 마찬가지로 시계 연산을 하지 않을 경우 $4^7 = 16,384$가 된다(이 계산 결과에 관해서 날 믿어도 좋다). 이 값에 가장 가까운 22의 배수를 이 값에서 빼면 16이 남는다(즉 $22 \times 744 = 16,368$이다). 따라서 이는 n^7에 해당하는 열에 있는 16을 설명한다.

드디어 진짜 디지털 서명의 실행을 볼 준비가 됐다. 이 시스템은 앞선 절에서 다룬 곱셈 방법과 똑같이 작동한다. 다만 이번에는 곱셈을 이용해 메시지를 잠그고 여는 대신, 누승법을 쓴다. 전과 마찬가지로 라비는 우선 공개할 시계 크기를 고른다. 여기서 라비는 시계 크기 22를 쓴다. 그러고 나서 그는 이 시계 크기보다 작은 숫자 중 비밀 자물쇠 값을 선택한다(자물쇠 값의 선택에 관해서는 나중에 별도로 간략하게 논하겠다). 이 예에서 라비는 3을 자물쇠 값으로 고른다. 그리고 그는 컴퓨터를 이용해 이 자물쇠 값과 시계 크기에 대응하는 키 값을 계산한다. 나중에 이를 더 상세히 배우겠다. 그러나 중요한 사실은 컴퓨터가 유명한 수학 기법을 이용해 자물쇠와 시계 크기로부터 키를 쉽게 계산할 수 있다는 점이다. 이 경우 앞서 선택한 자물쇠 값 3에 대응하는 키 값은 7이다.

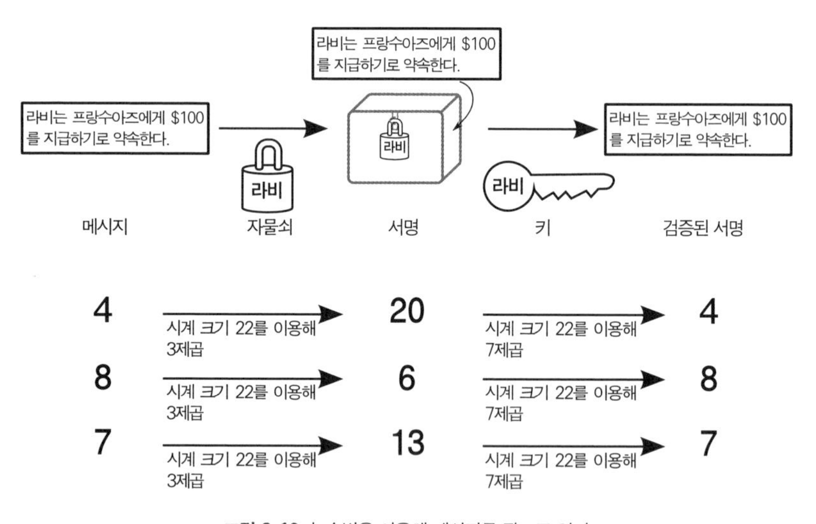

그림 9-10 누승법을 이용해 메시지를 잠그고 열기

그림 9-10은 라비가 메시지에 서명하는 방법과 다른 사람이 서명을 열어 확인하는 방법에 관한 구체적 예를 보여 준다. 메시지가 '4'라

면 서명은 '20'이다. 자물쇠를 지수로 이용해 메시지를 거듭제곱해 이를 구한다. 따라서 우리는 4^3을 계산해야 하고 이는 시계 크기를 고려하면 20이 된다(표 9-3을 이용해 이 계산을 쉽게 확인할 수 있음을 잊지 말라). 이제 프랑수아즈는 라비의 디지털 서명 '20'을 검증하고 싶을 경우 우선 은행에 가서 라비의 시계 크기와 키에 해당하는 인증된 값을 얻는다(은행은 다른 수를 쓴다는 점을 빼면 그림 9-9와 같다). 그러면 프랑수아즈는 서명에 키 값만큼 거듭제곱하고 시계 크기를 적용한다. 표 9-3을 이용하면 이는 20^7 = 4가 된다. 결과가 원본 메시지와 일치하면 (그리고 이 경우 두 값이 일치하므로) 서명은 진본이다. 그림 9-13은 메시지 '8'과 '7'에 해당하는 계산도 보여 준다.

표 9-4는 서명의 검증을 강조해서 이 과정을 다시 보여 준다. 이 그림에서 처음 두 예는 이전 그림과 같고(메시지는 각각 '4'와 '8') 이들은 진짜 서명이다. 세 번째 예에선 메시지가 '8'이고 서명이 '9'다. 키와 시계 크기를 적용해 서명을 풀면 9^7 = 15이므로 원본 메시지와 다른 값이 나온다. 그러므로 이 서명은 위조됐다.

메시지	디지털 서명 (진짜 서명을 만들려면 메시지를 자물쇠 값인 3제곱한다. 위조하려면 무작위 수를 선택한다.)	열린 서명 (서명을 열려면 키 값인 7제곱한다.)	메시지가 일치하는가?	위조됐는가?
4	20	4	예	아니요
8	6	8	예	아니요
8	9	15	아니요!	예!

표 9-4 누승법을 이용해 위조된 디지털 서명을 검출하는 법. 이 예는 자물쇠 값인 3, 키 값 7, 시계 크기 22를 이용한다. 첫 두 서명은 진본이고 마지막 서명은 위조됐다.

앞서 언급했듯 이 지수 자물쇠 및 지수 키 체계는 1970년대에 이 시스템을 처음 발표한 고안자의 이름(로날드 라이베스트, 아디 샤미르, 레너드 에이들먼)을 따라 RSA 디지털 서명 체계로 알려져 있다. 이 이름들이 왠지 익숙하게 들릴 수도 있다. 4장에서 공개 키 암호화를 다룰 때 RSA라는 약자를 접했기 때문이다. 사실 RSA는 공개 키 암호화 체계인 동시에 디지털 서명 체계다. 이는 절대 우연이 아니다. 두 유형의 알고리즘 사이에는 깊은 이론적 관계가 있기 때문이다. 이 장에서 우리는 RSA의 디지털 서명에 관해서만 탐구하지만 4장에서 다룬 발상과 놀랍도록 유사한 점을 알아챘을 수도 있다.

RSA 시스템에서 시계 크기, 자물쇠, 키를 선택하는 상세한 방법은 정말 매력적이지만 이 접근 전반을 이해하는 데 필요하진 않다. 가장 중요한 점은, 이 시스템에서 참여자가 자물쇠 값을 선택하면 적합한 키 값을 쉽게 계산할 수 있다는 사실이다. 그러나 다른 사람이 이 과정을 거꾸로 실행하기는 불가능하다. 다른 사람이 이용하는 키와 시계 크기를 안다고 해서 이에 대응하는 자물쇠 값을 계산할 수는 없다. 이는 앞서 설명한 곱셈 시스템에 있는 결점을 수정한다.

적어도 컴퓨터과학자들은 이것이 안전하다고 생각하지만 아무도 장담하지는 못한다. RSA가 정말로 안전한지에 관한 사안은 컴퓨터과학 전체에서 가장 흥미로운(그리고 성가신) 질문 중 하나다. 이런 이유 중 하나는 이 질문이 고대의 풀리지 않은 수학 문제인 소인수분해와, 최근의 물리학과 컴퓨터과학 연구 간 교차점에 있는 관심 주제인 양자 컴퓨팅quantum computing(퀀텀 컴퓨팅)에 모두 의존한다는 점이다. RSA의 이 두 측면을 차례로 탐구할 예정이지만, 그 전에 RSA 같은 디지털 서명 체계가 '안전하다'는 것이 무슨 뜻인지 조금 더 이해할 필요가 있다.

RSA의 보안

모든 디지털 서명 체계의 보안 문제는 '적이 내 서명을 위조할 수 있는가?'란 질문으로 압축된다. 따라서 RSA에서 이는 '적이 공개 시계 크기와 키 값을 이용해 비공개 자물쇠 값을 계산할 수 있는가?'라는 질문이 된다. 이 질문에 대해 간단히 '예'라고 답할 수 있다는 사실이 여러분을 괴롭게 할 수도 있겠다. 사실 우리는 시행착오를 거쳐 누군가의 자물쇠 값을 계산해 내는 일이 늘 가능하다는 사실을 알고 있다. 결국 우리는 메시지와 시계 크기, 디지털 서명을 받는다. 자물쇠 값이 시계 크기보다 작다는 사실을 알고 있으므로 모든 가능한 자물쇠 값을 차례로 시도해 보고 정확한 서명을 산출한 값을 알아낼 수 있다. 이는 메시지를 가능한 각 자물쇠 값의 크기만큼 거듭제곱해보면 되는 일이다. 문제는 실제로 RSA 체계는 엄청나게 큰 시계 크기를 쓴다는 데 있다. 예컨대 이는 수천 자리에 이르기도 한다. 그러므로 현존하는 슈퍼 컴퓨터 중 가장 빠른 컴퓨터조차 모든 가능한 자물쇠 값을 시도해 보는 데 수조 년이 걸린다. 그러므로 우리는 적이 어떤 방법으로 자물쇠 값을 계산하는지에는 관심이 없다. 대신 적이 실제로 위협이 될 정도로 효율적으로 충분히 이렇게 할 수 있는지 알고 싶을 뿐이다. 적이 공격하는 최선책이 (컴퓨터과학자들이 브루트 포스brute force라 부르는) 거듭된 시행착오라면 공격이 무의미해질 정도로 큰 시계 크기를 늘 선택하면 된다. 반면 적이 브루트 포스보다 현저히 빠르게 작동하는 기법을 사용한다면 문제가 될 수도 있다.

예를 들어 곱셈 자물쇠와 키 체계에서 서명자가 자물쇠 값을 선택하고 유클리드 알고리즘을 이용해 이로부터 키 값을 계산할 수 있다는 사실을 배웠다. 그러나 여기서 결점은 적이 이 과정을 거꾸로 돌리기 위해 브루트 포스에 의존할 필요가 없다는 것이다. 또 키 값이 주어진 상태에서 자물쇠 값을 계산하는 데 브루트 포스보다 훨씬 효율적인 유클리드 알고리즘을 이용할 수 있다. 그래서 곱셈 접근은 안전하지 않다.

RSA와 인수분해의 관계

나는 RSA의 보안과 소인수분해라는 오래된 수학 문제의 관계를 보여주겠다고 약속했다. 이 관계를 이해하려면 RSA 시계 크기를 어떻게 선택하는지에 관한 세부 내용을 조금 더 알아야 한다.

우선 소수의 정의를 떠올려 보자. 소수는 1과 자기 자신 외에 다른 인수가 없는 수라고 했다. 예를 들면, 1×31만이 두 수를 곱해 31을 만드는 유일한 방법이므로 31은 소수다. 그러나 33을 만들려면 1×33뿐 아니라 3×11도 있으므로 33은 소수가 아니다.

이제 우리의 오랜 친구 라비 같은 서명자가 RSA 시계 크기를 생성하는 방법을 탐구할 준비가 됐다. 라비가 첫 번째로 할 일은 매우 큰 소수 두 개를 선택하는 것이다. 일반적으로는 수백 자리 수지만 늘 그랬듯 여기선 작은 수를 예로 들겠다. 라비가 2와 11을 그의 소수로 골랐다고 하자. 그 다음에 라비는 이를 곱해서 시계 크기를 만든다. 따라서 여기서 시계 크기는 2×11 = 22가 된다. 시계 크기는 라비의 키 값과 함께 공개된다. 그러나 이 시계 크기의 두 소인수는 비밀로 남아 있어 라비만 알 수 있다. 이 점이 매우 중요하다. RSA 이면의 수학은 라비에게 이 두 소인수를 이용해 키 값으로부터 자물쇠 값을 계산하고, 역으로 자물쇠 값으로부터 키 값을 계산할 방법을 제공한다.

이 방법의 상세한 내용은 참고 9-1에서 설명하지만 이는 우리의 주목적과는 크게 관련이 없다. 우리가 알아야 할 것은 라비의 적이 공개 정보(시계 크기와 키 값)를 이용해 그의 비밀 자물쇠 값을 계산할 수 없다는 점이다. 그러나 그의 적도 시계 크기의 두 소인수를 안다면 비밀 자물쇠 값을 쉽게 계산할 수 있다. 다시 말해 라비의 적이 시계 크기를 인수분해할 수 있다면, 그의 서명을 위조할 수도 있다(물론 RSA를 크랙crack하는 다른 방법도 있다. 시계 크기의 효율적 인수분해는 가능한 공격 방법의 하나일 뿐이다).

2 × 11 × = 22
소수 소수 주 시계 크기
↓빼기 1 ↓빼기 1
1 × 10 × = 10
보조 시계 크기

라비는 두 소수(2와 11)을 선택하고 이 둘을 곱해 시계 크기(22)를 만든다. 이를 곧 알게 될 이유에서 '주' 시계 크기라 부르자. 그리고 라비는 원래 소수에서 1씩 빼 만든 두 수를 곱한다. 이는 라비의 '보조' 시계 크기를 만든다. 이 예에서 두 소수에서 1씩 빼면 라비는 1과 10을 얻게 되므로 보조 시계 크기는 1×10=10이 된다.

여기서 앞서 설명한 결함이 있는 자물쇠와 키 곱셈 시스템과의 매우 만족스러운 연결을 접한다. 라비는 곱셈 체계에 따라 자물쇠와 키를 선택하지만 주 시계 크기 대신 보조 시계 크기를 이용해서 이를 구한다. 라비가 3을 자물쇠 수로 선택한다고 하자. 보조 시계 크기 10을 이용하면 대응하는 곱셈 키는 7이 된다. 이것이 작동하는지 빨리 검증할 수 있다. 메시지 '8'을 자물쇠 3과 곱하면 8×3=24 또는 시계 크기 10에서 '4'가 된다. 키로 '4'를 열면 4×7=28이므로 시계 크기를 적용하면 '8'이 된다. 이는 원본 메시지와 같다.

라비의 작업은 다 끝났다. 그는 방금 고른 곱셈 자물쇠와 키를 취해 RSA 시스템에서 그의 지수 자물쇠와 키로 바로 이용한다. 물론 주 시계 크기인 22를 이용한다.

참고 9-1 RSA 시계, 자물쇠, 키 값 생성에 관한 상세 내용이 예에서 시계 크기의 인수분해는(그러므로 디지털 서명 체계 크랙은) 터무니없이 쉽다. 누구나 22 = 2×11이라는 사실을 안다. 그러나 시계 크기가 수백 또는 수천 자리 길이일 경우 인수 찾기란 극도로 어려운 문제가 된다. 사실 인류는 '소인수분해' 문제를 수백 년 동안 연구해 왔지만 전형적인 RSA 시계 크기를 위협할 정도로 효율적으로 작용하는 보편적인 풀이법을 찾지는 못했다.

수학의 역사에는 실용적으로 적용되진 않지만 미학적 특성만으로 수학자들을 매료시켜 깊은 탐구를 고취시키는 아직 풀리지 않은 문제들이 많다. 꽤 놀랍게도, 매우 흥미롭지만 명백히 불필요했던 문제의 상당수는 오랜 시간이 흐른 뒤 실용적으로 매우 중요하다고 밝혀졌다. 어떤 경우 수 세기 동안 문제를 연구한 후에야 이런 중요성을 발견했다.

소인수분해가 바로 이런 문제다. 수학자 페르마와 메르센이 17세기에 이 문제를 최초로 진지하게 탐구했다. (수학에서 가장 위대한 인물 중 두 명인) 오일러와 가우스는 18세기에 큰 기여를 했고 많은 다른 수학자가 이를 기반으로 문제를 탐구해 왔다. 그러나 1970년대에 공개 키 암호화를 발견하고 나서야 큰 수를 인수분해하기가 매우 어렵다는 것이 실제 응용에서 핵심이 됐다. 여러분도 알다시피 큰 수를 인수분해하는 효율적 알고리즘을 발견한다면 누구나 디지털 서명을 마음대로 위조할 수 있을 것이다.

여러분이 너무 겁을 먹기 전에, 1970년대 이래로 수많은 디지털 서명 체계가 고안됐다는 점을 밝혀야겠다. 풀기 어려운 몇몇 수학적 문제 때문에 이런 체계가 고안되기는 했지만, 각기 다른 수학적 문제에 의존하므로 효율적 인수분해 알고리즘을 발견한다 해도 RSA 같은 체계만 풀 수 있다.

한편 컴퓨터과학자는 이런 모든 시스템에 적용해야 하는, 답이 없는 과제로 인해 계속 골머리를 앓고 있다. 즉 어떤 체계도 안전하다고 '증명된' 것은 없다. 이들은 분명히 매우 어렵고 많이 연구된 수학 문제에 의존하고 있지만 어느 문제에서도 이론적으로 효율적 해결책이 존재하지 않는다는 사실을 증명하지 못했다. 그러므로 전문가는 일어날 가능성이 거의 없다고 생각하더라도, 원리상 언제라도 이런 암호화나 디지털 서명 체계는 무너질 수 있다.

RSA와 양자 컴퓨터의 관계

RSA와 오래된 수학 문제의 관계를 밝히겠다는 약속은 지켰지만 양자 컴퓨팅이라는 연구 주제와의 관계는 아직 설명하지 않았다. 이를 설명하려면 우선 다음과 같은 근본적 사실을 수용해야 한다. 고전 물리학의 결정론적 법칙과 달리 양자 역학에서 대상의 움직임은 확률이 지배한다. 따라서 양자 역학의 효과에 반응하도록 컴퓨터를 구축할 경우, 컴퓨터가 계산하는 값은 일반적인 컴퓨터가 생산하는 0과 1의 절대적인 배열이 아니며, 확률에 따라 결정된다. 이를 보는 또 다른 방법은 양자 컴퓨터가 다양한 값을 동시에 저장한다는 사실이다. 모든 값은 각기 다른 확률을 갖지만, 컴퓨터에게 강요해 최종 답을 산출하게 할 때까지 이 다양한 값은 동시에 존재한다. 이는 양자 컴퓨터가 서로 다른 가능한 답을 동시에 계산할 가능성을 초래한다. 그러므로 특수한 유형의 문제에 대해서 모든 가능한 해결책을 동시에 시도하는 '브루트 포스'를 이용할 수 있다!

이는 특정 유형의 문제에만 효과가 있긴 하지만, 일반 컴퓨터가 아닌 양자 컴퓨터에서 소인수분해를 훨씬 더 효율적으로 수행할 수 있다. 그러므로 수천 자리 숫자를 처리할 수 있는 양자 컴퓨터를 만들 수 있다면 앞서 설명한 RSA 서명을 위조할 수도 있다. 공개 시계 크기를 인수분해하고 인수를 이용해 보조 시계 크기를 알아낸 다음, 이를 이용해 공개 키 값으로부터 비공개 자물쇠 값을 알아낼 수 있다.

이 글을 쓰고 있는 2011년에 양자 컴퓨팅 이론은 실제 양자 컴퓨터보다 훨씬 앞서 있다. 연구자들은 실제 양자 컴퓨터를 만들 수는 있지만, 이 양자 컴퓨터가 지금까지 계산한 가장 큰 인수분해는 15 = 3×5다.* 이는 수천 자리의 RSA 시계 크기 인수분해로부터 한참 멀다! 그리고 더 큰 양자 컴퓨터 제작에 앞서 해결해야 할 어마어마한 현실적 문제들이 있다. 그러므로 언제쯤 양자 컴퓨터가 RSA 시스템을 완전히 깰 정도로 커질지, 그리고 실제로 그렇게 될지는 아무도 모른다.

실제 디지털 서명

9장 앞부분에서 최종 사용자가 디지털 서명을 할 필요가 별로 없다는 사실을 알았다. 일부 컴퓨터에 정통한 사용자는 이메일 메시지 같은 곳에 서명을 하지만 대부분은 다운로드한 내용을 검증할 때 디지털 서명을 주로 사용한다. 이에 관한 가장 분명한 예는 새로운 소프트웨어를 다운로드할 때다. 소프트웨어에 서명이 돼 있다면 컴퓨터가 서명자의 공개 키를 이용해 이 서명을 '열고' 서명자의 '메시지'(이 경우 소프트웨어 자체)와 계산 결과를 비교한다(앞서 언급했듯 소프트웨어는 보안 해시 secure hash라는 훨씬 작은 메시지로 압축된다). 열린 서명이 소프트웨어와 일치할 경우 실행을 권하는 메시지를 보게 되고 일치하지 않을 경우 끔찍

* 2012년에는 21의 인수분해도 수행했다. 이 양자 컴퓨팅 알고리즘 실험 및 결과는 〈네이처 포토닉스(Nature Photonics)〉 지 6권 12호에 〈큐비트 리사이클링을 이용한 쇼어 양자 인수분해 알고리즘의 실험적 구현(Experimental Realization of Shor's Quantum Factoring Algorithm Using Qubit Recycling)〉이라는 논문으로 게재됐다. – 옮긴이

한 경고 메시지를 보게 된다(그림 9-1 참고).

이 장 내내 강조했듯 모든 체계는 공개 키와 시계 크기를 저장할 일종의 신뢰할 만한 '은행'을 요한다. 이미 눈치챘겠지만 다행히 소프트웨어를 다운로드할 때마다 진짜 은행에 갈 필요는 없다. 실제로 공개 키를 저장하는 신뢰할 만한 조직은 인증기관certification authority으로 알려져 있다. 모든 인증기관은 전자 접속으로 공개 키 정보를 다운로드할 수 있는 서버를 운영한다. 그래서 사용자의 컴퓨터가 디지털 서명을 받으면 이는 어떤 인증기관이 서명자의 공개 키를 보증하는지 언급하는 정보를 수반한다.

여기서 이미 문제가 있음을 알아챘을 수도 있다. 컴퓨터는 지정된 인증기관을 이용해 서명을 검증할 수 있지만, 인증기관을 어떻게 신뢰할 수 있을까? 지금까지 이 장에서 한 일은 한 조직(예컨대 소프트웨어를 보낸 나노소프트NanoSoft.com)의 신원을 검증하는 문제를 또 다른 조직(예컨대 트러스트미 사TrustMe Inc.라는 인증기관)의 신원을 확인하는 문제로 변환한 것뿐이다. 믿거나 말거나 일반적으로 인증기관(트러스트미 사)은 검증을 목적으로 사용자를 또 다른 인증기관(예컨대 플리즈트러스트어스 사PleaseTrustUs Ltd.)에 보내 이 문제를 해결한다. 이런 유형의 신뢰 연쇄는 무한히 확장될 수 있지만 늘 같은 문제에 부딪힌다. 이 연쇄의 끝에 있는 조직을 어떻게 믿을 수 있을까? 그림 9-11에서처럼 특정 조직을 최상위root 인증기관으로 공식 지정하면 된다. 잘 알려진 최상위 인증기관으로는 베리사인VeriSign, 글로벌사인GlobalSign, 지오트러스트GeoTrust가 있다. 수많은 최상위 인증기관의 (인터넷 주소와 공개 키를 포함한) 연락 정보는 브라우저에 사전 설치되고, 이것이 디지털 서명에 대한 신뢰 연쇄가 신뢰할 만한 출발점에 닻을 내리게 되는 방식이다.

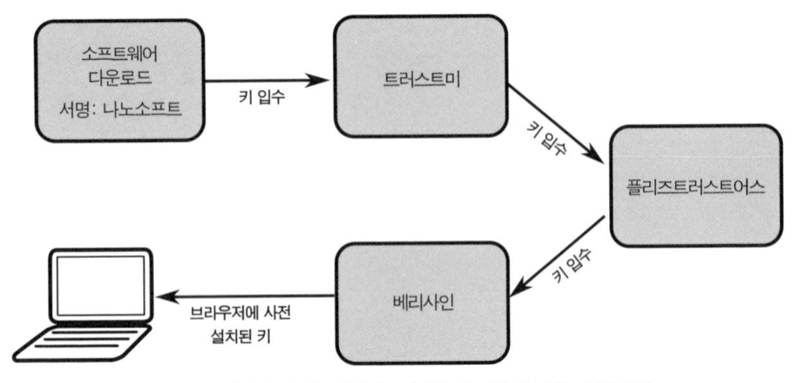

그림 9-11 디지털 서명을 검증하는 데 필요한 키를 입수하는 신뢰 연쇄

해결된 역설

이 장을 시작하며 '디지털 서명'은 매우 역설적인 단어라고 간주할 수 있다고 지적했다. 즉 디지털 방식으로 된 모든 것은 복사될 수 있지만, 서명은 복사가 불가능해야 한다던 이 역설은 어떻게 해결됐을까? 답은 디지털 서명이 서명자만 아는 비밀과 서명되는 메시지 모두에 의존한다는 사실이다. (이 장에서 자물쇠라 부른) 비밀은 특정 개체가 서명한 모든 서명에서 동일하지만 서명은 각 메시지마다 다르다. 그러므로 누군가가 서명을 쉽게 복사할 수 있다는 사실은 틀렸다. 서명은 다른 메시지로 전환될 수 없으므로, 이를 그냥 복사한다고 해서 위조할 수 있는 것은 아니다.

디지털 서명이라는 역설의 해결은 정교하고 아름다운 알고리즘이기도 하지만, 엄청난 실용적 중요성도 지닌다. 디지털 서명이 없었다면 우리가 아는 인터넷은 존재하지 않았을 것이다. 여전히 암호화를 이용해 데이터를 안전하게 교환할 수 있겠지만 받은 데이터의 출처를 검증하기가 훨씬 어려웠을 것이다. 심오한 알고리즘과 폭넓은 실용적 영향의 조합은 디지털 서명이 의심의 여지 없이 컴퓨터과학에서 가장 훌륭한 성취 중 하나라는 사실을 뜻한다.

10장

계산 가능성과 결정 불가능성: 컴퓨터로 모든 문제를 해결할 수 있을까?

계산 기계의 문제점 일부를 여러분에게 다시 한 번 알려드리겠습니다.
- 리처드 파인만 (1965년 노벨 물리학상 수상자)

지금까지 꽤 여러 가지의 기발하고 강력하며 아름다운 알고리즘을 살펴봤다. 이 알고리즘들이 컴퓨터라는 금속을 천재로 만들었다. 사실 앞선 장에서의 거창한 미사여구를 보면 컴퓨터가 할 수 없는 일이 과연 있는지 당연히 궁금할 것이다. 오늘날 컴퓨터가 할 수 있는 일에 국한해 이야기한다면 답은 매우 명확하다. 여전히 컴퓨터가 잘 할 수 없는 (대부분 인공지능 형태와 관련 있는) 유용한 일이 많다. 예를 들면, 영어와 중국어 같은 언어를 매끄럽게 번역하는 일, 복잡한 도심에서 차를 자동으로 안전하고 빠르게 운전하는 일, 학생의 논술 시험지를 채점하는 일 등이 있다(채점은 나에게 큰 숙제다).

그러나 이미 봤듯, 정말 기발한 알고리즘이 달성할 수 있는 것들을 보면 놀라울 때가 많다. 아마도 내일 누군가 자동차를 완벽히 운전하거나 내 학생의 과제 점수를 훌륭히 매기는 알고리즘을 고안할지도 모른다. 이는 어려운 문제 같아 보인다. 그러나 정말 엄청나게 어려울까? 해결할 알고리즘을 절대 고안할 수 없을 만큼 정말 극도로 어려운 문제가 있긴 한 걸까? 이 장에서는 그런 문제가 존재한다는 사실을 알게 될 것이다. 컴퓨터가 절대 해결할 수 없는 문제가 실제로 있다! 컴퓨터로 해결할 수 있는 문제도 있지만 절대 해결할 수 없는 문제도 있다는 이 엄청난 사실은 앞서 살펴본 많은 알고리즘이 이뤄낸 업적에 대한 흥미로운 전환점을 제시한다. 미래에 아무리 많은 기발한 알고리즘이 개발되더라도 '컴퓨터로 해결할 수 없는' 문제는 늘 존재할 것이다.

컴퓨터로 해결할 수 없는 문제가 있다는 사실 자체만으로도 놀랍지만 이를 발견한 것에 관한 이야기는 훨씬 놀랍다. 최초의 전자 계산기electronic computer가 탄생하기 전에 이미 컴퓨터로 풀 수 없는 문제의 존재가 밝혀졌다! (제2차 세계대전 중에 출현한 실제 컴퓨터보다 수년 전인) 1930년대 말 미국인 수학자와 영국인 수학자는 컴퓨터로 해결할 수 없는 문제가 있다는 사실을 각자 밝혀냈다. 미국인 수학자는 컴퓨터과학의 많은 분야에서 이론적 기초를 세운 계산 이론theory of computation을 정립한 알론조 처치였고, 영국인 수학자는 바로 컴퓨터과학 창립에 가장 중요한 역할을 한 앨런 튜링이었다. 튜링의 업적은 복잡한 수학 이론과 심오한 철학부터 대담하고 실용적인 엔지니어링에 이르기까지 컴퓨터 알고리즘의 전 영역에 걸쳐 있었다. 이 장에서는 처치와 튜링의 발자취를 따라 컴퓨터를 이용할 수 없는 특정 과제를 증명하는 여행을 떠나겠다.

버그, 충돌, 소프트웨어의 신뢰성

컴퓨터 소프트웨어의 신뢰성은 최근 엄청나게 개선됐지만, 소프트웨어가 언제나 올바르게 작동하리라 가정하는 것은 그다지 좋은 생각이 아니라는 사실을 우리는 모두 알고 있다. 심지어 잘 작성된 고품질 소프트웨어도 매우 자주, 의도되지 않은 일을 할 수 있다. 최악의 경우 소프트웨어가 '충돌'을 일으켜 작업 중이던 데이터나 문서를 잃게 된다. (잘 하고 있던 비디오 게임이 충돌할 때, 경험자로서 매우 화가 난다!) 그러나 1980~90년대에 가정용 컴퓨터를 접한 사람이면 누구나 말할 수 있겠지만 당시 컴퓨터 프로그램은 지금보다 훨씬 자주 충돌을 일으켰다. 컴퓨터의 충돌 문제가 개선된 데는 여러 이유가 있지만 자동 소프트웨어 검사 도구의 발전이 주 원인의 하나라고 볼 수 있다. 다시 말해, 개발팀이 복잡하고 방대한 소프트웨어를 작성하고 나면 자동 검사 도구를 써서 이 프로그램에 충돌 가능성이 있는지 여부를 확인해볼 수 있다. 잠재적인 오류를 검출하는 자동 검사 도구의 성능은 점점 더 좋아지고 있다.

그러므로 이쯤에서 자연스러운 질문을 제기할 수 있다. 자동 소프트웨어 검사 도구는 모든 컴퓨터 프로그램에 있는 잠정적 문제를 모두 검출할 수 있는 수준에 도달하게 될까? 그렇다면 소프트웨어 충돌 가능성을 완전히 제거할 수 있으므로 좋을 것이다. 이 장에서 배울 내용 중 주목할 점은 이런 '소프트웨어 해탈의 경지'에 절대 이를 수 없다는 사실이다. 어떠한 소프트웨어 검사 도구라도 '모든' 프로그램에 잠재해 있는 충돌을 '모두' 검출하는 일은 불가능하다는 것을 증명할 수 있다.

어떤 것이 '불가능하다는 것을 증명한다'는 표현의 뜻에 관해 좀 더 알아보자. 물리학과 생물학 같은 대부분의 과학에서 과학자들은 특정 체계가 행동하는 방식에 관한 가설을 세우고 이 가설이 옳은지 확인하는 실험을 수행한다. 그러나 실험엔 늘 불확실성이 존재하므로 매우 성공적인 실험 후에도 가설이 정확했다고 100% 확신할 수는 없다. 그러나 자연과학과는 아주 대조적으로, 수학과 컴퓨터과학에선 일부 결과가 100% 확실하다고 주장하는 일이 가능하다. (1+1=2 같은) 수학의 기본 원리를 수용한다면 수학자가 이용하는 연역 논증의 연쇄는 (예컨대 '5로 끝나는 모든 숫자는 5로 나눌 수 있다.' 같은) 여러 가지 진술이 참이라는 사실을 절대적 확실성을 갖고 증명할 수 있다. 이런 종류의 추론은 컴퓨터를 끌어들이지 않고도 가능하다. 수학자는 연필과 종이만 갖고 명백한 사실을 증명해낼 수 있다.

그러므로 컴퓨터과학에서 'X의 불가능은 증명 가능하다.'라고 말할 때 X가 매우 어려워 보인다거나 실제로 이를 달성하기란 불가능하다는 뜻이 아니다. 이는 X를 절대 달성할 수 없다는 사실이 100% 확실하다는 뜻이다. 이는 누군가 연역적 수학 논증의 연쇄를 이용해 이를 증명했기 때문이다. 간단한 예로 "10의 배수가 3으로 끝나는 것이 불가능함은 증명 가능하다."를 들 수 있다. 또 다른 예는 바로 이 장의 결론으로, 자동 소프트웨어 검사 도구가 모든 컴퓨터 프로그램에 잠재한 충돌을 검출하는 일은 불가능함 또한 증명 가능하다.

어떤 명제가 참이 아님을 증명하기

수학자들이 귀류법proof by contradiction이라 부르는 기법으로 충돌 검출 프로그램이 불가능하다는 증명을 해 보겠다. 수학자들은 이 기법에 대한 소유권을 주장하고 싶겠지만 이는 모든 사람이 일상생활에서 별 생각 없이 매일 쓰는 방법이다. 간단한 예를 들어 보겠다. 먼저 수정주의 역사학자라도 반박하지 않을 두 사실에 동의할 필요가 있다.

1. 미국 남북전쟁은 1860년대에 일어났다.
2. 에이브러햄 링컨은 남북전쟁 중에 대통령이었다.

이제 내가 다음과 같은 진술을 한다고 하자. “에이브러햄 링컨은 1520년에 태어났다.” 이 진술은 참인가, 거짓인가? 여러분이 위 두 사실은 물론 에이브러햄 링컨에 관해 전혀 모르더라도 내 진술이 거짓임을 어떻게 빨리 알아낼 수 있었을까?

이런 진술을 들은 사람의 뇌에서는 이런 논증의 연쇄가 일어났을 공산이 크다. (i) 아무도 150년 이상 살 수 없다. 따라서 링컨이 1520년에 태어났다면 아무리 오래 살았더라도 1670년에는 사망했어야 한다. (ii) 링컨은 남북전쟁 중 대통령이었다. 따라서 남북전쟁은 그가 죽기 전, 즉 1670년 이전에 일어났어야 한다. (iii) 그러나 남북전쟁이 1860년대에 일어났다는 사실에 모두가 동의했으므로 1670년 이전에 남북전쟁이 일어나는 일은 불가능하다. (iv) 그러므로 링컨은 1520년에 태어났을 리가 없다.

이 논증을 더 주의 깊게 검토해 보자. 왜 처음 진술이 거짓이라는 결론이 타당한가? 이는 이 주장이 참이라고 알려진 다른 사실과 모순된다고 증명했기 때문이다. 구체적으로 말해서 처음 진술에서 남북전쟁이 1670년 이전에 일어났다는 점을 내포하고 있고, 이는 남북전쟁이 1860년대 일어났다는 알려진 사실과 모순된다는 사실을 증명했다.

귀류법은 아주 중요한 기법이므로 조금 더 수학적인 예를 들어 보자. 내가 “인간의 심장은 10분에 평균 약 6,000번 뛴다.”는 주장을 했다고 하자. 이 주장은 참인가, 거짓인가? 여러분은 이 말을 들은 직후엔 좀 의심스러울 수도 있지만 곧 이 진술이 거짓임을 어떻게 증명할 수 있을까? 본문을 계속 읽기 전에 잠깐 여러분 자신의 사고를 분석해 보라.

이번에도 우리는 귀류법을 이용할 수 있다. 첫째 논의를 진행하고자 인간 심장이 10분에 평균 6,000번 뛴다는 주장이 참이라고 가정하

자. 이 주장이 참이라면 1분엔 심장이 몇 번 뛸까? 6,000을 10으로 나누면 평균적으로 1분에 600번 뛴다. 이제 의학 전문가가 아니더라도 이 수치가 분당 50에서 150 사이의 정상적인 심장 박동 수보다 훨씬 많다는 많다는 사실을 알 수 있다. 그러므로 원래 주장은 알려진 사실과 모순되므로 이는 거짓일 수밖에 없다. 즉 심장이 10분에 평균 6,000번 뛴다는 진술은 참이 아니다.

좀더 추상적인 용어를 이용해 귀류법을 요약하겠다. 진술 S가 거짓이라는 의심을 하고 이것이 의심의 여지없이 거짓임을 증명하고 싶어 한다고 하자. 첫째, S가 참이라고 가정한다. 이로부터 논증을 해 예컨대 T라는 다른 진술도 참이어야 한다는 결론에 이른다. 그러나 T가 거짓임이 알려져 있다면 모순에 도달한 셈이다. 이는 원래 가정 S가 거짓이어야 한다는 사실을 증명한다.

수학자는 이를 "S는 T를 내포하지만 T는 거짓이므로 S도 거짓이다."라고 훨씬 간략히 진술한다. 이는 간단명료한 귀류법이다. 다음 표는 이 추상적 귀류법이 위의 두 예와 연결되는 방식을 보여 준다.

	첫 번째 예	두 번째 예
S(원래 진술)	링컨이 1520년에 태어났다.	사람의 심장은 10분에 6,000번 뛴다.
T	남북전쟁은 1670년 이전에 일어났다.	사람의 심장은 1분에 600번 뛴다.
결론(S가 내포하지만 거짓이라고 알려진 진술)	링컨은 1520년에 태어나지 않았다.	사람의 심장은 10분에 6,000번 뛰지 않는다. S는 거짓이다.

이제 귀류법으로의 우회로는 끝이 났다. 이 장의 최종 목적은 다른 프로그램에 잠재한 모든 충돌을 검출하는 프로그램은 존재할 수 없다는 사실을 귀류법으로 증명하는 일이다. 그러나 이 목적으로 바로 가기 전에 컴퓨터 프로그램에 관한 흥미로운 개념 몇 가지와 친숙해질 필요가 있다.

다른 프로그램을 분석하는 프로그램

컴퓨터는 컴퓨터 프로그램의 지시를 노예처럼 그대로 따른다. 컴퓨터는 결정론적으로 실행되므로 컴퓨터 프로그램의 출력은 매번 똑같다. 정말 그런가? 아니면 이 진술은 틀렸는가? 사실 나는 이 질문에 답할 충분한 정보를 제공하지 않았다. 어떤 단순한 컴퓨터 프로그램이 매번 똑같은 결과를 산출한다는 사실은 참이지만, 우리가 매일 이용하는 프로그램 대부분은 실행할 때마다 매우 달라 보인다. 워드프로세서 프로그램을 생각해 보라. 시작할 때마다 늘 같은 화면이 나오는가? 당연히 아니다. 이는 사용자가 여는 문서에 따라 다르다. 내가 마이크로소프트 워드를 이용해 'address-list.docx'라는 파일을 연다면, 화면은 컴퓨터에 보관 중인 주소록을 보여 준다. 또 마이크로소프트 워드를 이용해 'bank-letter.docx'라는 파일을 연다면, 나는 어제 은행에 보낸 편지 내용을 보게 될 것이다(여기서 '.docx'에 관해 궁금하다면 참고 10-1 상자에서 파일 이름 확장자에 관해 읽어 보길 바란다).

한 가지 사실을 분명히 하자. 두 경우 모두에서 나는 마이크로소프트 워드라는 동일한 프로그램을 실행했다. 각 사례에서 다른 점은 입력input뿐이다. 모든 운영체제에서 마우스 더블클릭만으로 프로그램을 실행할 수 있다고 생각하지는 않길 바란다. 이는 친절한 컴퓨터 회사(거의 확실히 애플이나 마이크로소프트)가 제공해온 편의일 뿐이다. 문서를 더블클릭할 때 특정 프로그램이 실행되고, 이 프로그램은 방금 클릭한 문서를 입력으로 사용한다. 사용자가 화면에서 보는 내용을 프로그램의 출력이라 하며 당연히 이는 방금 어떤 문서를 클릭했느냐에 따라 달라진다.

10장에서 나는 'abcd.txt' 같은 파일 이름을 계속 쓴다. 마침표 다음에 있는 부분을 파일 이름의 '확장자'라고 부른다. 예를 들어 'abcd.txt'의 확장자는 'txt'다. 대부분 운영체제는 파일 이름의 확장자를 이용해 파일이 어떤 유형의 데이터를 담고 있는지 결정한다. 예를 들어 '.txt' 파일은 일반적으로 평문 텍스트를 담고 있고 '.html' 파일은 웹페이지를, '.docx' 파일은 마이크로소프트 워드 문서를 나타낸다. 일부 운영체제는 초기 설정값에서 이런 확장자를 숨긴다. 그래서 이런 운영체제에서 '확장자 숨기기' 기능을 끄지 않으면 확장자를 볼 수 없을 때도 있다. '파일 확장자 보이기'를 웹에서 검색하면 어떻게 하는지 설명을 찾을 수 있다.

참고 10-1 파일 이름 확장자에 관한 기술적인 내용

실제로 컴퓨터 프로그램의 입력과 출력은 이보다 더 복잡하다. 예를 들어 메뉴를 클릭하거나 프로그램에 입력하는 행위는 프로그램에 추가적 입력을 주는 일이다. 그리고 파일을 저장하면 프로그램은 추가적 출력을 생산한다. 간단히, 프로그램이 컴퓨터에 저장되어 있는 파일 하나만 입력으로 수용하고, 출력으로는 모니터에 뜨는 그래픽 윈도우만 산출한다고 가정하자.

안타깝게도, 마우스 더블클릭으로 파일을 실행하는 편리함 덕분에

우리는 중요한 사안을 간과해 왔다. 운영체제는 사용자가 파일을 더블클릭할 때마다 어떤 프로그램을 실행해야 하는지 다양한 기발한 트릭을 써서 추측한다. 그러나 때로는 어떤 프로그램이라도 모든 종류의 파일을 열 수 있다는 사실, 달리 말하면, 어떤 파일이라도 모든 프로그램에서 실행될 수 있다는 사실을 알 필요가 있다. 참고 10-2에 여러분이 직접 해 볼 수 있도록 방법을 제시해 놓았다. 이 방법이 모든 운영체제나 모든 입력 파일에서 작동하지는 않는다. 각 운영체제는 각기 다른 방식으로 프로그램을 실행하며, 때로는 보안 문제 때문에 입력 파일의 선택에 제한을 두기 때문이다. 그렇기는 해도, 자신의 컴퓨터로 실험해 봄으로써, 여러분이 자주 쓰는 워드 프로세서를 아주 다양한 종류의 파일로 실행할 수 있음을 직접 확인해 볼 것을 강력히 추천한다.

stuff.txt를 입력 파일로 이용해 마이크로소프트 워드를 실행하는 세 가지 방법

- stuff.txt에서 우클릭을 하고 '연결 프로그램'을 클릭한 뒤 마이크로소프트 워드를 선택한다.
- 먼저 운영체제의 기능을 이용해 마이크로소프트 워드의 바로 가기 아이콘을 바탕화면에 두고, stuff.txt를 드래그해서 마이크로소프트 워드 바로 가기 아이콘 위에 올려 놓는다.
- 마이크로소프트 워드 애플리케이션을 직접 열고 '파일' 메뉴로 가서 '열기' 명령을 선택한 다음 '모든 파일'을 보여주도록 옵션이 선택되어 있는지 확인한 뒤 stuff.txt를 고른다.

참고 10-2 특정 파일 입력으로 프로그램을 실행하는 다양한 방법

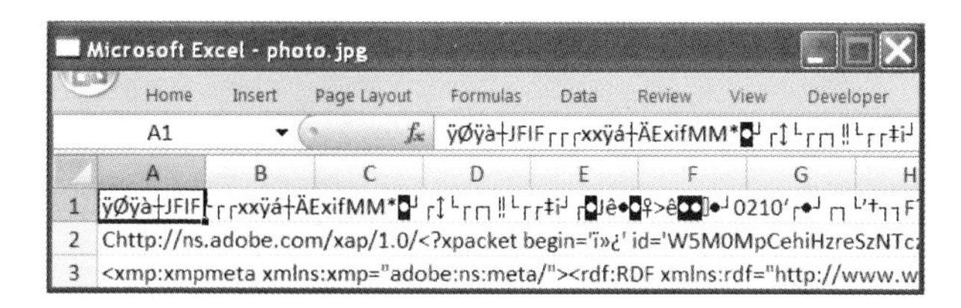

그림 10-1 마이크로소프트 엑셀은 'photo.jpg'를 입력으로 실행할 수 있다. 출력은 엉망진창이지만 중요한 점은 원리상 어떤 입력으로도 모든 프로그램을 실행할 수 있다는 사실이다.

어떤 파일을, 이를 실행하기로 고안되지 않은 프로그램으로 열면 분명히 예상치 못한 결과를 얻을 것이다. 그림 10-1에서 내가 'photo.jpg'라는 그림 파일을 스프레드시트 프로그램인 마이크로소프트 엑셀로 열었을 경우 일어난 일을 볼 수 있다. 이 경우 출력은 쓰레기고 누구에게도 쓸모가 없다. 그러나 스프레드시트 프로그램은 실행됐고 결과물을 산출했다.

이런 내용이 이미 황당해 보일 수도 있지만 이를 조금 더 말도 안 되는 상황으로 몰아가 보자. 컴퓨터 프로그램도 컴퓨터의 디스크에 파일로 저장되어 있다는 사실을 기억하라. 대개 이런 프로그램은 '실행 가능한executable'이란 단어의 줄임말인 '.exe'로 끝나는 이름을 가진다. 이는 사용자가 프로그램을 '실행할' 수 있다는 뜻이다. 따라서 컴퓨터 프로그램 또한 디스크에 있는 파일이기 때문에 하나의 컴퓨터 프로그램을 다른 컴퓨터 프로그램의 입력으로 이용할 수 있다. 구체적인 예를 들어 보겠다. 마이크로소프트 워드는 'WINWORD.EXE'라는 파일로 내 컴퓨터에 저장돼 있다. 따라서 WINWORD.EXE라는 파일을 입력으로 이용해 스프레드시트 프로그램을 실행해 다음과 같은 환상적인 쓰레기를 산출할 수 있다(그림 10-2 참조).

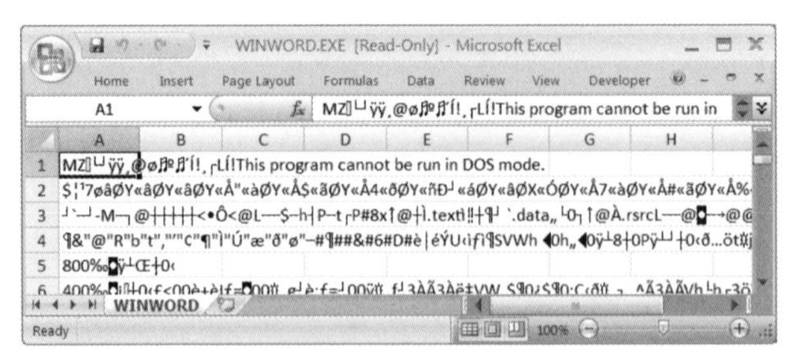

그림 10-2 마이크로소프트 엑셀이 마이크로소프트 워드를 검토한다. 엑셀이 WINWORD.EXE 파일을 열면 결과는 (놀라울 것도 없이) 쓰레기다.

이 실험도 여러분 스스로 해 볼 가치가 있다. 그러려면 WINWORD.EXE 파일의 위치를 찾아야 한다. 내 컴퓨터에선 WINWORD.EXE가 'C:\Program Files\Microsoft Office\Office12'에 있지만 정확한 위치는 여러분이 실행하고 있는 운영체제와 설치된 마이크로소프트 오피스의 버전에 따라 다르다. 이 폴더를 보려면 '숨김 파일'을 볼 수 있도록 설정해야 할 수도 있다. 이 실험(그리고 다음 실험)은 어떤 스프레드시트와 어떤 워드프로세서 프로그램으로도 할 수 있으므로 반드시 마이크로소프트 오피스가 필요하진 않다.

이제 최고로 멍청한 짓을 하나 해보자. 컴퓨터 프로그램을 같은 컴퓨터 프로그램으로 실행하면 어떻게 될까? 예를 들어 WINWORD.EXE 파일을 입력으로 이용해 마이크로소프트 워드를 실행하면 어떻게 될까? 이 실험도 간단하다. 그림 10-3은 내가 컴퓨터에서 이것을 실행한 결과를 보여 준다. 앞선 예에서처럼 프로그램은 잘 실행되지만 화면에 뜬 출력은 거의 쓰레기다(이번에도 스스로 해보길!).

이런 실험들을 도대체 왜 하는 걸까? 이 절의 목적은 프로그램을 실행할 때 할 수 있는 것들 중 잘 알려지지 않은 부분을 배우는 데 있다. 이쯤이면 나중에 매우 중요해질 다소 이상한 세 가지 개념에 익숙해져야 한다. 첫째, 어떤 파일이나 입력을 이용해서 어떤 프로그램이라도 실행할 수 있다는 개념이 있다. 그러나 입력 파일이 이를 실행한 프로그램의 목적에 맞는 파일이 아닌 경우, 결과 출력은 주로 쓰레기다. 둘째, 컴퓨터 프로그램도 컴퓨터 디스크에 파일로 저장되므로, 아무 프로그램이나 입력으로 이용해 어떤 프로그램이라도 실행할 수 있다는 사실을 알았다. 셋째, 한 컴퓨터 프로그램은 자기 자신을 입력으로 이용해 실행할 수 있다. 지금까지는 두 번째와 세 번째 활동이 계속 쓰레기를 산출했지만, 다음 절에서 이 트릭이 결국 결실을 맺는 흥미로운 예를 볼 것이다.

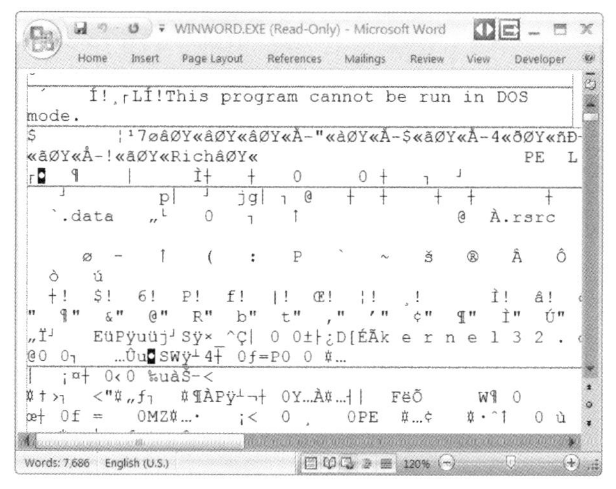

그림 10-3 마이크로소프트 워드가 자신을 검토한다. 열린 문서는 WINWORD.EXE 파일로, 마이크로소프트 워드를 클릭하여 실행할 때 사용되는 실제 컴퓨터 프로그램이다.

존재할 수 없는 프로그램

컴퓨터는 단순한 지시를 수행하는 일을 아주 잘한다. 사실 오늘날 컴퓨터는 단순한 지시를 매초 수십억 번씩 수행한다. 그래서 단순하고 정확한 영어로 기술할 수 있는 어떤 과제라도 컴퓨터 프로그램으로 작성할 수 있으며, 컴퓨터가 이를 실행할 수 있다고 생각할 수도 있다. 이 절의 목적은 그렇지 않다는 사실을 이해하는 것이다. 즉 단순하고 정확한 영어지만 컴퓨터 프로그램으로 쓸 수 없는 진술이 있다.

단순한 예-아니요 프로그램

논의를 최대한 단순화하기 위해 매우 따분한 컴퓨터 프로그램을 예로 들겠다. 이 프로그램이 할 수 있는 일은 하나의 대화상자 띄우기가 진부이고 이 대화상자엔 '예yes' 또는 '아니요no'라는 단어만 있기 때문에 이 프로그램을 '예-아니요' 프로그램이라 부르겠다. 예를 들어 몇 분 전 나는 ProgramA.exe라는 컴퓨터 프로그램을 작성했고 이는 다음 그림과 같은 대화상자만 산출한다.

이 대화상자의 타이틀 바에서 이 출력을 만든 프로그램의 이름을 볼 수 있다는 점에 주목하라. 이 예에선 ProgramA.exe다.

나는 ProgramB.exe라는 프로그램도 작성했고 이는 '예' 대신 '아니요'를 출력한다.

프로그램 A와 프로그램 B는 극도로 단순하다. 사실 이는 너무 단순해서 어떤 입력도 요하지 않는다(두 프로그램은 입력을 받을 경우 모두 무시한다). 다시 말해 이는 입력에 관계없이 실행할 때마다 똑같이 작동하는 프로그램의 예다.

예-아니요 프로그램에 관한 더 흥미로운 예로 나는 SizeChecker.exe란 프로그램을 만들었다. 이 프로그램은 한 파일을 입력으로 취해 이 파일의 크기가 10KB를 넘으면 '예'를, 그렇지 않을 경우엔 '아니요'를 출력한다. (mymovie.mpg 같은) 50MB 비디오 파일을 우클릭한 다음 '연결 프로그램'을 선택하고 SizeChecker.exe를 클릭하면 다음 그림과 같은 출력을 보게 된다.

반면 3KB짜리 이메일 메시지(예컨대 myemail.msg)에 같은 프로그램을 실행하면 당연히 다른 출력 결과를 보게 된다.

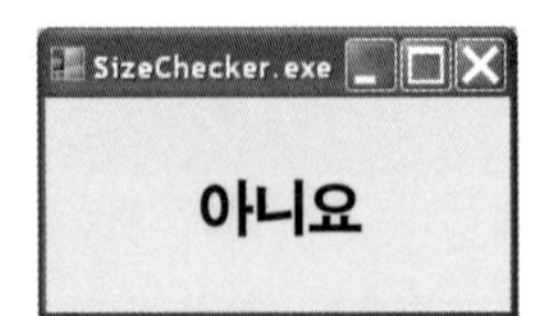

그러므로 SizeChecker.exe는 때로는 '예'를, 때로는 '아니요'를 출력하는 예-아니요 프로그램의 예다.

이제 이와는 약간 다른 프로그램인 NameSize.exe를 보자. 이 프로그램은 입력 파일의 이름을 검토한다. 파일 이름이 한 글자 이상이면 NameSize.exe는 '예'를 출력하고 그렇지 않을 경우 '아니요'를 출력한다. 이 프로그램은 무엇을 출력할 수 있을까? 정의상 모든 입력 파일의 이름은 한 글자 이상이다(그렇지 않은 파일은 이름을 가질 수 없고 따라서 일단 이런 파일은 선택이 불가능하다). 그러므로 NameSize.exe는 입력에 상관없이 늘 '예'를 출력한다.

어쨌든 지금까지 이야기한 몇 개의 프로그램은 다른 프로그램이 입력일 경우 쓰레기를 산출하지 않는 프로그램의 예다. 예를 들어 NameSize.exe 파일의 크기는 약 8KB에 불과하다. 그래서 NameSize.exe를 입력으로 SizeChecker.exe를 실행하면 (NameSize.exe가 10KB를 넘지 않으므로) 출력은 '아니요'가 된다. SizeChecker.exe 자신을 입력으로 이 프로그램을 실행할 수도 있다. SizeChecker.exe의 크기가 10KB보다 크기 때문에 이번엔 '예'를 출력한다. 이와 마찬가지로 NameSize.exe도 자신을 입력으로 실행할 수 있다. 'NameSize.exe'라는 파일 이름이 한 글자 이상이므로 출력은 '예'가 된다.

지금까지 설명한 모든 예-아니요 프로그램이 상당히 따분하다는 점을 인정한다. 그러나 이 프로그램들의 작동에 관한 이해가 중요하기 때문에 표 10-1의 각 출력 결과를 꼼꼼히 검토해 보자.

프로그램 실행	입력 파일	출력
ProgramA.exe	address-list.docx	예
ProgramA.exe	ProgramA.exe	예
ProgramB.exe	address-list.docx	아니요
ProgramB.exe	ProgramA.exe	아니요
SizeChecker.exe	mymovie.mpg (50MB)	예
SizeChecker.exe	myemail.msg (3KB)	아니요
SizeChecker.exe	NameSize.exe (8KB)	아니요
SizeChecker.exe	SizeChecker.exe (12KB)	예
NameSize.exe	mymovie.mpg	예
NameSize.exe	ProgramA.exe	예
NameSize.exe	NameSize.exe	예

표 10-1 단순한 예-아니요 프로그램의 출력. 입력에 상관없이 늘 '예'를 출력하는 프로그램(예컨대 ProgramA.exe, NameSize.exe)과 '아니요'를 가끔(SizeChecker.exe) 혹은 늘(ProgramB.exe) 출력하는 프로그램의 구분에 주목하라.

AlwaysYes.exe: 다른 프로그램을 분석하는 예-아니요 프로그램

이제 훨씬 흥미로운 예-아니요 프로그램에 관해 생각할 준비가 됐다. 조사할 첫 프로그램은 'AlwaysYes.exe'다. 이 프로그램은 받은 입력 파일을 검토해서 이 파일이 늘 '예'를 출력하는 예-아니요 프로그램일 경우 '예'를 출력한다. 그렇지 않은 경우 AlwaysYes.exe의 출력은 '아니요'가 된다. AlwaysYes.exe는 어떤 입력 파일로도 완벽히 작동한다는 점을 명심하라. 이 프로그램에 실행 가능한 프로그램이 아닌 입력(예컨대 address-list.docx)을 주면 '아니요'를 출력한다. 실행 가능한 프로그램이지만 예-아니요 프로그램이 아닌 입력(예컨대 WINWORD.EXE)을 주면 '아니요'를 출력한다. 입력이 때론 '아니요'를 출력하는 예-아니요 프로그램일 경우에도 AlwaysYes.exe는 '아니요'를 출력한다. AlwaysYes.exe가 '예'를 출력할 수 있는 유일한 방법은 입력에 상관없이 늘 '예'를 출력하는 예-아니요 프로그램을 입력하는 길뿐이다. 지금까지 논의에선 ProgramA.exe와 NameSize.exe가 이런 프로그램이다. 표 10-2는 AlwaysYes.exe를 포함한 다양한 파일에 대한 AlwaysSize.exe의 출력을 요약해 보여 준다. 표의 마지막 줄에서 볼 수 있듯 AlwaysYes.exe를 자신을 입력으로 실행할 경우 '아니요'가 출력된다. 이는 이 프로그램이 '아니요'를 출력하게 하는 입력 파일이 있기 때문이다.

AlwaysYes.exe 출력

입력 파일	출력
address-list.docx	아니요
mymovie.mpg	아니요
WINWORD.EXE	아니요
ProgramA.exe	예
ProgramB.exe	아니요
NameSize.exe	예
SizeChecker.exe	아니요
Freeze.exe	아니요
AlwaysYes.exe	아니요

표 10-2 다양한 입력에 대한 AlwaysYes.exe의 출력. '예'를 산출하는 유일한 입력은 늘 '예'를 출력하는 예-아니요 프로그램이다. 이 경우 PragramA.exe와 NameSize.exe가 이에 해당한다.

표 10-2의 8번째 줄에서 아직 설명하지 않은 Freeze.exe란 프로그램을 볼 수 있다. Freeze.exe는 컴퓨터 프로그램이 할 수 있는 가장 짜증나는 일의 하나를 하는 프로그램이다. 즉 이 프로그램은 실행되면 (입력에 상관없이) '프리즈freeze'되어 버린다. 비디오 게임이나 애플리케이션 프로그램이 잠겨(즉 '프리즈'되어) 어떤 입력에도 응답을 거부할 때 이런 경험을 해봤을 것이다. 이런 경우 할 수 있는 일은 프로그램의 강제 종료밖에 없다. 강제 종료가 되지 않을 경우 전원을 껐다 켜야 할 수도 있다(노트북 컴퓨터를 쓸 경우 배터리를 빼야 할 때도 있다!). 컴퓨터 프로그램은 다양한 이유에서 프리즈될 수 있다. 가끔은 8장에서 논했던 교착 상태 때문이기도 하다. 어떤 경우 프로그램은 (예를 들어 실제로 존재하지 않는 데이터를 반복적으로 찾는 일처럼) 절대 끝나지 않을 계산을 수행하고 있을 지도 모른다.

어떤 경우에서든 프리즈되는 프로그램에 관해 자세히 이해할 필요는 없다. AlwaysYes.exe이 이런 프로그램을 입력으로 받을 경우 해야 하는 바를 알기만 하면 된다. 사실 답이 명확하도록 AlwaysYes.exe를 신중히 정의했다. AlwaysYes.exe는 입력이 늘 '예'를 출력하면 '예'를 출력하고 그렇지 않으면 '아니요'를 출력한다. 그러므로 Freeze.exe 같은 프로그램이 입력일 경우 AlwaysYes.exe는 '아니요'를 출력해야 하며 이를 표 10-2의 8번째 줄에서 볼 수 있다.

YesOnSelf.exe: AlwaysYes.exe의 단순한 형태

다른 프로그램을 분석하고, 분석한 프로그램의 출력을 예측한다는 점에서 AlwaysYes.exe는 꽤 영리하고 유용한 프로그램이라는 생각을 이미 했을 수도 있다. 사실 나는 이 프로그램을 작성하지 않았다. 이런 프로그램을 작성했을 경우를 상상해 작동 원리만 설명했을 뿐이다. 이제 YesOnSelf.exe란 프로그램을 설명하겠다. 이 프로그램은 AlwaysYes.exe와 비슷하지만 더 단순하다. YesOnSelf.exe는 입력 파일(프로그램)이 늘 '예'를 출력할 경우 '예'를 출력하는 대신, 자신을 입력으로 실행할 때 '예'를 출력하는 경우 '예'를 출력한다. 그렇지 않으면 YesOnSelf.exe는 '아니요'를 출력한다. 다시 말해 SizeChecker.exe를 YesOnSelf.exe에 입력하면 YesOnSelf.exe는 SizeChecker.exe가 SizeChecker.exe를 입력으로 실행될 경우의 출력을 알아보는 분석을 수행한다. (표 10-1에서) 이미 봤듯 자신을 대상으로 SizeChecker.exe를 실행하면 '예'를 출력한다. 그러므로 SizeChecker.exe에 대한 YesOnSelf.exe의 출력은 '예'가 된다. 다양한 입력에 해당하는 YesOnSelf.exe의 출력을 이와 같은 방식으로 유추할 수 있다. 입력 파일이 예-아니요 프로그램이 아닌 경우 YesOnSelf.exe는 자동으로 '아니요'를 출력한다는 점을 주목하라. 표 10-3은 YesOnSelf.exe의 출력 일부를 보여 준다. 계속 읽기 전에 YesOnSelf.exe의 작동을 이해하는 일이 중요하므로 이 표의 각 줄 또한 확실히 이해해두자.

YesOnSelf.exe라는 꽤 흥미로운 프로그램의 두 가지에 주목할 필요가 있다. 첫째, 표 10-3의 마지막 줄을 보라. YesOnSelf.exe 파일이 입력일 경우 YesOnSelf.exe는 무엇을 출력할까? 다행히도 두 가지 가능성만이 있으므로 하나씩 검토하겠다. 출력이 '예'인 경우 (YesOnSelf.exe의 정의에 따라) YesOnSelf.exe를 자신을 대상으로 실행할 경우 '예'를 출력해야 한다. 이는 다소 헷갈리지만 신중히 논증하면 모든 것이 완벽히 일관되므로 '예'가 옳은 답이라 결론을 내릴 수도 있다.

YesOnSelf.exe 출력

입력 파일	출력
address-list.docx	아니요
mymovie.mpg	아니요
WINWORD.EXE	아니요
ProgramA.exe	예
ProgramB.exe	아니요
NameSize.exe	예
SizeChecker.exe	예
Freeze.exe	아니요
AlwaysYes.exe	아니요
YesOnSelf.exe	???

표 10-3 다양한 입력에 대한 YesOnSelf.exe의 출력. 예-아니요 프로그램이 자신을 입력으로 취할 경우 '예'를 출력할 경우에만 YesOnSelf.exe는 '예'를 출력한다. 이 경우 ProgramA.exe, NameSize.exe, SizeChecker.exe가 이에 해당한다. 표 마지막 줄에선 예와 아니요가 모두 맞는 출력인 듯 보이기 때문에 정확한 출력을 알 수 없다. 본문에서 이를 더 자세히 논한다.

하지만 너무 서두르지 말자. 자신을 입력으로 YesOnSelf.exe를 실행할 때 출력이 '아니요'라면? (이번에도 YesOnSelf.exe의 정의에 따라) 이는 YesOnSelf.exe가 자신을 대상으로 실행될 때 '아니요'를 출력해야 한다는 뜻이다. 이번에도 이 진술의 일관성은 완벽하다. YesOnSelf.exe는 출력돼야 할 값을 실제로 선택할 수 있는 듯 보인다. 이 프로그램이 선택을 고수하는 한, 답은 옳을 것이다. YesOnSelf.exe의 작동에서 이 알 수 없는 자유는 상당히 위험한 빙산의 위험하지 않아 보이는 일각일 뿐이라는 사실을 곧 알게 된다. 그러나 지금은 이 사안을 더 탐구해 보겠다.

YesOnSelf.exe에서 주목할 두 번째 사항은 조금 더 복잡한 Always

Yes.exe와 마찬가지로 나는 이 프로그램을 실제로 작성하지 않았다. 나는 이 프로그램의 작동을 설명했을 뿐이다. 그러나 내가 AlwaysYes.exe를 작성했다고 가정하면 YesOnSelf.exe를 만들기란 쉽다. 왜 그럴까? YesOnSelf.exe는 AlwaysYes.exe의 더 단순한 형태이기 때문이다. 이는 모든 가능한 입력이 아닌, 하나의 가능한 입력만을 검토해야 한다.

AntiYesOnSelf.exe: YesOnSelf.exe의 정반대

한숨 돌리고 우리가 도달하려는 지점을 기억해야 할 때다. 이 장의 목적은 충돌을 찾는 프로그램이 존재할 수 없다는 사실의 증명이다. 하지만 아직은 거기까지 도달하지 못했다. 이 절에선 존재할 수 없는 프로그램의 예만을 찾겠다. 이는 궁극적 목표에 이르는 데 유용한 디딤돌이 된다. 특정 프로그램이 존재할 수 없다는 사실을 증명하는 방법을 보면, 충돌을 찾는 프로그램에 같은 기법을 이용하기란 꽤 쉬울 것이기 때문이다. 좋은 소식은 이 디딤돌이 되는 목표에 매우 근접해 있다는 사실이다. 예-아니요 프로그램을 하나만 더 검토하면 된다.

새로운 프로그램은 'AntiYesOnSelf.exe'다. 이름에서 알 수 있듯 이는 YesOnSelf.exe와 매우 유사하다. 사실 출력이 반대라는 점만 빼면 두 프로그램은 동일하다. 그러므로 YesOnSelf.exe가 특정 입력에 '예'를 출력하면 AntiYesOnSelf.exe는 같은 입력에 '아니요'를 출력한다. 그리고 YesOnSelf.exe가 특정 입력에 '아니요'를 출력하면 AntiYesOnSelf.exe는 이에 '예'를 출력한다.

입력 파일이 예-아니요 프로그램일 때마다 AntiYesOnSelf.exe는 이런 질문에 답한다.

입력 프로그램이 자신을 대상으로 실행될 때 '아니요'를 출력하는가?

참고 10-3 AntiYesOnSelf.exe의 동작에 관한 간략한 설명

이는 AntiYesOnSelf.exe 동작의 완전하고 정확한 정의지만 훨씬 명시적으로 이를 설명하면 이해하는 데 도움이 된다. YesOnSelf.exe는 자신을 대상으로 실행될 때 '예'를 출력하는 입력에만 '예'를 출력하고 그렇지 않을 경우 '아니요'를 출력한다는 점을 상기하라. 그러므로 AntiYesOnSelf.exe는 자신을 대상으로 실행될 때 '예'를 출력하는 입력에만 '아니요'를 출력하고 다른 경우엔 '예'를 출력한다. 달리 말해 AntiYesOnSelf.exe는 입력에 관한 다음의 질문에 답한다. "입력 파일이 자신을 대상으로 실행될 때 '예'를 출력하지 않는다는 사실이 참인가?"

AntiYesOnSelf.exe에 관한 이 설명도 역시 헷갈린다는 점을 인정한다. '입력 파일이 자신을 대상으로 실행될 때 '아니요'를 출력하는가?'라고 표현하면 더 간단하리라 생각할 수도 있다. 왜 이는 부정확한가? 왜 '아니요'를 출력한다는 간단한 진술 대신, '예'를 출력하지 않는다고 난해한 표현을 써야 할까? 이 프로그램이 때론 '예' 또는 '아니요' 이외의 것을 출력할 수 있기 때문이다. 따라서 누군가 특정 프로그램이 '예'를 출력하지 않는다고 말하면 이 프로그램이 '아니요'를 출력한다고 결론을 내릴 수 없다. 예를 들어 이는 쓰레기를 출력하거나 프로그램을 프리즈시킬 수도 있다. 그러나 더 강력한 결론을 끌어낼 수 있는 상황이 하나 있다. 어떤 프로그램이 예-아니요 프로그램이라고 사전에 듣는 경우 이 프로그램은 절대 프리즈되거나 쓰레기를 산출하지 않는다는

사실을 알 수 있다. 이는 늘 종료되고 '예' 또는 '아니요'를 출력한다. 그러므로 예-아니요 프로그램에 있어서 '예'를 출력하지 않는다는 난해한 표현은 '아니요'를 출력한다는 더 간단한 진술과 같은 뜻이다.

마침내 AntiYesOnSelf.exe의 행동에 관한 매우 간단한 설명을 제시할 수 있게 됐다. 입력 파일이 예-아니요 프로그램일 때마다 AntiYesOnSelf.exe는 "입력 파일이 자신을 대상으로 실행될 때 '아니요'를 출력하는가?"라는 질문에 답한다. AntiYesOnSelf.exe의 동작에 관한 설명은 나중에 매우 중요해지므로 참고 10-3 박스에도 넣어 놨다.

AntiYesOnSelf.exe 출력

입력 파일	출력
address-list.docx	예
mymovie.mpg	예
WINWORD.EXE	예
ProgramA.exe	아니요
ProgramB.exe	예
NameSize.exe	아니요
SizeChecker.exe	아니요
Freeze.exe	예
AlwaysYes.exe	예
AntiYesOnSelf.exe	???

표 10-4 다양한 입력에 대한 AntiYesOnSelf.exe의 출력. 정의상 AntiYesOnSelf.exe는 YesOnSelf.exe과 정반대 답을 산출하므로 이 표는 (마지막 행만 빼고) YesOnSelf.exe 출력표와 '예'와 '아니요'만 서로 바꾸면 똑같다. 마지막 행은 본문에서 논하듯 매우 어렵다.

YesOnSelf.exe를 분석하려고 이미 해놓은 작업을 활용하면 AntiYesOnSelf.exe의 출력 표를 도출하기가 쉽다. 사실 표 10-3을 그대로 복사해서 출력을 '예'와 '아니요'만 서로 바꾸면 된다. 평소처럼 이 표의 모든 행을 자세히 보고 출력 열에 있는 항목에 동의하는지 확인하면 좋다. 입력 파일이 예-아니요 프로그램일 때마다 앞서 언급한 더 복잡한 설명 대신 상자 속 간단한 서술을 이용할 수 있다.

위 표의 마지막 행에서 볼 수 있듯 자신에 대한 AntiYesOnSelf.exe의 출력을 계산하려 할 때 문제가 생긴다. 이에 관한 분석을 위해 상자에 있는 AntiYesOnSelf.exe의 설명을 더 단순화하자. 모든 가능한 예-아니요 프로그램을 입력으로 간주하지 않고 AntiYesOnSelf.exe 자체가 입력으로 주어질 때 어떤 일이 일어나는지에 집중하겠다. 그래서 상자 속 질문에서 '입력 프로그램이 ……'라는 구문은 입력 프로그램이 AntiYesOnSelf.exe이기 때문에 'AntiYesOnSelf.exe가 ……'라는 구문이 된다. 이는 여기서 필요한 최종 설명이므로 참고 10-4에서 한 번 더 제시한다.

입력 파일이 자신일 때 AntiYesOnSelf.exe는 이런 질문에 답한다.

AntiYesOnSelf.exe가 자신을 대상으로 실행될 때 '아니요'를 출력하는가?

참고 10-4 자신이 입력으로 주어졌을 때 AntiYesOnSelf.exe의 동작에 관한 간략한 설명. 이는 참고 10-3의 설명을 입력 파일이 AntiYesOnSelf.exe인 경우로 국한시켜 단순화한 버전이다.

이제 자신에 대한 AntiYesOnSelf.exe의 출력을 계산할 준비가 됐다. 두 가지 가능성('예'와 '아니요') 밖에 없으므로 이 계산이 너무 어렵지는 않을 것이다. 각 경우를 차례대로 다루겠다.

경우 1 (출력이 '예'인 경우): 출력이 '예'인 경우 상자 속 질문에 대한 답은 '아니요'가 된다. 그러나 이 질문에 대한 답은 정의상 AntiYes

OnSelf.exe의 출력이다(상자를 한 번 더 읽고 이를 확실히 이해하라). 그러므로 출력은 '아니요'가 돼야 한다. 요약해 보건대, 방금 출력이 '예'라면 출력이 '아니요'란 사실을 증명했다. 이는 불가능하다! 사실 우리는 모순에 도달했다(아직 귀류법에 익숙하지 않다면 10장 앞부분에서 이 주제를 다룬 부분을 다시 보는 것이 좋다. 앞으로 몇 쪽에 걸쳐 이 기법을 반복적으로 이용할 예정이다). 모순을 발견했으므로 출력이 '예'라는 가정은 타당하지 않음에 틀림없다. AntiYesOnSelf.exe를 자신을 대상으로 실행할 때 출력은 '예'가 될 수 없음을 증명했다. 그러므로 나머지 가능성으로 넘어가자.

경우 2 (출력이 '아니요'인 경우): 출력이 '아니요'라면 상자 속 질문에 대한 답은 '예'가 된다. 그러나 경우 1에서처럼 이 질문에 대한 답은 정의상 AntiYesOnSelf.exe의 출력이다. 그러므로 출력은 '예'가 돼야 한다. 다시 말해 출력이 '아니요'라면 출력이 '예'라는 사실을 방금 증명했다. 이번에도 모순에 도달했으므로 출력이 '아니요'라는 가정은 타당하지 않음에 틀림없다. AntiYesOnSelf.exe를 자신을 대상으로 실행할 때 출력은 '아니요'가 될 수 없음을 증명했다.

그러면 이제 어떻게 되는가? AntiYesOnSelf.exe를 자신을 대상으로 실행할 때 가능한 출력 두 개를 모두 제거했다. 이 역시 모순이다. AntiYesOnSelf.exe를 늘 종료되고 '예' 또는 '아니요' 중 하나만을 출력하는 프로그램으로 정의했기 때문이다. 우리는 방금 AntiYesOnSelf.exe가 이 중 하나를 출력하지 않는 특수한 입력을 보여줬다! 이 모순은 우리의 첫 가정이 틀렸음을 내포한다. 그러므로 AntiYesOnSelf.exe처럼 작동하는 예-아니요 프로그램은 작성할 수 없다.

이제 AlwaysYes.exe, YesOnSelf.exe, AntiYesOnSelf.exe를 실제로 작성하지 않았음을 솔직하게 밝힌 이유를 알 수 있을 것이다. 나는 이런 프로그램을 작성하면 어떻게 작동할지 묘사했을 뿐이다. 앞선 단락에서 귀류법을 이용해 AntiYesOnSelf.exe는 존재할 수 없음을 보여 줬다. 하지만 다른 사실도 증명할 수 있다. 즉 AlwaysYes.exe와 YesOnSelf.exe도 존재할 수 없다! 왜 그럴까? 여러분의 짐작대로 이번에도 귀류법이 핵심 도구다. AlwaysYes.exe가 존재한다면 이를 약간 변형해 YesOnSelf.exe를 제작하기란 매우 쉽다는 앞에서의 논의를 상기하라. 그리고 YesOnSelf.exe가 존재한다면 이 출력을 뒤집기만 하면 되는 (즉 '예'와 '아니요'를 서로 바꾸면 되는) AntiYesOnSelf.exe를 만들기란 매우 쉽다. 요약하자면 AlwaysYes.exe가 존재하면 AntiYesOnSelf.exe도 존재한다. 그러나 AntiYesOnSelf.exe가 존재할 수 없음을 이미 알고 있으므로 AlwaysYes.exe도 존재할 수 없다. YesOnSelf.exe가 존재할 수 없다는 사실을 보여줄 때도 동일한 논의를 적용할 수 있다.

이 절 전체가 충돌을 찾는 프로그램이 존재할 수 없음을 증명하는 최종 목표에 이르는 디딤돌이라는 사실을 기억하라. 이 절에서의 목표는 존재할 수 없는 프로그램의 예를 제시하는 것이었다. 불가능한 프로그램 세 개를 검토해 이를 달성했다. 이 중 가장 흥미로운 프로그램은 AlwaysYes.exe다. 나머지 두 개의 프로그램은 자신을 입력으로 할 때 프로그램의 작동에 집중한다는 점에서 꽤 모호하다. 반면 AlwaysYes.exe는 존재할 경우 어떤 다른 프로그램이라도 분석해 프로그램이 늘 '예'를 출력하는지 말해줄 수 있으므로 매우 강력한 프로그램이다. 그러나 이미 봤듯 누구도 이런 영리하고 유용할 것 같은 프로그램을 절대 작성할 수 없다.

충돌 찾기의 불가능성

드디어 다른 프로그램을 분석해 충돌을 일으킬지 알아내는 프로그램에 관한 증명을 시작할 준비가 됐다. 정확히 말해 이런 프로그램이 존재할 수 없음을 증명할 예정이다. 지금까지의 내용을 읽었으니 귀류법을 이용하리라 추측했을 것이다. 즉 찾아갈 성배聖杯가 존재한다고 가정하며 시작하겠다. 다른 프로그램을 분석해 충돌을 일으킬지 말해주는 CanCrash.exe라는 프로그램이 있다고 가정한다. CanCrash.exe에 이상하고, 신기하며, 즐거운 일을 해본 다음, 모순에 도달하게 된다.

증명에서 필요한 단계 하나는 완벽히 좋은 프로그램을 특정 상황에서 충돌을 일으키도록 바꾸는 것이다. 어떻게 하면 할 수 있을까? 이는 사실 매우 쉽다. 프로그램 충돌은 다양한 원인에서 일어날 수 있는데, 흔한 원인 하나는 프로그램이 어떤 수를 0으로 나누려 할 때다. 수학에서 수를 0으로 나눈 결과를 '미정의undefined'라 부른다. 컴퓨터에서 '미정의'는 심각한 오류이고 프로그램이 작업을 지속할 수 없으므로 충돌을 일으킨다. 그러므로 프로그램을 고의로 충돌하게 만드는 간단한 방법 하나는 수를 0으로 나누라는 지시를 프로그램에 추가로 삽입하는 것이다. 이는 사실 내가 그림 10-4의 TroubleMaker.exe를 제작한 방법이다.

이제 충돌을 찾는 프로그램의 존재 불가능에 관한 증명을 시작한다. 그림 10-5에 논의의 흐름을 요약했다. 입력 프로그램이 어떤 상황에서 충돌할 수 있을 경우 늘 '예'를 출력하고 입력 프로그램이 절대 충돌을 일으키지 않으면 '아니요'를 출력하며 종료되는 예-아니요 프로그램 CanCrash.exe가 존재한다고 가정하며 시작한다.

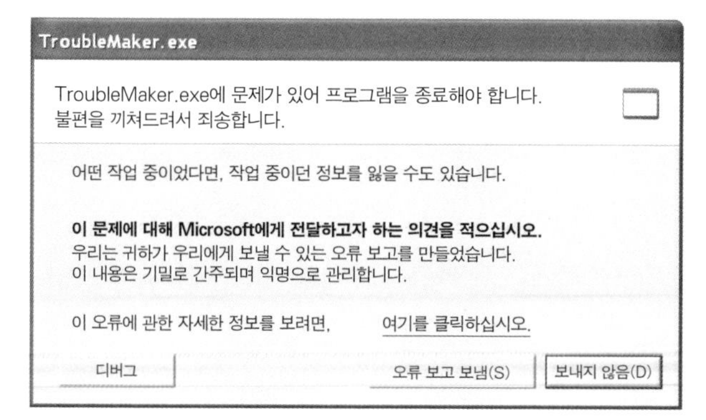

그림 10-4 특정 운영체제에서 충돌의 결과. 각 운영체제는 충돌을 서로 다른 방식으로 처리하지만, 보면 누구나 알 수 있다. 이 TroubleMaker.exe 프로그램은 충돌을 일으키도록 작성됐고 의도적 충돌을 일으키는 일이 쉽다는 사실을 보여 준다.

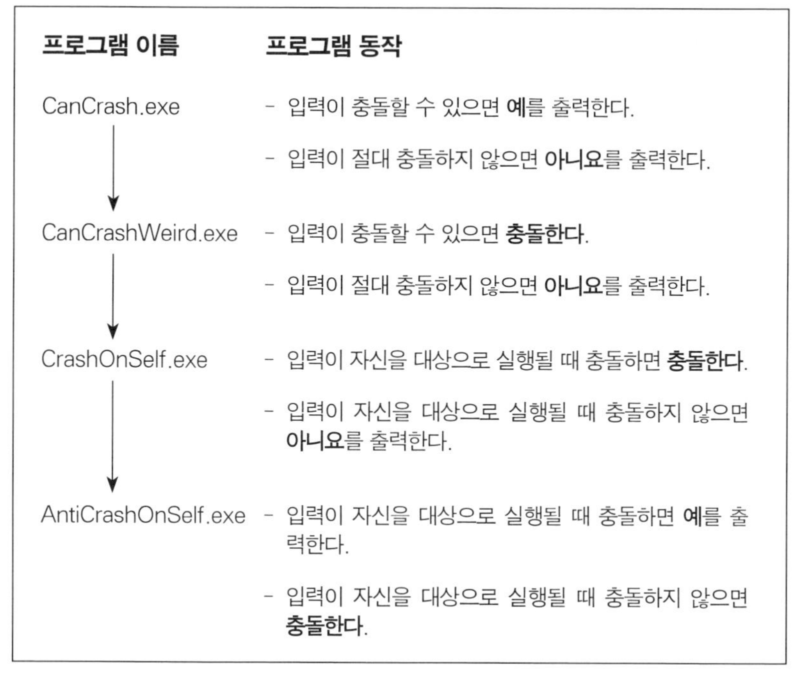

그림 10-5 존재할 수 없는 일련의 충돌 검출 프로그램 네 가지. 마지막 프로그램인 AntiCrashOnSelf.exe는 명백히 존재할 수 없다. 자신을 대상으로 실행될 때 모순을 산출하기 때문이다. 그러나 각 프로그램은 화살표 위에 있는 프로그램에 작은 변화를 줘서 쉽게 만들 수 있다. 그러므로 네 프로그램 중 어느 하나도 존재할 수 없다.

이제 CanCrash.exe에 다소 이상한 변화를 준다. '예'를 출력하는 대신 이 프로그램이 충돌하게 만들겠다! (위에서 논했듯 0으로 나누게 해서 이렇게 하긴 쉽다.) 이렇게 만든 프로그램은 CanCrashWeird.exe라 부르자. 입력이 충돌할 가능성이 있을 경우 이 프로그램은 (이는 그림 10-4와 비슷한 대화상자를 야기하는) 의도적 충돌을 일으키고 입력 프로그램이 절대 충돌하지 않는다면 '아니요'를 출력한다.

그림 10-5에서 볼 수 있듯 다음 단계에서는 CanCrashWeird.exe를 CrashOnSelf.exe라는 더 모호한 것으로 변형된다. 이는 YesOnSelf.exe처럼 자신을 입력으로 할 때 프로그램이 어떻게 작동하는지에만 집중한다. 구체적으로 말해 CrashOnSelf.exe는 입력 프로그램을 조사하고 자신을 대상으로 이 프로그램이 실행될 때 충돌이 일어나면 의도적으로 충돌을 일으킨다. 이외의 경우 이는 '아니요'를 출력한다. CrashOnSelf.exe를 CanCrashWeird.exe로부터 만들기가 쉽다는 점을 주목하라. 이는 앞서 논한 AlwaysYes.exe가 YesOnSelf.exe로 바뀌는 절차와 같다.

일련의 네 가지 프로그램의 마지막 단계는 CrashOnSelf.exe를 AntiCrashOnSelf.exe로 변형하는 것이다. 이 간단한 단계에선 CrashOnSelf.exe의 동작을 뒤집기만 하면 된다. 그래서 입력이 자신을 대상으로 실행될 때 충돌하면 AntiCrashOnSelf.exe는 '예'를 출력한다. 그러나 입력이 자신을 대상으로 실행될 때 충돌하지 않으면 AntiCrashOnSelf.exe는 고의로 충돌한다.

이제 모순을 만들 수 있는 지점에 도달했다. AntiCrashOnSelf.exe가 자신을 입력으로 이용하면 어떻게 될까? 정의에 따라 이 프로그램이 충돌하면 '예'를 출력해야 한다(이 프로그램이 이미 충돌했다면 '예'를 출력하며 성공적으로 종료될 수 없으므로 이는 모순이다). 또 정의에 따라 AntiCrash OnSelf.exe는 충돌하지 않으면 충돌해야 한다. 이 역시 자가당착이다. AntiCrashOnSelf.exe의 가능한 두 동작을 모두 제거했고 이는 이런 프로그램이 존재할 수 없음을 뜻한다.

마침내 그림 10-5에서 보여준 변형의 연쇄를 이용해 CanCrash.exe도 존재할 수 없음을 증명할 수 있다. 이 프로그램이 존재한다면 이 그림의 화살표를 따라 변형해 AntiCrashOnSelf.exe를 만들 수 있다. 하지만 우리는 AntiCrashOnSelf.exe가 존재할 수 없음을 이미 알고 있다. 이는 모순이므로 CanCrash.exe가 존재한다는 가정은 거짓임에 틀림없다.

정지 문제와 결정 불가능성

컴퓨터과학에서 가장 난해하고 심오한 결론 중 하나를 향한 여행의 결론이 났다. 프로그램을 분석해 충돌을 야기할지도 모르는 프로그램 내부의 모든 가능한 버그를 확인하는 CanCrash.exe 같은 프로그램을 누군가가 작성하는 일은 절대 불가능함을 증명했다.

사실 이론 컴퓨터과학의 창시자인 앨런 튜링은 1930년대에 이를 최초로 증명했을 때 버그나 충돌을 전혀 신경 쓰지 않았다. 당시에는 어떤 디지털 컴퓨터도 없었기 때문이다. 대신 튜링은 컴퓨터 프로그램이 결국 답을 산출할지에 관심이 있었다. 이와 밀접히 연관된 질문은 이렇다. "컴퓨터 프로그램은 계산을 끝내고 멈출 수 있을까? 아니면 멈추지 않고 영원히 계속해서 계산할 수 있을까?" 컴퓨터 프로그램이 결국 종료되는지, 즉 정지halt하는지에 관한 질문은 정지 문제Halting Problem라고 알려져 있다. 튜링의 위대한 업적은 컴퓨터과학자들이 '결정 불가능성'이라고 부르는, 다양하게 변형된 형태의 정지 문제를 증명해냈다는 것이다. 결정 불가능한 문제란, 컴퓨터 프로그램을 작성해서 해결할 수 없는 문제다. 따라서 튜링의 결론을 이렇게도 말할 수 있다. "입력이 늘 정지하면 '예'를 출력하고, 그렇지 않으면 '아니요'를 출력하는 AlwaysHalts.exe라는 컴퓨터 프로그램은 작성할 수 없다."

이렇게 보면 정지 문제는 조금 전에 다룬 '충돌 문제'와 매우 유사하다. 우리는 충돌 문제의 결정 불가능성을 증명했고 기본적으로 같은 기법을 이용해 정지 문제도 결정 불가능함을 증명할 수 있다. 그리고 여러분의 추측대로, 이외에도 컴퓨터과학에는 결정할 수 없는 문제가 많다.

불가능한 프로그램이 주는 함의

결론을 제외하면 이 10장이 이 책의 마지막 장이다. 나는 의도적으로 이 장을 앞선 장들과 대조적인 내용으로 구성했다. 1장부터 9장까지에서는 컴퓨터를 인간에게 훨씬 강력하고 유용하게 만든 탁월한 알고리즘을 다뤘던 반면, 이 장에서는 컴퓨터의 근본적 한계 중 하나를 살펴봤다. 컴퓨터가 얼마나 강력한지 또는 인간 프로그래머가 얼마나 영리한지에 관계없이 컴퓨터로 절대 풀 수 없는 문제들을 살펴봤다. 그리고 이런 결정 불가능한 문제는 다른 컴퓨터 프로그램을 분석해 충돌을 일으킬지 알아내는 일 같은 잠재적으로 유용한 과제를 포함한다.

이 이상한 또는 불길하기까지 한 사실은 무엇을 의미할까? 결정 불가능한 문제가 현실에서 우리의 컴퓨터 사용 방식에 영향을 줄까? 인간이 머리로 하는 계산은 어떨까? 이 역시 결정 불가능한 문제에 부딪히지 않을까?

결정 불가능성과 컴퓨터 사용

우선 결정 불가능성이 컴퓨터 사용에 미치는 실용적 효과를 언급하자. 결론부터 말하자면, 결정 불가능성은 컴퓨터의 일상적 사용에 별다른 영향을 주지 않는다. 여기에 두 가지 이유가 있다. 첫째, 결정 불가능성은 컴퓨터 프로그램이 답을 산출할 수 있는지에만 관심이 있고 이 답을 하는 데 걸리는 시간은 고려하지 않는다. 그러나 실생활에서 효율성의 문제는 (즉 답을 기다리는 시간은) 극도로 중요하다. 결정 가능한 과제 중에 아직 효율적 알고리즘이 없는 경우가 많은데, 이 중 가장 유명한 예가 여행하는 외판원 문제TSP, Traveling Salesman Problem다. 이를 일반적인 용어로 다시 기술하겠다. 당신이 (20곳, 30곳, 100곳의) 수많은 도시를 비행기로 여행해야 한다고 하자. 가장 저렴한 항공료로 이용하려면 어떤 순서로 방문해야 할까? 이미 언급했듯 이 문제는 결정 가능하다. 사실 단 며칠만 일해본 초보 프로그래머도 가장 저렴한 여행 경로를 찾는 컴퓨터 프로그램을 작성할 수 있다. 중요한 점은 이 프로그램이 작업을 완료하는 데 수백만 년의 시간이 걸린다는 사실이다. 이것은 현실적이지 않다. 그러므로 프로그램이 결정 가능하다고 해서 실제로 이를 해결할 수 있는 것은 아니다.

이제 결정 불가능성이 제한적인 실용적 효과를 갖는 두 번째 이유를 보자. 우리는 대체로 결정 불가능한 문제를 잘 해결할 수 있다. 이 장에 나온 예들이 잘 보여준다. 우리는 정교한 증명 과정을 따라 모든 컴퓨터 프로그램에 있는 모든 버그를 찾을 수 있는 컴퓨터 프로그램은 없다는 사실을 보았다. 그럼에도 우리는 대부분 유형의 컴퓨터 프로그램에서 대부분의 버그를 찾아내는 충돌 검색 프로그램을 작성하기 위해 노력할 수 있다. 이는 실제로 컴퓨터과학에서 연구가 매우 활발한 영역이다. 지난 몇십 년간 소프트웨어 신뢰성이 개선된 것은 부분적으로 충돌 검색 프로그램에서 이룩한 진보 덕이었다. 그러므로 결정 불가능한 문제에 매우 유용한 부분적 해결책을 만드는 일은 얼마든지 가능하다.

결정 불가능성과 인간의 뇌

결정 불가능한 문제의 존재가 인간 사고 과정에 함의를 줄까? 이는 의식의 정의나, 정신과 뇌의 구분 같은 고전적인 철학 문제의 심연까지 들어가야 한다. 그렇지만 한 가지는 분명히 말할 수 있다. 이론상 컴퓨터로 인간의 뇌를 시뮬레이션할 수 있다면 뇌도 컴퓨터와 같은 한계에 부딪힌다. 다시 말해 (뇌가 똑똑하거나 훈련받은 정도에 상관없이) 인간의 뇌로 풀 수 없는 문제가 있을 것이다. 이 장의 결과에서 직접 이 결론을 도출할 수 있다. 컴퓨터 프로그램이 뇌를 모방할 수 있고 뇌가 결정 불가능한 문제를 풀 수 있다면, 우리는 컴퓨터로 뇌를 시뮬레이션해 결정 불가능한 문제를 풀 수 있을 것이다. 그러나 이는 컴퓨터 프로그램이 결정 불가능한 문제를 풀 수 없다는 사실에 모순된다.

물론 뇌의 정확한 컴퓨터 시뮬레이션을 실행할 수 있을지 역시 확실치 않다. 과학적 관점에서 화학 및 전자 신호가 뇌 안에서 전송되는 방식에 관한 기초 지식 수준의 내용이 상당히 잘 이해되고 있기에 근본적 장벽은 없어 보인다. 반면 철학적 관점에서는 뇌가 일련의 물리적 과정을 거쳐, 컴퓨터가 시뮬레이션할 수 있는 어떤 물리 체계와도 질적으로 다른 '정신'을 창조한다고 제안한다. 이런 철학적 논의는 다양한 양식을 취하며, 자기 성찰과 직관에 대한 인간의 능력 또는 정신 등을 토대로 할 수 있다.

여기서 (많은 이가 컴퓨터과학의 토대로 간주하는) 앨런 튜링의 1937년 논문과 흥미롭게 연결된다. 안타깝게도 논문 제목은 상당히 모호하다. 이는 '계산 가능한 수computable number에 관해……'라는 악의 없는 듯한 구문으로 시작해서 '……결정 문제에 대한 응용'이라는 조화롭지 않은 구문으로 끝난다(우리는 제목의 뒷부분에는 관심이 없다). 여기서 1930년대의 '컴퓨터'라는 단어는 오늘날과는 완전히 다른 뜻이었음을 인식해야 한다. 튜링에게 '컴퓨터computer'는 종이와 연필로 계산compute을 하는 사람을 뜻했다. 따라서 튜링 논문 제목에 있는 '계산 가능한 수'라는 용어는 인간이 계산할 수 있는 수를 뜻한다. 하지만 튜링은 논거를 뒷받침하고자 계산을 할 수 있는 특정 유형의 기계도 설명한다(튜링에게 '기계'는 오늘날 '컴퓨터'를 뜻한다). 튜링은 논문의 일부를 할애해 이런 기계가 수행할 수 없는 계산이 있음을 증명했다. 이는 이 장에서 이미 상세히 논한 결정 불가능성의 증명이다. 그러나 논문의 또 다른 부분에선 튜링의 '기계(즉 컴퓨터)'는 '컴퓨터(즉 인간)'가 하는 모든 계산을 수행할 수 있다는 상세하고 설득력 있는 논의를 전개한다.

이제 여러분은 후대에 엄청난 영향을 준 튜링의 〈계산 가능한 수에 관해……〉라는 논문의 독창적이고 기념비적인 본질을 굳이 과장해서 말할 필요조차 없음을 이해하게 됐을 것이다. 튜링은 컴퓨터과학에서 가장 근본적인 문제 일부를 정의하고 풀었을 뿐 아니라, (당시 실제로 만들어지지도 않은) 컴퓨터가 인간의 사고 과정을 모방emulate할 수도 있다는 설득력 있는 사례를 제시하며, 철학계에 도전장을 내밀었다. 모든 컴퓨터와 인간이 동등한 계산력을 가진다는 개념은 현대 철학 용어로 처치-튜링 명제로 알려져 있다. 처치-튜링이란, 앨런 튜링과, (앞서 언급한) 독립적으로 결정 불가능한 문제의 존재를 발견한 알론조 처치를 모두 뜻한다. 사실 처치는 튜링보다 몇 달 앞서 논문을 발표했지만 처치의 논의는 더 추상적이었고 기계의 계산을 명시적으로 언급하지 않았다.

처치-튜링 명제의 타당성에 관한 논의는 여전히 진행 중이다. 그러나 이 명제를 지지하는 가장 강력한 입장을 취하면 컴퓨터만이 결정 불가능성이란 한계에 부딪히는 것이 아니라고 말할 수 있다. 결정 불가능성의 한계는 우리 앞에 놓인 천재뿐 아니라 우리 안의 천재, 즉 정신에도 적용될 수 있다.

11장

마치면서: 미래의 알고리즘과 진화하는 컴퓨터

우리는 한 치 앞을 내다볼 뿐이지만
앞으로 이뤄질 것들이 많음을 알 수 있다.
- 앨런 튜링, 《계산 기계와 지능》, 1950

운 좋게도 나는 1991년 위대한 물리학자 스티븐 호킹의 대중 강연을 들었다. 〈우주의 미래The Future of the Universe〉라는 대담한 제목의 강연 중 호킹은 적어도 향후 100억 년간 우주는 계속 팽창하리라고 자신 있게 예측했다. 그리고 우스갯소리처럼 "내 말이 틀렸음을 아무도 증명할 수 없을 것이다."라고 덧붙였다. 그러나 안타깝게도 컴퓨터과학에 관한 예측에는 우주론자들에게 가능한 100억 년짜리 보험증권이 없다. 내가 하는 어떤 예측도 당연히 내 살아 생전에 틀렸다고 증명될 것이다.

그렇다고 컴퓨터과학의 위대한 알고리즘의 미래에 대해 생각하기를 멈춰서는 안 된다. 우리가 탐구한 위대한 알고리즘은 영원히 '위대한' 상태로 남아 있을까? 이 중 일부는 쓸모 없어질까? 새로운 위대한 알고리즘이 출현할까? 이런 질문을 다루려면 우주론자가 아닌 역사학자처럼 생각해야 한다. 몇년 전 나는 논란은 있지만 널리 호평을 받는 옥스퍼드 역사학자 테일러의 텔레비전 강연을 보고 있었다. 강연 시리즈의 마지막에 테일러는 제3차 세계대전이 일어날 가능성에 관한 질문을 직접 언급했다. 인간은 '과거에 했던 대로 행동하기' 때문에 제3차 세계대전이 일어나리라 본다고 테일러는 말했다.

테일러의 인도를 따라 넓은 범위의 역사를 받아들이자. 이 책에서 기술한 위대한 알고리즘은 20세기에 출현한 사건과 발명으로부터 만들어졌다. 21세기에도 이와 비슷한 속도로 이삼십 년마다 새로운 주요 알고리즘이 등장하리라고 가정하는 것이 합리적일 듯 싶다. 어떤 알고리즘은 과학자들이 꿈꿔온 놀랍도록 독창적이고 완전히 새로운 기술일 수도 있다. 공개 키 암호화와 디지털 서명 알고리즘이 이런 예다. 어떤 알고리즘은 응용 가능성이 넓은 새로운 테크놀로지를 기다리며 얼마 동안 연구진들 사이에서만 논의될 수도 있다. 검색엔진 인덱싱과 랭킹을 다루는 검색 알고리즘이 이 범주에 속한다. 이와 유사한 알고리즘이 이 분야에서 수년 전부터 정보 검색이라는 이름으로 존재했지만 일반 컴퓨터 사용자의 일상적 사용이라는 관점에서 웹 검색이라는 현상이 이런 알고리즘을 '위대하게' 만들었다. 물론 알고리즘은 새로운 응용에 맞게 진화했다. 페이지랭크처럼 말이다.

새로운 테크놀로지가 출현한다고 반드시 새로운 알고리즘이 생겨나는 것은 아님에 주의하라. 1980~90년대에 걸친 노트북 컴퓨터의 증가를 생각해 보자. 노트북 컴퓨터는 엄청나게 증가한 접근성과 휴대성 덕분에, 사람들이 컴퓨터를 사용하는 방식에 혁명을 불러 일으켰다. 또 노트북 컴퓨터는 화면이나 전원 관련 기술 등 다양한 영역에서 매우 중요한 발전을 자극했다. 그러나 나는 노트북 혁명이 그 어떤 위대한 알고리즘도 불러오지 않았다고 단언한다. 이와 달리 인터넷의 출현은 위대한 알고리즘을 낳았다. 인터넷은 검색엔진이 존재할 수 있는 인프라를 제공해 인덱싱과 랭킹 알고리즘이 위대하게 진화할 수 있게 했다.

그러므로 우리 주변에서 끊임없이 맹렬하게 성장하고 있는 테크놀로지의 발전이 새로운 위대한 알고리즘의 출현을 보장하지는 않는다. 사실 이와 다른 방향으로 작용하는 강력한 역사적 힘도 있다. 아마도 알고리즘 혁신의 속도가 미래에는 다소 느려질 것이다. 컴퓨터과학이 과학 분과로서 이제 막 성숙하기 시작했다는 사실을 언급하겠다. 물리학, 수학, 화학 같은 분야에 비교할 때 컴퓨터과학은 매우 젊다. 컴퓨터과학은 1930년대에야 시작됐다. 그러므로 20세기에 발견된 위대한 알고리즘은 어쩌면 쉽게 얻은 열매들이고, 앞으로는 기발하고 널리 응용 가능한 알고리즘의 발견이 점점 더 어려워질 것이다.

그러므로 우리에겐 두 가지 경합하는 효과가 있다. 최신 테크놀로지가 제공하는 새로운 틈새로 인해 새로운 알고리즘에 대한 시야가 넓어지지만, 이 분야가 성숙함에 따라 기회의 폭이 좁아진다. 이 둘을 모두 감안할 때 앞으로 이 두 효과가 서로 상쇄되면서 새로운 알고리즘은 천천히 그리고 꾸준히 출현할 것이다.

잠재력 있는 위대한 알고리즘 후보군

물론 일부 새로운 알고리즘은 완전히 예상을 벗어날 수도 있고, 이런 알고리즘에 관해 여기서 더 이야기하기란 불가능하다. 그러나 분명한 잠재성을 이미 보유한 틈새와 기술이 있다. 한 가지 분명한 트렌드는 일상생활에서 인공지능을(특히 패턴 인식을) 점점 많이 사용한다는 점이다. 따라서 이 분야에서 놀랍도록 참신한 알고리즘이 출현할지 관망해 보는 것도 흥미롭다.

또 하나의 비옥한 분야는 영지식 프로토콜zero-knowledge protocol이라는 알고리즘 부류다. 이 프로토콜은 특수한 유형의 암호화를 이용해 디지털 서명보다 훨씬 놀라운 것을 달성한다. 이는 두 개 이상의 개체가 단 하나의 정보도 노출하지 않고 정보를 결합할 수 있게 한다. 온라인 경매의 예를 들어보겠다. 영지식 프로토콜을 이용하면 입찰자들은 최종 입찰자가 결정되는 방식으로 자기 호가를 암호화해 제출할 수 있지만 다른 호가에 관한 정보는 누구에게도 노출되지 않는다. 영지식 프로토콜은 매우 기발한 개념이라 실생활에서 쓰이기만 한다면 쉽게 위대한 알고리즘이 될 것이다. 그러나 지금까지는 널리 쓰이지는 않는다.

엄청난 양의 학문적 연구가 진행됐지만 실용적으로 그다지 쓰이지 않는 또 다른 알고리즘은 분산 해시 테이블distributed hash table이라는 기법이다. 이 테이블은 (정보의 흐름을 감독하는 중앙 서버가 없는) 피어투피어P2P, peer-to-peer 시스템에서 정보를 저장하는 기발한 방식이다. 그러나 이 글을 쓰고 있는 현재 P2P라고 주장하는 많은 시스템이 실은 기능성 때문에 중앙 서버를 이용하고 있어 분산 해시 테이블에 의존할 필요가 없다.

비잔틴 장애 허용Byzantine fault tolerance이라는 기법도 같은 범주에 속한다. 이 역시 놀랍고 아름다운 알고리즘이지만 실생활에서 채택되지 않아 위대한 알고리즘의 범주에서 배제됐다. 비잔틴 장애 허용을 이용하면 컴퓨터 시스템은 (동시에 너무 많은 오류가 발생하지만 않으면) 어떤 유형의 오류도 다 이겨낼 수 있다. 이는 디스크 드라이브의 영구적 실패나 운영체제 충돌 같은 더 양성적인 오류에도 기능을 유지할 수 있다는 더 보편적인 장애 허용 개념과 대비된다.

위대한 알고리즘도 사라질까?

잠재력을 보유한 알고리즘뿐 아니라 (의식조차 못한 채 우리가 항상 쓰는 필수불가결한 도구인) '오늘날' 위대한 알고리즘이 언젠가 중요성을 잃게 되지는 않을지 궁금할 것이다. 이번에도 역사를 따라가보자. 관심을 특정 알고리즘에만 국한하면 알고리즘이 적합성을 잃을 수 있다는 진술은 분명히 사실이다. 이에 관한 가장 명백한 예는 암호학이다. 여기서는 새로운 암호 알고리즘을 개발하는 연구자와 이런 알고리즘의 보안을 뚫는 방법을 개발하는 연구자 간의 치열한 경쟁이 지속된다. 구체적인 예로 암호학적 해시 함수를 생각할 수 있다. MD5로 알려진 해시 함수는 공식 인터넷 표준이고 1990년대 초부터 널리 이용됐다. 그러나 MD5에서 심각한 보안의 문제를 발견했고 그 이후로 이 함수의 이용을 권하지 않는다. 마찬가지로 9장에서 적절한 크기의 양자 컴퓨터를 만들 수 있다면 RSA 디지털 서명 체계는 쉽게 무너질 것이라고 했다.

그러나 나는 이런 예가 우리 질문에 너무 제한적인 답을 제시한다고 생각한다. MD5가 (그리고 이 함수의 주요 계승자인 SHA-1도) 깨진 것은 사실이지만 암호학적 해시 함수의 핵심 사고가 적합성을 잃었다는 뜻은 아니다. 실제로 이런 해시 함수는 매우 널리 이용되고 있고, 아직 크랙crack되지 않은 해시 함수가 많다. 그러므로 폭넓은 시야를 가지고 특정 알고리즘의 핵심 사고는 유지하되 세부적 내용을 변화에 적응시킬 준비가 되어 있다면, 현재 위대한 알고리즘 중 다수가 미래에 중요성을 잃게 될 가능성은 희박해 보인다.

이 책에서 얻은 교훈

이 책에서 소개한 위대한 알고리즘들로부터 도출할 수 있는 공통의 주제가 있을까? 이 책의 저자인 내게 매우 놀라웠던 주제 하나는 컴퓨터 프로그래밍이나 여타 컴퓨터과학에 관한 사전 지식 없이도 위대한 알고리즘을 모두 설명할 수 있었다는 사실이다. 내가 처음 이 책을 기획하기 시작할 때 나는 위대한 알고리즘이 크게 두 범주로 나뉜다고 가정했다. 첫 번째 범주에는 단순하지만 기발한 트릭을 핵심으로 갖고 있는 알고리즘들이 속한다. 이는 전문 지식 없이도 설명할 수 있는 트릭이다. 두 번째 범주는 고급 컴퓨터과학 개념에 매우 밀접히 관련되어 있어 이 분야에 관한 배경 지식이 없이는 설명할 수 없는 알고리즘들이다. 나는 이 두 번째 범주를 포함하되, 이들 알고리즘에 관한 (바라건대) 흥미로운 역사적 일화를 제공하고 알고리즘이 적용된 중요한 사례들을 설명하며, 알고리즘의 작동 원리를 정확히 설명할 수는 없지만 매우 기발한 알고리즘이라고 열렬히 주장할 계획이었다. 이 책에 넣기로 선택한 아홉 가지 알고리즘이 모두 첫 번째 범주에 속한다는 사실을 발견했을 때 내가 얼마나 놀라고 기뻤을지 상상해보라. 중요한 전문적 내용을 분명히 많이 생략했지만 모든 알고리즘의 핵심 작동 기제를 전문적이지 않은 개념을 이용해 설명할 수 있었다.

이 책에서 다룬 모든 알고리즘에 공통적인 또 다른 중요한 주제는 컴퓨터과학의 분야는 프로그래밍을 훌쩍 넘어선다는 사실이다. 나는 컴퓨터과학 개론 강의를 할 때마다 학생들에게 컴퓨터과학이 실제로 무엇이라고 생각하는지 묻는다. 지금까지 가장 흔한 답은 '프로그래밍' 또는 이와 비슷한 '소프트웨어 공학'이었다. 컴퓨터과학의 다른 측면을 더 말해보라고 강요하면 많은 학생이 난처해 한다. 이런 답이 나온 다음엔 주로 '하드웨어 설계' 같은 장비와 연관된 답이 나온다. 이는 컴퓨터과학에 관한 일반적 오해의 명확한 증거다. 이 책을 읽으며 컴퓨터과학자들이 시간을 쏟는 문제와 이들이 제시하는 해결책의 유형을 훨씬 구체적으로 이해했기를 바란다.

여기서 간단한 비유를 하나 들겠다. 주 연구 관심이 일본 문학인 교수를 만난다고 하자. 이 교수가 일본어를 말하고 읽고 쓸 수 있을 가능성은 매우 크다. 그러나 이 교수가 연구를 하면서 주로 무엇에 관해 생각을 하며 시간을 보내는지 여러분에게 묻는다면 '일본어'라고 답하진 않을 것이다. 일본어는 일본 문학을 구성하는 주제와 문화, 역사를 연구하는 데 필수적인 지식이다. 반면 완벽한 일본어를 구사하는 사람일지라도 일본 문학에 완전히 무지할 수도 있다(일본에 이런 사람이 수백만 명은 있을 것이다).

컴퓨터 프로그래밍 언어와 컴퓨터과학의 관계는 이와 꽤 유사하다. 알고리즘을 실행하고 실험하려면 컴퓨터과학 연구자는 알고리즘을 컴퓨터 프로그램으로 변환해야 하고 각 프로그램을 자바, C++, 파이썬 같은 프로그래밍 언어로 작성해야 한다. 그러므로 컴퓨터과학자에게 프로그래밍 언어에 관한 지식은 필수다. 그러나 이는 기본 요건에 불과하다. 가장 큰 도전은 알고리즘을 개발하고 적용하며 이해하는 것이다. 이 책에 있는 위대한 알고리즘을 보고 이런 차이에 관해 확실하게 이해했기를 바란다.

여행의 끝

심오하지만 전 인류가 날마다 사용하는 컴퓨터 알고리즘 세계로의 여행의 끝에 이르렀다. 우리는 목표를 달성했는가? 이 여행을 마치고 나면 컴퓨터 장치를 사용하는 경험이 뭔가 달라질까?

아마도 여러분은, 다음에 보안 웹사이트를 방문할 때 이 사이트의 신뢰성을 누가 보장하는지 관심을 가질 수도 있고 웹브라우저가 검사하는 디지털 인증서의 연쇄를 확인할 수도 있다(9장). 또는 설명할 수 없는 이유에서 온라인 거래가 중단되었을 때, 좌절하는 대신 주문하지 못한 물건값이 부과되지 않도록 데이터베이스가 일관성을 보장해 줌에 감사할 수 있다(8장). 컴퓨터로 처리하길 바라는 일이 결정 불가능하다는 사실을 충돌 찾기 프로그램에서 이용한 방법으로 증명하고는 "컴퓨터가 이런 일을 할 수 있다면 좋을 텐데."라고 혼잣말을 할 수도 있다(10장).

위대한 알고리즘에 관한 지식을 얻음으로써 여러분이 컴퓨터와 정보를 주고받는 방식이 바뀐 예를 이보다 더 많이 떠올릴 수 있을 것이라 확신한다. 그러나 서론에서 조심스럽게 언급했듯 이는 이 책의 주 목적이 아니다. 내가 이 책을 쓴 가장 주된 목적은 독자들에게 위대한 알고리즘에 관한 충분한 지식을 제공하여 컴퓨터가 하는 일상적 작업에 경외감을 갖게 하는 데 있다. 이는 아마추어 천문학자가 밤하늘을 더 잘 이해하게 되는 상황과 유사하다.

내가 이 목표를 달성했는지 여부는 독자 여러분만이 알 수 있다. 그러나 한 가지는 분명하다. 여러분이 소유한 천재는 바로 여러분 앞에 놓여 있다. 이를 자유롭게 이용하라.

출판사 서평

우리는 날마다 컴퓨터를 이용해 놀라운 일을 한다. 간단한 웹 검색은 세상에서 가장 큰 건초 더미인 월드와이드웹에 있는 수십 억 페이지에서 매우 적은 수의 적절한 바늘을 가려낸다. 페이스북에 사진을 업로드하면 오류가 발생하기 쉬운 수많은 네트워크 링크를 거쳐 수백만 조각의 정보를 전송하지만, 이 사진의 정확한 사본은 안전하게 도착한다. 또 우리는 인식조차 못한 채 공개 키 암호화를 이용해 신용카드번호 같은 비밀 정보를 전송하고 디지털 서명을 이용해 방문하는 웹사이트의 신원을 검증한다. 컴퓨터는 어떻게 이런 일을 이토록 쉽게 할 수 있을까?

이 책은 최초로 누구나 이해할 수 있는 언어로 PC, 노트북 컴퓨터, 스마트폰을 작동시키는 비상한 아이디어를 밝혀 이런 질문에 답한다. 존 맥코믹은 아홉 가지 유형의 컴퓨터 알고리즘 이면에 있는 근본적 '트릭'을 생생한 예를 들어 설명한다. 이 아홉 가지 알고리즘 중에는 ('근접이웃 트릭'과 '스무 고개 트릭'을 이용하는) 인공지능, ('무작위 서퍼 트릭'을 이용하는) 구글의 유명한 페이지랭크, 데이터 압축, 오류 정정 코드 등이 있다.

이 혁명적 알고리즘들은 우리 삶을 바꿨다. 그리고 이 책은 이 알고리즘의 비밀을 풀고 컴퓨터가 매일 이용하는 놀라운 아이디어를 낱낱이 밝혀낸다.

감사의 글

내가 들어서서 주위를 돌아보는 길이여!
지금 내 눈에 보이는 모습이 당신의 전부가 아니라고 믿는다.
보이지 않는 많은 것도 여기에 있다고 믿는다.
- 월트 휘트먼, 《열린 길의 노래》

많은 친구와 동료, 가족이 원고의 일부 또는 전체를 읽었다. 알렉스 베이츠, 윌슨 벨, 마이크 버로우스, 월트 크로미악, 마이클 아이사드, 앨리스터 맥코믹, 래이윈 맥코믹, 니콜레타 마리니마이오, 프랭크 맥셰리, 크리스틴 미첼, 일리아 미로노프, 웬디 폴락, 주디스 포터, 코텐 자일러, 헬렌 테이캑스, 쿠날 탈와르, 팀 왈스, 조나단 월러, 우디 바이더, 올리 윌리엄스의 제안 덕분에 원고가 크게 개선됐다. 두 익명의 검토자가 해준 논평도 상당히 많은 도움이 됐다.

크리스 비숍은 격려와 조언을 해줬다. 톰 미첼은 6장에서 자신의 그림과 소스 코드를 쓰도록 허가했다. 프린스턴대학교 출판부의 (이 책의 편집자인) 비키 킨과 그녀의 동료들은 기획을 발전시켜 결실을 맺는 데 환상적인 역할을 했다. 디킨슨대학의 수학과와 컴퓨터과학과의 동료들은 내게 끊임없는 지원과 동료애를 보내줬다. 마이클 아이사드와 마이크 버로우스는 컴퓨팅의 기쁨과 아름다움을 내게 보여줬다. 앤드류 블레이크는 더 좋은 과학자가 되는 법을 가르쳐줬다.

내 아내 크리스틴은 늘 내 곁을 지켜줬다.

이 모든 이에게 깊은 감사를 드린다. 그리고 사랑을 담아 이 책을 크리스틴에게 바친다.

참고 문헌

서론에서 언급했듯 이 책은 본문에서 인용 표시를 하지 않았다. 대신 모든 출처를 여기에 열거하고 컴퓨터과학의 위대한 알고리즘에 관해 더 알고 싶어하는 이들을 위해 더 읽을 거리를 제안한다.

책을 여는 인용구는 원래 1945년 7월 〈애틀랜틱〉 지에 실린 바네바 부시의 〈우리가 생각하는대로As We May Think〉라는 논문에서 가져왔다.

시작하며(1장). 알고리즘 및 여타 컴퓨터 기술에 관한 쉽고 도움이 되는 설명으로 크리스 비숍의 2008년 왕립 연구소 크리스마스 강연2008 Royal Institution Christmas Lectures을 권한다. 이는 온라인에서 무료로 구할 수 있으며, 컴퓨터과학에 관한 사전 지식이 없는 사람을 대상으로 한다. A. K. 듀드니의 《새로운 튜링 옴니버스The New Turing Omnibus》(1993)는 우리가 이 책에서 다룬 주제를 더 자세히 서술하고 여러 흥미로운 컴퓨터과학의 주제들을 소개한다. 그러나 이 책을 완벽히 이해하려면 컴퓨터 프로그래밍에 관한 지식을 약간 갖춰야 한다. 유라이 롬코빅의 《알고리즘 어드벤처Algorithmic Adventures》(2009)는 약간의 수학 지식은 있지만 컴퓨터과학 지식이 없는 독자에게 훌륭한 책이다. 알고리즘에 관한 대학 수준의 컴퓨터과학 책 중에서는 다스굽타, 파파디미트리우, 바지라니가 쓴 《알고리즘Algorithms》(2006), 하렐과 펠드먼의 《알고리드믹스: 컴퓨팅의 정신Algorithmics: The Spirit of Computing》(2012), 코멘, 리저슨, 펠드먼의 《Introduction to Algorithms》(2005, 한빛미디어) 등 세 권이 읽을 만하다.

검색엔진 인덱싱(2장). 메타워드 트릭을 다룬 알타비스타 특허는 마이크 버로우스의 미국 특허 610519 〈인덱스의 제한 검색Constrained Searching of an Index〉이다. 컴퓨터과학에 관한 배경지식이 있는 독자라면 크로프트, 메츨러, 스트로먼의 《검색엔진: 최신정보검색론》(2012, 휴먼싸이언스)에서 인덱싱을 비롯한 검색엔진의 다양한 측면을 배울 수 있다.

페이지랭크(3장). 3장을 연 래리 페이지의 인용구는 〈비즈니스위크〉지 2004년 5월 3일자에 실린 벤 엘진과의 인터뷰에서 가져왔다. 앞서 언급했듯 바네바 부시의 〈우리가 생각하는 대로〉는 원래 〈애틀랜틱〉지(1945년 7월호)에 실렸다. (앞에서 언급한) 비숍의 강의는 하이퍼링크를 에뮬레이션 하는 물 파이프 시스템을 이용해 페이지랭크를 명쾌하게 설명한다. 구글의 아키텍처를 설명하는 원본 논문은 구글의 공동 창업자인 세르게이 브린과 래리 페이지가 1998년 월드와이드웹 컨퍼런스에서 발표한 〈대규모 하이퍼텍스트 웹 검색엔진의 해부The Anatomy of a Large-scale Hypertextual Web Search Engine〉다. 이 논문은 페이지랭크에 관한 짧은 설명과 분석을 담고 있다. 이보다 훨씬 기술적이고 광범한 분석은 랑빌과 메이어의 《구글의 페이지랭크와 이를 넘어서Google's PageRank and Beyond》(2006)에서 볼 수 있다. 하지만 이 책은 대학 수준의 선형 대수에 관한 지식을 요한다. 존 바텔의 《검색으로 세상을 바꾼 구글 스토리》(2005, 랜덤하우스코리아)는 쉽고 흥미로운 웹 검색 산업의 역사로 시작하며 여기엔 구글의 탄생 일화도 포함된다. 웹 스팸에 관한 논의는 페터리, 매네스, 나조크가 2004년 WebDB 컨퍼런스에서 발표한 〈스팸, 빌어먹을 스팸, 그리고 통계: 통계 분석을 이용해 스팸 웹페이지의 위치 찾기Spam, Damn Spam, and Statistics: Using Statistical Analysis to Locate Spam Web Pages〉에서 볼 수 있다.

공개 키 암호화(4장). 사이먼 싱이 지은《사이먼 싱의 암호의 과학》(2009, 영림카디널)은 공개 키를 포함한 암호학의 다양한 측면을 매우 훌륭하고 쉽게 다룬다. 이 책은 영국 GCHQ에서 공개 키 암호화를 비밀리에 발견한 이야기도 자세히 다룬다. (앞에서 언급한) 비숍의 강의는 공개 키 암호화에 대한 페인트 혼합의 매우 기발하고 실용적인 설명을 담고 있다.

오류 정정 코드(5장). 해밍에 관한 일화는 토마스 톰슨의《오류 정정 코드에서, 구 쌓기를 통해, 단순 그룹에 이르기까지From Error-Correcting Codes through Sphere Packings to Simple Groups》(1984)에서 볼 수 있다. 104쪽에서 본 해밍의 말도 이 책에 있으며 1977년 톰슨이 해밍을 대상으로 한 인터뷰에서 가져온 부분이다. 수학자라면 톰슨의 훌륭한 책을 잘 즐길 수 있겠지만 이 책은 독자가 학부 수준의 수학 지식을 어느 정도 갖고 있다고 상정한다. (앞에서 언급한) 듀드니의 책에는 코딩 이론에 관한 두 개의 흥미로운 장이 있다. 섀넌에 관한 인용구는 슬론과 와이너가 쓴 짧은 전기문에서 가져 왔으며 이 글은 이 두 사람이 편집한《클로드 섀넌 논문집Claude Shannon: Collected Papers》(1993)에 들어있다.

패턴 인식과 인공지능(6장). (앞에서 언급한) 비숍의 강의엔 이 장을 멋지게 보완하는 흥미로운 내용이 있다. 정치적 기부에 관한 지리적 데이터는 〈허핑턴 포스트〉의 펀드레이싱fundracing 프로젝트에서 가져왔다. 손으로 쓴 숫자 데이터는 뉴욕대학교 코란트 인스티튜트의 얀 레쿤과 그의 동료들이 제공한 데이터 집합에서 가져왔다. MNIST 데이터로 알려진 이 데이터 집합의 세부 내용은 레쿤과 그의 동료들이 쓴〈문서 인식에 적용한 그라디언트 기반 학습Gradient-Based Learning Applied to Document Recognition〉에서 볼 수 있다. 웹 스팸 결과는 2006년 월드와이드웹 컨퍼런스 발표 논문집에 실린 툴라스 등의 〈내용 분석을 통한 스팸 웹페이지 검출Dectecting Spam Web Pages through Content Analysis〉에서 가져왔다. 얼굴 데이터베이스는 패턴 인식 연구 권위자인 카네기멜론대학교의 톰 미첼이 1990년대에 제작했다. 미첼은 카네기멜론대학교 수업에서 이 데이터베이스를 이용했고 그의 영향력 있는 책 《기계 학습Machine Learning》(1997)에서 설명한다. 그의 책과 연결된 웹사이트에서 미첼은 얼굴 데이터베이스를 대상으로 한 신경망의 훈련과 분류를 수행하는 컴퓨터 프로그램을 제공한다.* 선글라스 문제에 대한 모든 결과는 이 프로그램을 약간 변형한 프로그램을 이용해 생성했다. 다니엘 크레비어는 《인공지능: 인공지능을 찾는 격동의 역사AI: The Tumultuous History of the Search for Artificial Intelligence》(1994)에서 디트머스 AI 컨퍼런스에 관한 흥미로운 설명을 한다. 이 컨퍼런스의 연구비 지원 프로포절 인용구는 파멜라 맥코덕의 《생각하는 기계Machines Who Think》(2004)에서 가져왔다.

데이터 압축(7장). 파노와 섀넌, 허프만 코딩의 발견에 관한 이야기는 1989년 아서 노르버그가 한 파노와의 인터뷰에서 가져왔다. 이 인터뷰는 찰스 배비지 인스티튜트의 구술사 아카이브에서 볼 수 있다. 데이터 압축에 관해 내가 가장 좋아하는 논의는 데이비드 맥케이의 《정보 이론, 추론, 학습 알고리즘Information Theory, Inference, and Learning Algorithms》(2003)에 있지만 읽으려면 대학 학부 수준의 수학 지식이 필요하다. (앞에서 언급한) 듀드니의 책은 훨씬 간략하고 읽기 편한 논의를 담고 있다.

데이터베이스(8장). 초급자를 위한 데이터베이스 개론을 제공하는 책은 차고 넘치지만 이런 책은 일반적으로 (8장의 목적인) 데이터베이스

---

* 웹사이트 주소는 http://www.cs.cmu.edu/afs/cs.cmu.edu/user/mitchell/ftp/ml-examples.html이다. – 옮긴이

의 작동 원리가 아닌 데이터베이스 이용법을 설명한다. 대학 수준의 교과서조차 데이터베이스 이용에 초점을 두는 편이다. 가르시아-몰리나, 울만, 위돔이 쓴 《데이터베이스 시스템Database Systems: The Complete Book》(2008)의 후반부에서 작동 원리를 설명하며, 8장에서 다룬 내용의 세부 사항을 많이 담고 있다.

디지털 서명(9장). 게일 그랜트의 《디지털 서명의 이해Understanding Digital Signatures》(1997)는 디지털 서명에 관한 많은 정보를 제공하고 컴퓨터과학 배경 지식이 없는 이도 꽤 읽을 만하다.

계산 가능성과 결정 불가능성(10장). 10장을 여는 인용구는 리처드 파인만이 1959년 12월 29일 캘리포니아 공과대학에서 했던 〈바닥에는 여지가 많다There's Plenty of Room at the Bottom〉는 제목의 강연에서 가져왔다. 캘리포니아 공과대학의 〈공학과 과학Engineering & Science〉 지 1960년 2월호에 실렸다. 계산 가능성과 결정 불가능성을 둘러싼 개념들에 관한 색다르고 매우 흥미로운 소개로는 크리스토스 파파디미트리우가 소설 양식으로 쓴 《튜링(컴퓨테이션에 관한 소설)Turing[A Novel about Computation]》(2005)이 있다.

마치면서(11장). 스티븐 호킹의 〈우주의 미래〉 강연은 케임브리지 대학교에서 열린 1991년 다윈 강좌였고, 《블랙홀과 아기 우주》(2005, 까치)에도 실려 있다. 테일러의 TV 강연 시리즈는 〈전쟁은 어떻게 시작하는가How Wars Begin〉였으며 1977년에 책으로도 나왔다.

찾아보기

미래를 바꾼 아홉 가지 알고리즘

컴퓨터 세상을 만든 기발한 아이디어들

발 행 | 2013년 5월 24일

지은이 | 존 맥코믹
옮긴이 | 민 병 교

펴낸이 | 권 성 준
편집장 | 황 영 주
편 집 | 김 진 아
임 지 원
김 은 비
디자인 | 윤 서 빈

에이콘출판주식회사
서울특별시 양천구 국회대로 287 (목동)
전화 02-2653-7600, 팩스 02-2653-0433
www.acornpub.co.kr / editor@acornpub.co.kr

ISBN 978-89-6077-438-4
http://www.acornpub.co.kr/book/9algorithms

이 도서의 국립중앙도서관 출판시도서목록(CIP)은 서지정보유통지원시스템 홈페이지(http://seoji.nl.go.kr)와 국가자료공동목록시스템(http://www.nl.go.kr/kolisnet)에서 이용하실 수 있습니다.
(CIP제어번호: CIP2013006851)

책값은 뒤표지에 있습니다.